普通高等教育"十二五"规划教材

反应堆热工水力分析

主编　黄素逸

参编　杨金成　　王英双　　李向宾

　　　陈耀元　　冷文军　　刘志春

机械工业出版社

反应堆热工水力分析在核反应堆工程中起着十分重要的作用。本书在对核反应堆分类、核能系统中的热力过程、状态参数及蒸汽动力循环和堆芯材料及其热物性进行详细介绍的基础上，着重阐述了反应堆热源及稳态工况的传热计算、核反应堆稳态工况的水力计算、反应堆稳态热工设计原理和反应堆瞬态热工分析。本书既可作为高等学校能源动力类专业，特别是核工程专业的教材，也可供有关核设计和核工程技术人员参考。

图书在版编目（CIP）数据

反应堆热工水力分析/黄素逸主编 .—北京：机械工业出版社，2014.4（2025.1重印）

普通高等教育"十二五"规划教材

ISBN 978-7-111-46115-9

Ⅰ.①反… Ⅱ.①黄… Ⅲ.①反应堆—热工水力学—高等学校—教材 Ⅳ.①TL33

中国版本图书馆 CIP 数据核字（2014）第 046567 号

机械工业出版社（北京市百万庄大街 22 号 邮政编码 100037）

策划编辑：蔡开颖 责任编辑：蔡开颖 孙 阳 任正一
版式设计：常天培 责任校对：张晓蓉
封面设计：张 静 责任印制：郜 敏
北京富资园科技发展有限公司印刷
2025 年 1 月第 1 版第 3 次印刷
184mm×260mm·15.25 印张·371 千字
标准书号：ISBN 978-7-111-46115-9
定价：39.80 元

电话服务　　　　　　　　网络服务
客服电话：010-88361066　　机 工 官 网：www.cmpbook.com
　　　　　010-88379833　　机 工 官 博：weibo.com/cmp1952
　　　　　010-68326294　　金 书 网：www.golden-book.com
封底无防伪标均为盗版　　机工教育服务网：www.cmpedu.com

前　　言

核电是清洁和安全的能源。在化石燃料日趋紧张，而太阳能、风能还未能形成大规模商业应用时，核电是目前唯一能够替代化石能源，减少 CO_2 排放的清洁能源。

在三里岛、切尔诺贝利核事故之后，一些西方国家曾先后提出停止核电发展的建议，导致该领域的全面停滞。我国也受此波及，核学科发展几乎全面停顿。切尔诺贝利核事故之后二十年，能源危机和环境危机使全球重新认识到放弃核电还言之过早，发展第四代核反应堆、提高核电安全运行才是当务之急。

2007 年 11 月 2 日，国务院正式公布了国家发展改革委上报的《核电中长期发展规划（2005—2020 年）》。提出我国的核电发展指导思想和方针是：统一技术路线，注重安全性和经济性，坚持以我为主，中外合作，通过引进国外先进技术，进行消化、吸收和再创新，实现核电站工程设计、设备制造和工程建设与运营管理的自主化，形成批量建设中国自主品牌大型先进压水堆核电站的综合能力，提高核电所占比例，实现核电技术的跨越式发展，迎头赶上世界核电先进水平。

国家关于核能的发展规划预示着我国核电工业已经进入快速发展的新阶段。尽管日本福岛核事故可能会重新唤起民众对核的恐惧，但历史不会重演，吸取福岛核事故的教训，加强核电安全和技术创新，加速核电人才的培养，才是避免核危机的最好方法。

当前人才已成为我国核电大发展的主要瓶颈，因此最近数年来全国已有 90 多所高等院校（包括高职高专在内）办起核工程专业。反应堆热工水力分析是核工程专业的核心课程，而核电技术的发展又十分迅速，因此迫切需要一本能适应这一形势的新教材，这就是我们编写此书的初衷。

编写本书的指导思想是：满足本科教学需求，反映技术发展前沿动态；与其他相关课程紧密衔接。例如，避开与工程热力学、传热学、流体力学等课程重复的基础理论知识，突出了它们在反应堆热工水力分析中的应用；以工程实际应用为导向，简化了繁琐的公式推导；以各种工况下热工水力分析的任务为目标，突出解决问题的分析方法。

本书的完成是集体的成果，参加编写的单位有华中科技大学、中船重工集团 719 所和华北电力大学。其中第一章由黄素逸编写，第二章、第三章和第六章由王英双编写，第四章由刘志春编写，第五章由李向宾编写，第七章由杨金成、陈耀元、冷文军编写。全书由黄素逸统稿。

作者要特别感谢中船重工集团 719 所和作者的同事们对书稿提供的资料和帮助。由于作者水平有限，且核科学和核工程发展迅速，创新不断，书中错误和不妥之处，诚恳欢迎读者批评指正。

作　者

目 录

第一章 绪 论

第一节 核反应堆分类

一、概述

实现大规模可控核裂变链式反应的装置称为核反应堆，简称为反应堆。链式裂变反应释放出来的能量首先在燃料元件内转化为热能，然后通过导热、对流和辐射等方式传递给冷却剂。反应堆是向人类提供核能的关键设备。根据反应堆的用途、所采用的核燃料、冷却剂与慢化剂的类型以及中子能量的大小，反应堆有许多分类的方法。

（一）按反应堆的用途分类

1）生产堆。这种堆专门用来生产易裂变或易聚变物质，其主要目的是生产核武器的装料钚和氚。

2）动力堆。这种堆主要用作发电和舰船的动力。

3）试验堆。这种堆主要用于试验研究，它既可进行核物理、辐射化学、生物、医学等方面的基础研究，也可用于反应堆材料、释热元件、结构材料以及堆本身的静、动态特性的应用研究。

4）供热堆。这种堆主要用作大型供热站的热源。

（二）按反应堆采用的冷却剂分类

1）水冷堆。它采用水作为反应堆的冷却剂。

2）气冷堆。它采用氦气作为反应堆的冷却剂。

3）有机介质堆。它采用有机介质作为反应堆的冷却剂。

4）液态金属冷却堆。它采用液态金属钠作为反应堆的冷却剂。

（三）按反应堆采用的核燃料分类

1）天然铀堆。以天然铀作为核燃料。

2）浓缩铀堆。以浓缩铀作为核燃料。

3）钚堆。以钚作为核燃料。

（四）按反应堆采用的慢化剂分类

1）石墨堆。以石墨作为慢化剂。

2）轻水堆。以普通水作为慢化剂。

3）重水堆。以重水作为慢化剂。

（五）按核燃料的分布分类

1）均匀堆。核燃料均匀分布。

2）非均匀堆。核燃料以燃料元件的形式不均匀分布。

（六）按中子的能量分类

1）热中子堆。堆内核裂变由热中子引起。

2）快中子堆。堆内核裂变由快中子引起。

在核能的利用中，动力堆最为重要。动力堆主要有轻水堆、重水堆、气冷堆和快中子增殖堆。表 1-1 是目前世界上应用比较广泛的水冷、气冷和液态金属冷却堆的一些基本特征。

表 1-1   各种反应堆的基本特征

堆型	中子谱	慢化剂	冷却剂	燃料形态	燃料富集度
压水堆	热中子	H_2O	H_2O	UO_2	3%左右
沸水堆	热中子	H_2O	H_2O	UO_2	3%左右
重水堆	热中子	D_2O	D_2O	UO_2	天然铀或稍浓缩铀
高温气冷堆	热中子	石墨	氦气	UC, ThO_2	7%～20%
钠冷快中子堆	快中子	无	液态钠	UO_2, PuO_2	15%～20%

二、轻水堆

轻水堆是动力堆中最主要的堆型。在全世界的核电站中轻水堆约占 85.9%。普通水（轻水）在反应堆中既作冷却剂又作慢化剂。由于水的慢化能力及载热能力都好，所以用水做慢化剂和冷却剂的轻水堆，结构紧凑，堆芯体积小，堆芯的功率密度大。因此，体积相同时，轻水堆功率最高或者在相同功率下，轻水堆比其他堆的体积小。这是轻水堆的主要优点，也是轻水堆的基建费用低、建设周期短的主要原因。

轻水堆又有两种堆型：沸水堆和压水堆。前者的最大特点是作为冷却剂的水会在堆中沸腾而产生蒸汽，故叫沸水堆。后者反应堆中的压力较高，冷却剂水的出口温度低于相应压力下的饱和温度，不会沸腾，因此这种堆叫做压水堆。

（一）压水堆

压水堆是目前核电站应用最多的堆型，在核电站的各类堆型中约占 61.3%。图 1-1 所示为压水堆结构示意图。反应堆通常由堆芯、控制与保护系统、冷却系统、慢化系统、反射层、屏蔽系统、辐射监测系统等组成。

堆芯是原子核反应堆的心脏，裂变链式反应就在这里进行。它由核燃料组件、控制棒组件和及中子测量设备组成。堆芯放在一个能承受高压的压力壳内。燃料组件的燃料是高温烧结的圆柱形二氧化铀陶瓷块，直径约为 8mm，高为 13mm，称为燃料芯块。其中铀-235 的浓缩度约为 3%。燃料芯块一个一个地重叠着放在外径约为 9.5mm，厚约为 0.57mm 的锆合金管内，锆管两端有端塞。燃料芯块完全封闭在锆合金管内，构成燃料元件。这种锆合金管称为燃料元件包壳。这些燃料元件用定位格架定位，组成横截面为正方形的燃料组件。每一个燃料组件包括两百多根燃料元件。一般是将燃料元件排列成横 17 排、纵 17 行的 17×17 的组件，中间有些位置空出来放控制棒。由吸收中子材料组成的控制棒组件在控制棒驱动装置的操纵下，可以在堆芯上下移动，以控制堆芯的链式反应强度。

冷却剂从压力壳右侧的进口流入压力壳，通过堆芯筒体与压力壳之间形成的环形通道向下，再通过流量分配器从堆芯下部进入堆芯，吸收堆芯的热量后再从压力壳左侧的出口流出。一般入口水温为 300℃，出口水温为 332℃，堆内压力为 15.5MPa。一座 100 万 kW 的压水堆,堆芯每小时冷却水的流量约为 6 万 t。这些冷却水并不排出堆外,而是在封闭的一回路内往复循环,并在循环过程中不断抽出一部分水净化,净化后再返回一回路。

图 1-2 所示为压水堆核电站的示意图。压水堆核电站的最大特点是整个系统分成两大部分,即一回路系统和二回路系统。一回路系统中压力为 15MPa 的高压水被冷却剂泵送进反应堆,吸收燃料元件的释热后,进入蒸汽发生器下部的 U 形管内,将热量传给二回路的水;然后再返回冷却剂泵入口,形成一个闭合回路。二回路的水在 U 形管外部流过,吸收一回路水的热量后沸腾,产生的蒸汽进入汽轮机的高压缸做功。高压缸的排汽经再热器再热提高温度后,再进入汽轮机的低压缸做功。膨胀做功后的蒸汽在凝汽器中被凝结成水。然后再送回蒸汽发生器形成另一个闭合回路。一回路系统和二回路系统是彼此隔绝的,万一燃料元件的包壳破损,只会使

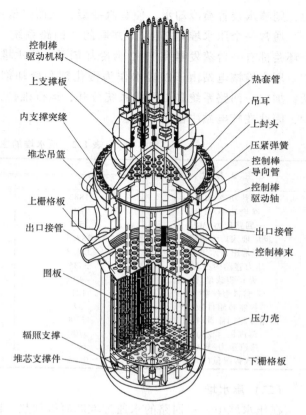

图 1-1 压水堆结构示意图

一回路水的放射性增加,而不致影响二回路水的品质。这样就大大增加了核电站的安全性。

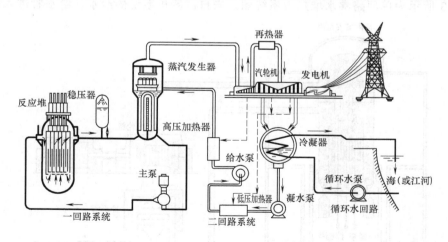

图 1-2 压水堆核电站的示意图

稳压器的作用是使一回路水的压力维持恒定。它是一个底部带电加热器,顶部有喷水装置的压力容器,其上部充满蒸汽,下部充满水。如果一回路系统的压力低于额定压力,则接通电加热器,增加稳压器内的蒸汽,使系统的压力提高。反之,如果系统的压力高于额定压

力，则喷水装置喷冷却水，使蒸汽冷凝，从而降低系统压力。

通常一个压水堆有 2～4 个并联的一回路系统（又称环路），但只有一个稳压器。每一个环路都有一台蒸发器和 1～2 台冷却剂泵。压水堆的主要参数见表 1-2。

压水堆核电站由于以轻水作为慢化剂和冷却剂，反应堆体积小，建设周期短，造价较低；加之一回路系统和二回路系统分开，运行维护方便，需处理的放射性废气、废液、废物少，因此在核电站中占主导地位。

表 1-2　压水堆的主要参数

主要参数	环路数		
	2	3	4
堆热功率/MW	1882	2905	3425
净电功率/MW	600	900	1200
一回路压力/MPa	15.5	15.5	15.5
反应堆入口水温/℃	287.5	292.4	291.9
反应堆出口水温/℃	324.3	327.6	325.8
压力容器内径/m	3.35	4	4.4
燃料装载量/t	49	72.5	89
燃料组件数	121	157	193
控制棒组件数	37	61	61
回路冷却剂流量/(t/h)	42300	63250	84500
蒸汽量/(t/h)	3700	5500	6860
蒸汽压力/MPa	6.3	6.71	6.9
蒸汽含湿量(%)	0.25	0.25	0.25

（二）沸水堆

在压水堆中，一回路的水通过堆芯时被加热，随后在蒸汽发生器中将热量传给二回路的水使之沸腾产生蒸汽。那么可不可以让水直接在堆内沸腾产生蒸汽呢？回答是肯定的，这正是沸水堆产生的背景。

图 1-3 所示为单回路沸水堆热力系统图。来自汽轮机系统的给水从给水管进入反应堆压

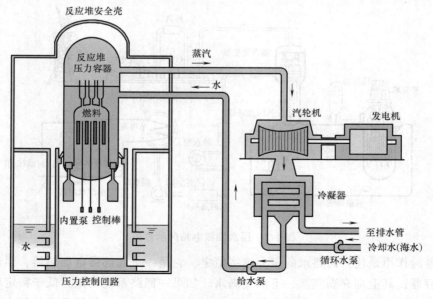

图 1-3　单回路沸水堆热力系统图

力容器后，沿堆芯围筒与容器内壁之间的环形空间下降，在喷射泵的作用下进入堆下腔室，再折而向上流过堆芯，受热并部分汽化。汽水混合物经汽水分离器分离后，水分沿环形空间下降，与给水混合；蒸汽则经干燥器后出堆，通往汽轮发电机，做功发电。蒸汽压力约为7MPa，干度不小于99.75%。汽轮机乏汽冷凝后经净化、加热再由给水泵送入反应堆压力容器，形成一闭合循环，堆内装有数台内装式再循环泵，其作用是使堆内形成强迫循环，其进水取自环形空间底部，升压后再送入反应堆容器内，成为喷射泵的驱动流。某些沸水堆用堆内循环泵取代再循环泵和喷射泵。

沸水反应堆本体是一个外形为圆柱形高压反应容器（图1-4），它由简身和半球形可拆上封头组成。容器简身的基体材料是低合金钢，内壁堆焊不锈钢覆盖层。容器内有堆芯和堆芯支撑机构及控制棒驱动机构。

沸水堆堆芯也是由许多方形燃料组件组成，它们按正方形稠密栅格排列成一个近似圆柱体。整个堆芯被安置在反应堆容器内，冷却剂自下而上通过堆芯。堆芯围板是一个围绕堆芯的不锈钢圆筒，在堆芯围板和反应堆容器之间构成一个环形空间。围板把通过堆芯向上流动的冷却剂流和在环形空间内向下流动的冷却剂流分隔开来。在堆芯围板与反应堆容器之间的环形区域内流动的水对容器壁材料起一定的辐照防护作用。喷射泵的扩散管穿过围板支承座的环形架子伸到堆芯下部，把冷却剂送入堆芯进口腔室。支承围板的环形架焊接在反应堆容器壁上，防止再循环水短路流到出口接管。

在堆芯与汽水分离器之间，沿堆芯围板的内边安装两个带有喷淋管嘴的堆芯喷淋环，其中一

干燥器

汽水
分离器

高压堆
芯淹没
注射管

堆芯

堆内泵

细调控
制棒驱
动机构

图1-4　沸水堆本体结构

个是低压喷淋环，另一个是高压喷淋环，在危急工况下向堆芯喷射冷却水。此外，还有在危急工况下向堆芯喷射中子吸收剂的喷嘴，它们安装在堆芯下部的再循环水进口腔室内。

汽水分离装置由一系列竖管组成。在每个竖管的上部有三级分离器。汽水分离器没有运动部件，材料为不锈钢。汽水混合物通过竖管上升到分离器的叶片区，叶片使汽水混合物作旋转流动形成涡流。离心力把水分从蒸汽里分离出来。蒸汽从分离器顶部流出，进入蒸汽干燥器下部的湿蒸汽空间。被分离出的水分从每级分离器下部排出，进入竖管周围的水池，汇合后流向环形下降区。

汽水分离装置的上部布置蒸汽干燥装置。从分离器来的蒸汽向上和向外流过干燥器叶片。许多直立排列的导叶片与上下支架相连接，构成一个刚性整体部件。被干燥器分离出来的水分通过沟槽和管道流入汽水分离器竖管周围的水池，然后流向环形下降区。

控制棒用铪或银钢镉合金等吸收中子能力较强的材料外包不锈钢包壳制成。沸水堆的控制棒呈十字形，插入在四个燃料盒之间，中子吸收材料为碳化硼，封装在不锈钢管内，控制

棒从堆底引入。采用闭锁活塞型驱动机构，机构安装在反应堆容器底部。若干根棒连接成一束，插入堆芯，由堆底部的传动机构上、下抽插，以控制链式裂变反应速率，调节反应堆输出功率或在紧急情况快速关闭核反应，保障反应堆的安全。

沸水堆常用的冷却剂是清水，冷却剂回路有两个重要装置：再循环泵和喷射泵。反应堆再循环水系统用来使通过堆芯的部分冷却剂实行再循环运行。系统由两条相同的循环回路组成，每条循环回路有一台离心式再循环泵、一台流量调节阀、两台隔离阀和一台旁通阀。喷射泵安装在反应堆容器内，以保证冷却剂在堆内连续地循环流动。循环回路中的离心泵通过再循环水出口管吸出堆芯流量的 1/3，提高压力后返回到反应堆容器的进口管，再分别送往喷射泵进口。离心泵为喷射泵提供动能，喷射泵出口的水流经堆芯进口腔室进入堆芯。

喷射泵安装在堆芯围板和反应堆容器内壁之间的环形区域中。根据反应堆装置容量的大小，可以装 18～24 台喷射泵。再循环回路中的离心泵把高压再循环水流送入喷射泵的喷嘴，以一定速度喷出，把喷射泵周围较低压力的冷却剂吸入，两股水在喉管内混合并进行能量交换。混合流通过扩散管后，大部分动能转换为压力能，使压力进一步提高。

与压水堆相比较，沸水堆具有以下特点：

1）在反应堆本体内直接产生蒸汽，并直接作为工质送入汽轮机，因此省掉了一个回路，不再需要昂贵的蒸汽发生器。但沸水堆堆芯不如压水堆紧凑，而且堆内布置了喷射泵，汽水分离器和干燥器等设备，使沸水堆的压力容器尺寸要比压水堆的大得多。

2）沸水堆电站系统比较简单，工作压力可以降低。为了获得与压水堆同样的蒸汽温度，沸水堆只需加压到约 7.2MPa，比压水堆低了一倍，提高了电站使用效率。

3）因为在沸水堆堆容器内部的上部布置了汽水分离器和蒸汽干燥器，这样，只能从反应堆底部引入控制棒驱动系统及堆芯检测仪表系统，因而使维护检修不便，且反应堆底部应力集中。

4）沸水堆的蒸汽带有一定的放射性。汽轮机厂房仍需设置屏蔽，且汽轮机的设计、运行及维修都应考虑放射性问题。

5）沸水堆装置采用喷射泵提高冷却剂的循环能力，安全壳带弛压系统。

6）沸水堆可用控制棒以及改变再循环泵的流量来控制调节功率，因此其运行灵活。但它的燃料比功率小，在同样功率条件下核燃料装置比压水堆多 50%。

沸水堆电站与压水堆电站各有其优缺点，在技术上和经济上不相上下。因此有些国家，如美国、日本、德国，在建压水堆核电站的同时也建造沸水堆核电站。它是目前国外核电站中仅次于压水堆的主要堆型之一，约占总核发电容量的 28%。

三、重水堆

重水堆以重水作为冷却剂和慢化剂。由于重水对中子的慢化性能好，吸收中子的几率小，因此重水堆可以采用天然铀作燃料。这对天然铀资源丰富，又缺乏浓缩铀能力的国家是一种非常有吸引力的堆型。全世界拥有重水堆核电机组最多的国家是加拿大，韩国、阿根廷、印度、罗马尼亚和中国也有少量重水堆核电机组。秦山三期核电站是目前我国大陆唯一的重水堆核电站。目前在全世界的核电站中，重水堆约占 4.5%。重水堆中最有代表性的是加拿大坎杜堆（CANDU）。图 1-5 所示为加拿大坎杜重水堆核电站的示意图。表 1-3 则给出了坎杜重水堆一回路参数。

表 1-3 坎杜重水堆一回路参数

| 核电站电功率/MW | 冷却剂 | | | | 总流量/(t/h) | 分回路数 |
| | 介质 | 压力/MPa | 温度/℃ | | | |
			堆出口	堆进口		
125	重水	10.9	293	245	6200	1
208	重水	10.0	293	249	10900	1
514	重水	9.8	293	249	27900	2
745	重水	10.1	299	252~264	38600	2
600	重水	9.7	312	267	273600	2

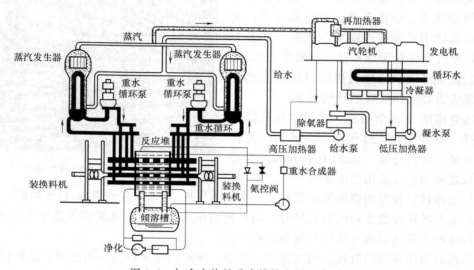

图 1-5 加拿大坎杜重水堆核电站示意图

坎杜重水堆本体结构包括燃料元件、压力管组件、反应堆容器、装卸料系统和反应性控制装置等。坎杜重水堆采用短棒束型燃料元件。燃料元件棒的包壳材料为锆-4 合金,壁厚约为 6.33mm,内装天然 UO_2 芯块。棒束元件借助支承垫可以在水平的压力管内来回滑动。每根压力管内装 10~12 束燃料元件束。燃料元件束由紧密组装在一起的 37 根燃料棒组成,焊在元件端部的端板将燃料棒组装在一起。钎焊在包壳上的隔块保持元件间必要的间距。棒束长约为 50cm,直径约为 10cm。

压力管组件由压力管和端部件组成。压力管穿过容器管连接到端部件,通过端部件支承在端屏蔽上。在压力管和容器管之间依靠两个支承环形成一个环形间隙。环隙内充干燥的 N_2 或 CO_2 作为绝热介质。支承环材料为含铌 2.5%(质量分数)、铜 0.5%(质量分数)的锆合金丝材。它们在压力管堆芯部分约 1/3 长度处对称地环绕在压力管上,将压力管的部分载荷传递给容器管。压力管内安置燃料棒束组件和流过反应堆冷却剂。一般可以安放 9~12 个短棒束型燃料组件,压力管的材料为锆-2.5% 铌合金。管长约为 6.3m,内径约为 103mm,壁厚为 4.34mm。

压力管的设计制造要考虑使用寿期内燃料元件在压力管内滑动时可能造成的划伤、磨损以及腐蚀等的影响。

压力管的两端与端部件相连构成了与堆冷却剂回路的连通和换料通道。端部件一般采用不锈钢制造，这就产生了锆合金管与不锈钢管的连接问题（锆合金的膨胀系数仅为不锈钢的1/3～1/2）。要求连接结构在热循环中保持良好的密封性能和足够的强度，而且要有耐辐照、耐腐蚀的性能，结构要求简单，便于制造、安装和更换。

端部件的端屏蔽处装有一个屏蔽塞，并依靠密封塞和密封垫片密封。换料时，装卸料机头将屏蔽塞和密封塞先拆下，换料后再装上。端部件的结构要保证在任何时候（包括在换料操作期间）都有一定量冷却剂流经压力管。

反应堆容器是一个卧式圆筒形容器，亦称排管容器。有几百根容器管并列贯穿其中（图1-6）。反应堆容器由堆容器壳体、容器管和端屏蔽组成。堆容器壳体是一个两端有端屏蔽的圆筒形壳体，卧式布置。在壳体上部，垂直于堆容器的中心轴线方向上，装有一百多个接管，以便控制棒和停堆棒能垂直地插入堆芯。接管的定位要准确。壳体的组装焊接工艺比较复杂。排管容器采用低碳不锈钢制造。

容器管用锆-2合金制造，其两端与容器的管板连接，对管板起支撑作用，并承受压力管的部分重量。管板厚度一般约为1.5mm。容器管与管板之间的连接采用滚压胀接。

图1-6　反应堆容器的侧面

端屏蔽是排管容器两端的屏蔽结构，通常采用钢板-轻水屏蔽或钢球-轻水屏蔽。端屏蔽中设置与堆芯栅格位置相对应的延伸管。端屏蔽的作用是在反应堆端面屏蔽中子及γ射线，使停堆后运行人员可以进入反应堆两侧的换料室。

端屏蔽的筒体和端部管板采用超低碳不锈钢，屏蔽钢板或钢球采用碳钢，延伸管采用不锈钢。由于反应堆的栅格位置是由端屏蔽保证，因此对端屏蔽的制造，特别是管板孔的加工有严格的要求。

重水堆采用不停堆装卸料法。在反应堆的两端各有一台装卸料机，共同承担同一燃料通道的装卸料。一台在燃料通道的一端装入新燃料，另一台在燃料通道的另一端接受乏燃料。

由于重水堆是在功率运行下装卸料，存在回收泄漏重水和防止氚害的特殊问题，因此装卸料机是在密闭的屏蔽房间里工作，由计算机进行自动控制。由于装卸料机结构复杂、动作多，除了需要采用计算机程序控制外，同时要求在结构设计、制造安装上保证它的执行机构达到要求的精度，并能稳定可靠地工作。

与轻水堆核电站相比，重水堆核电站具有如下特点：

1）因重水的慢化性能好，吸收中子少（其慢化比是普通水的300多倍），故能用天然铀做燃料。发展重水堆核电站不需要建立造价昂贵的铀同位素分离厂或从国外进口浓缩铀。

2）重水堆转化率比较高（约为80%），可以更为有效地利用天然铀，能一次从每吨天然铀中获取最大的能量。

3）从重水堆卸出的燃料烧得较透，铀-235含量低于扩散厂通常的尾料含量（约0.25%），可以把它们暂时储存起来，等到快堆需要时再提取其中的钚，而不必急于进行后处理。这就使燃料循环大大简化（称为一次通过循环），费用大大降低。

4) 在各种热中子堆中，重水堆所需天然铀最少，而且其所需的初装料和年需换料量也最少（分别相当于轻水堆的 2/5 和 3/4）。

5) 重水堆对燃料的适应性很好，能采用天然铀和浓缩铀作燃料，也可以用铀-233、铀-235 或钚-239 以及它们的任何组合作裂变材料，并且从一种燃料循环改变为另一种循环也很容易。

由于上述这些特点，重水堆的燃料获取与燃料循环所需费用较轻水堆低。另外，重水堆中生成的钚，一部分在堆内参加裂变放出能量，另一部分则包含在燃料中，其净产钚量为轻水堆的 1.4 ~ 1.8 倍。因此，发展重水堆电站，可以为发展快堆电站积累更多的钚。

重水堆核电站可以使用天然铀，燃料经济性好，与压水堆核电站可能构成"串联"燃料循环（即压水堆核电站的乏燃料元件经一定的处理后可直接在重水堆核电站中使用）。同时，我国对重水堆在工程设计、设备制造、燃料元件和重水生产上都有一定的技术和设备制造基础与能力。因此，为了满足我国电力发展的需要，在引资和贷款条件优惠、引进技术和设备价格低廉的情况下，可以适当建造一些重水堆型核电站。

四、气冷堆

气冷堆是以气体作冷却剂，石墨作慢化剂。气冷堆在它的发展中，经历了三个阶段，形成了三代气冷堆。第一代气冷堆，是天然铀石墨气冷堆。它的石墨堆芯中放入天然铀制成的金属铀燃料元件。石墨的慢化能力比轻水和重水都低，为了使裂变产生的快中子充分慢化，就需要大量的石墨。加上二氧化碳导热能力差，使这种堆体积大，平均功率密度比压水堆低一百多倍。此外，其热能利用效率只有 24%。由于这些缺点，英国从 20 世纪 60 年代初期起，便转向研究改进型气冷堆。

改进型气冷堆是第二代气冷堆。它仍然用石墨慢化和二氧化碳冷却。为了提高冷却剂的温度，元件包壳改用不锈钢。由于采用二氧化铀陶瓷燃料及浓缩铀，随着冷却剂温度及压力的提高，这种堆的热能利用效率达 40%，功率密度也有很大提高。第一座这样的改进型气冷堆 1963 年在英国建成。

第三代气冷堆是高温气冷堆，是改进型气冷堆的进一步发展，它以低浓铀或高浓铀加钍作核燃料，石墨作为慢化剂，氦气作为冷却剂，全陶瓷型包覆颗粒燃料元件，使堆芯出口氦气温度可达到 950℃甚至更高。反应堆燃料装量少。转换比高，燃耗深，在利用核燃料上是一种较好的堆型。高温气冷堆已完成了试验堆电站和原型堆电站两个发展阶段。

1979 年美国三里岛核电站事故发生后，核电站安全性问题被提到更重要、更迫切的地位，继而提出了固有安全堆的概念，模块式高温气冷堆（MHTGR）就是在这样的背景下提出的一种具有固有安全性的新堆型。1981 年德国西门子（Siemens）/国际原子公司（Internatom）首先推出模块式球床高温气冷堆的设计概念，以小型化和固有安全性为其特征，现已成为国际高温气冷堆技术发展的主要方向。国际核能界和工业界一致看好高温气冷堆的发展前景，认为它是新一代核电站最有发展前途的堆型之一。美国、德国、日本和南非等国都在做积极的研究，中国设计和建造的 10MW 高温气冷试验堆是世界上第一座模块式高温堆的试验堆。

目前核电站的各种堆型中气冷堆约占 2% ~ 3%。除发电外，高温气冷堆的高温氦气还可直接用于需要高温的场合，如炼钢、煤气化和化工过程等。

用于发电的高温气冷堆的结构如图1-7所示。其燃料元件由弥散在石墨基体中的包覆颗粒燃料组成，包覆颗粒燃料直径为0.8~0.9mm，中心是直径为0.2~0.5mm的核燃料UO_2核芯，核芯外面有2~4层厚度、密度各不相同的热解碳和碳化硅包覆层（图1-8）。

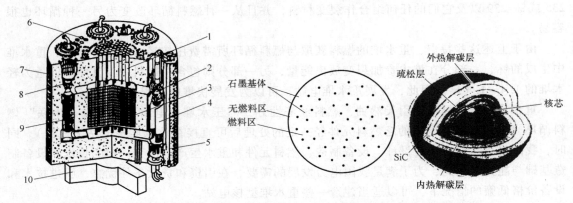

图1-7 用于发电的高温气冷堆的结构

1—装卸料通道 2—循环鼓风机 3—反应堆堆芯
4—蒸汽发生器 5—垂直预应力钢筋
6—氦气净化阱 7—预应力混凝土壳
8—辅助循环鼓风机 9—辅助热交换器
10—压力壳支座

图1-8 高温气冷堆球型燃料元件

包覆燃料颗粒有双层包覆（BISO）和多层包覆（TRISO）两种类型。我国10MW高温气冷堆燃料元件采用TRISO型包覆燃料颗粒。该型燃料颗粒由二氧化铀燃料核芯、疏松热解碳层、内致密热解碳层、碳化硅层和外致密热解碳层组成。疏松热解碳层的作用是提供气态裂变产物和一氧化碳（CO）的贮存空间，吸收燃料核芯因裂变而引起的肿胀和防止裂变反冲核对致密包覆层的损伤。内外致密热解碳层不仅保护碳化硅层，而且起到阻挡裂变产物释放到压力壳的作用。碳化硅层除起到压力壳作用外，对Cs、Sr和Ba等金属裂变产物的阻挡能力也很强。总之，包覆燃料颗粒的镀层构成了能包容燃料和裂变产物的微球形复合压力容器，是阻挡裂变产物释放的最主要屏障，其性能直接关系到反应堆的安全运行。我国10MW高温气冷堆燃料元件的主要参数见表1-4。表1-5则给出了HTR-10堆结构的主要参数。

表1-4 10MW高温气冷堆燃料元件主要参数

^{235}U 富集度（%）	17	SiC 层密度/（g/cm^3）	≥3.18
UO_2 核芯直径/mm	0.5	外致密 PyC 层厚度/μm	40
UO_2 核芯密度/（g/cm^3）	≥10.4	外致密 PyC 层密度/（g/cm^3）	1.9
包覆燃料颗粒直径/mm	0.91	球形燃料元件直径/mm	60
疏松 PyC 层厚度/μm	95	球形燃料元件密度/（g/cm^3）	≥1.70
疏松 PyC 层密度/（g/cm^3）	≤1.10	球形燃料元件含 U 量/g	5
内致密 PyC 层厚度/μm	40	球形燃料元件压碎强度/kN	≥18
内致密 PyC 层密度/（g/cm^3）	1.9	球形燃料元件热导率/[$W/(m \cdot k)$]	≥25
SiC 厚度/μm	35	球形燃料元件的自由铀含量	≤3×10^{-4}

表 1-5　HTR-10 堆结构的主要参数

名　称	参　数	名　称	参　数
热动率/MW	10	活性区高度/mm	2.5×10^3
一次侧氦气工作压力/MPa	3.0	活性区直径/mm	1.8×10^3
冷氦气温度/℃	250	控制棒根数/根	10
热氦气温度/℃	700	辐照孔道数/个	2

五、快中子增殖堆

前述的几种堆型中，核燃料的裂变主要是依靠能量比较小的热中子，都是所谓热中子堆。在这些堆中为了慢化中子，堆内必须装有大量的慢化剂。热中子反应堆核电站的铀资源利用率很低，仅为 2% 左右，它无法将世界能量有限的铀资源充分利用，因而，热中子反应堆的经济潜力也是有限的。快中子反应堆不用慢化剂，裂变主要依靠能量较大的快中子。如果快中子堆中采用 Pu（钚）作燃料，则消耗一个 ^{239}Pu 核所产生的平均中子数达 2.6 个，除维持链式反应用去一个中子外，因为不存在慢化剂的吸收，故还可能有一个以上的中子用于再生材料的转换。例如，可以把堆内天然铀中的 ^{238}U 转换成 ^{239}Pu，其结果是新生成的 ^{239}Pu 核与消耗的 ^{239}Pu 核之比（所谓增殖比）可达 1.2 左右，从而实现了裂变燃料的增殖。所以这种堆也称为快中子增殖堆。它所能利用的铀资源中的潜在能量要比热中子堆大几十倍。这正是快堆突出的优点。因此，它是一种被公认的有发展前途的堆型。

由于快中子反应堆的资源利用率高，可以充分利用热中子堆发展过程中所积累的贫铀和工业钚，因此快中子反应堆的燃料循环经济性很好。快中子堆的燃料成本低于轻水堆的燃料成本，据美国通用电气公司分析，液态金属冷却的快中子增殖堆核电站的燃料成本仅为轻水堆核电站的燃料成本的 44%。这是因为快堆燃料成本中可以不计铀开采的成本，燃料的前处理工艺和后处理工艺也较为简便。

快中子反应堆内的中子应保持高速度，因为一旦中子被慢化，不但每次裂变反应产生的中子数目会减少，而且低速中子容易被堆内各种材料俘获，从而降低增殖能力，所以快堆内没有慢化剂。正由于快堆堆芯中没有慢化剂，故其堆芯结构紧凑、体积小，功率密度比一般轻水堆高 4~8 倍。由于快堆体积小，功率密度大，故传热问题显得特别突出。因此，快堆的冷却剂必须是导热性能好而又不会慢化和俘获中子的介质。常用的较为理想的快堆冷却剂有两种：一种是液态金属钠或钠钾合金，另一种是氦气。因此，目前发展的快中子增殖堆有液态金属冷却快中子增殖堆（LMFBR）和气体冷却快中子增殖堆（GCFBR）两种。

液态金属冷却快中子增殖反应堆（以下简称液冷快堆）通常以钠作冷却剂。钠是一种碱金属，相对原子质量为 22.997，熔点很低（为 97.9℃），对中子的吸收和慢化作用较小，有优异的传热能力，沸点很高（为 883℃），可以使冷却剂回路在低压高温下工作。由于工作压力低，钠管道和设备的泄漏问题易于解决，所以钠是一种较理想的快堆冷却剂。

用钠作冷却剂也是考虑到钠容易与其他元素结合或有吸附其他元素的能力。当核燃料受辐照时生成许多裂变产物的放射性同位素，其中对人类潜在危害最大的是碘（131I）、铯（137Cs）和铌（95Nb）。当燃料包壳破损时，它们会释放到钠液中。然而钠能与之结合或将它们吸附，例如，131I 与钠化合成碘化钠，137Cs、95Nb 和其他固体裂变产物可保留在钠流中，甚至燃料微粒也可沉积在钠系统的直管段中。由于上述原因，在钠事故溢出或由于容器破坏而钠在空气中燃烧时，一般不会大量释放放射性裂变产物。

用钠作冷却剂的缺点是：与水会发生剧烈反应，形成氢化物，这些氢化物进一步又可与氧反应释放大量的热量。另外，钠在辐照下容易活化，形成放射性同位素 22Na 和 24Na。因此钠会变成一个强放射源，这一点在设计中必须予以重视。

钠冷快堆的电站结构如图 1-9 所示。它具有两个独立的钠回路和一个水回路。在第一个钠回路中循环的钠具有强放射性，必须置有特殊屏蔽并防止人员接近，管道和设备的维修保养也应进行远距离操纵。在中间钠回路中流动的二次钠没有放射性，它把一次钠的热量传递给水，产生蒸汽推动汽轮机组发电。

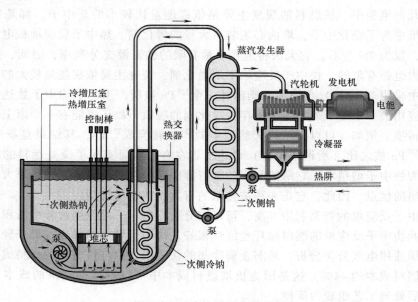

图 1-9　钠冷快堆的电站结构

目前各国设计建造的液冷快堆几乎都趋向于选用铀钚混合氧化物为燃料，液态钠为冷却剂。但由于各设计者观点不同，具体设计有所差别。除了换料机构、蒸汽发生器、堆芯支撑方式、结构材料选择和安全设施等方面有所不同外，主要的差异是一次系统的布置方案不同。

英国、法国等国家设计采用的如图 1-9 所示的池式布置方案，即把一次系统的反应堆、中间热交换器、主泵以及钠管道全部安放在一次钠池中。这样的布置可防止一次钠泄漏，在各种假想的事故工况下安全问题易于解决；由于在池内有大量钠，也可以缓和热冲击。但是，这种布置使各种设备的维修保养不太方便；堆芯上部的大型旋塞密封也较困难。

美国、德国、日本等国家设计采用的回路式布置方案，它与轻水堆核电站相似，把反应堆、中间热交换器和主泵分开布置，彼此用管道相连，构成一次回路。为防止管道和设计破损造成钠泄漏，盛放钠的管道和设备外侧均设置防卫容器（亦称屏蔽腔），腔内先抽出氧气，然后充惰性气体以确保安全。液态金属冷却快中子增殖反应堆除了采用钠外，还可采用铅或铅铋合金。

气体冷却快中子增殖堆是以氦气作为冷却剂，氦冷快中子增殖堆电站结构如图 1-10 所示。氦气作为冷却剂的优点是：化学性质稳定，故部件材料选择范围较宽；不易与中子发生作用，故气冷快堆有较高的增殖能力；在气冷快堆的工作压力和工作温度范围内不发生相变，不存在与相变有关的热工、水力不稳定问题；临界温度很低，故逸入氦气中的氮、氪裂变气体和空气等杂质易于在低温下用吸附方法清除。

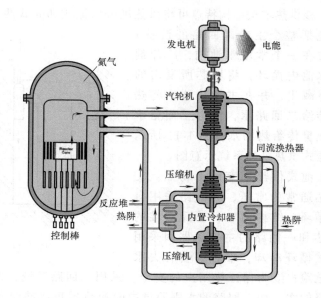

图 1-10　氦冷快中子增殖堆电站结构

氦气出口温度高达 850℃，可直接推动燃气轮机发电。其热功率为 600MW，电功率为 288MW。氦气作为冷却剂也有两点不足之处：一是氦气的传热性能较液体冷却剂差，因此必须将氦气加压到 8～10MPa，并用增加流速、使传热表面粗糙等措施来提高传热能力；二是氦气价格昂贵且易于泄漏，要求一次系统的部件和设备严格密封。

由于气冷快堆与高温气冷堆采用同样的冷却剂，故有不少相似之处，例如：采用同样的预应力混凝土压力容器，类似的蒸汽发生器、主氦气循环风机、辅助循环风机、辅助热交热器、氦气净化处理系统和仪表等。两者之间的差异是：气冷快堆的活性区和再生区代替了高温气冷堆的陶瓷燃料热中子堆芯和石墨反射层；气冷快堆的功率密度为 250～300kW/L，比高温气冷堆的 8kW/L 大得多；为充分冷却堆芯，气冷快堆的氦气压力较高，为 9MPa，而高温气冷堆仅为 5MPa；气冷快堆由于受到燃料金属包壳温度的限制，氦气的堆芯出口温度仅为 550～600℃，而高温气冷堆因采用石墨涂敷颗粒燃料，氦气堆芯出口温度可高达 750～800℃。

在一般的气冷快堆中，活性区用 PuO_2-UO_2 燃料，轴向再生区用 UO_2，产生足够的 ^{239}Pu 供堆芯再循环用，而在径向再生区用 ThO_2 生产，供 $^{232}Th/^{233}U$ 循环的高温气冷堆使用。因此气冷快堆燃料成本低，增殖收益大，又能充分利用钍资源，是一种很有前途的堆型。可以预料，一旦高温气冷堆和液冷快堆的技术有所进展，气冷快堆会很快被列为重要发展对象。我国钍资源十分丰富，因此也应重视气冷快堆的基础研究。

快中子堆虽然前途广阔，但技术难度非常大，目前在核电站的各种堆型中仅占 0.7%。

六、供热堆

供热堆是专门用于供热的一种反应堆，当然也可以利用供热堆提供的热能，采用吸收式制冷或喷射制冷的方式实现冷、热联产，或用于海水淡化。核能供热的意义在于：①以核代煤，缓解能源的紧张状况；②净化环境，减少污染；③缓解运输紧张。

供热堆与前述动力堆的差异是：①核供热站采用低温低压条件；②核供热站单堆容量小；③核供热站因为靠近热用户，故应具有更高的安全性；④核供热站负荷变化缓慢，缓冲容量大。

核供热堆按结构特点可将供热堆分为池式和壳式两大类。池式堆是将反应堆堆芯（通常包括整个主冷却回路的设备）布置在一个常压水池内，冷却剂在水池内循环，将堆芯所发出的热量载出，并在主换热器中将热量传给二回路水，再由二回路水将热量传给热网水。图1-11所示为池式供热堆的系统示意图。

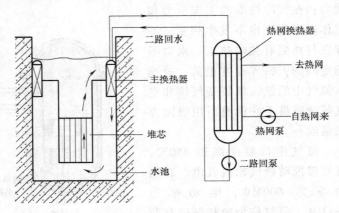

图1-11　池式供热堆的系统示意图

池式供热堆有以下特点：①堆芯通常为常压，一回路采用自然循环，结构简单；②反应堆的堆芯和一回路的主换热器因采用自然循环冷却，堆芯不会有失水的危险；③为保证热用户的安全，采用三回路系统，即一回路的水将堆芯的热量传给二回路的水，而二回路的水则通过中间换热器再将热量传给热网的采暖水，从而可有效地防止放射性的泄漏；④余热排放系统完全依靠自然循环，无须动力电源，可确保停堆后排出余热。

此外，池式供热堆也和压水堆一样，配有控制棒驱动系统、注硼停堆系统、各种控制和监视系统等，以保证供热堆的安全运行。池式供热堆除安全性特别好外，造价也比动力堆低得多，投资仅为动力堆的1/10，其经济性已可和燃煤及燃油供热站相比较，而对环境的影响却小得多。

我国5MW的供热堆，1989年已开始在清华大学运行，至今已取得良好的经济效益。200MW的供热站也正在建设之中。

壳式供热堆通常采用一体化布置，即将反应堆堆芯、主换热器、主回路设备全都布置在一个压力容器内。容器内上部充气，用作主回路的稳压器。容器内主回路水在热源——反应堆堆芯和热阱——主换热器之间循环。图1-12所示为壳式供热堆的系统示意图。

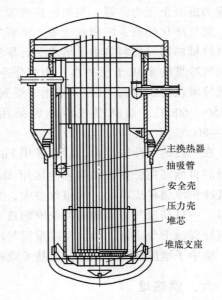

图1-12　壳式供热堆的系统示意图

壳式供热堆压力容器内的压力视供热温度的需要而定，一般在1.5～2.5MPa之间。在不出现沸腾的情况下，堆芯出口平均温度可达200℃左右，这已可满足广泛的工艺用热的参数要求。

壳式堆也可以是沸腾型的。微沸腾（含汽量约为1%或更低）壳式堆可以在更低的压力下获得较高的温度，而且循环动力头也有所增加。一般来说，池式堆适用于小型热网的供热，而壳式堆适用于大中型热网的供热。

第二节 反应堆热工水力分析的目的和任务

一、反应堆热工水力分析的研究对象

对于各种形式的反应堆，特别是动力堆，安全和经济运行都是第一位的。反应堆是一个非常紧凑的热源，堆芯单位体积的释热率要比火电厂的锅炉大得多。因此，在高释热率条件下若堆芯的燃料元件得不到及时的冷却，燃料元件就将面临强度降低，腐蚀加剧，甚至有熔化的危险。为确保反应堆能安全运行，即能够在任何工况下都能及时导出堆芯的热量，必须对堆芯及其回路系统中的热工和水力状况有清晰的了解。反应堆热工水力分析正是以核反应堆堆芯为主要分析对象，研究核反应堆及其回路系统中的冷却剂流动特性、热量传输特性和燃料元件传热状况，为设计良好的堆芯输热系统提供理论支撑。

二、反应堆热工水力分析的主要内容和研究方法

反应堆热工水力分析的主要内容包括反应堆热工水力的稳态分析和反应堆热工水力的瞬态分析。稳态分析主要用于反应堆热工设计，瞬态分析主要用于反应堆瞬态过程和事故分析以及安全审查。通常稳态分析的结果也是瞬态分析的初始条件。

在对核能系统中的热力过程、状态参数及蒸汽动力循环（如蒸汽再热循环与回热循环）和堆芯材料（如核燃料、包壳材料、冷却剂和慢化剂）及其热物性充分了解的基础上，反应堆热工水力分析课程内容主要集中在以下几方面：

1）反应堆热源及稳态工况的传热计算，包括堆热源及其分布，反应堆内热量的输出过程，燃料元件的传热计算，停堆后反应堆的功率。

2）核反应堆稳态工况的水力计算，包括单相冷却剂的流动压降计算、气-水两相流动及其压降计算、自然循环计算、通道断裂时的临界流、堆芯冷却剂流量的分配以及流动不稳定性。

3）反应堆稳态热工设计原理，包括热工设计准则、热管因子、临界热流量与最小 DNBR、单通道模型的反应堆稳态热工设计和子通道模型的反应堆稳态热工设计。

4）反应堆瞬态热工分析，包括瞬态过程中反应堆功率计算、瞬态工况的燃料元件温度场的计算、反应堆的安全问题、反应堆失流事故和压水堆冷却剂丧失事故。

反应堆热工水力分析需要先修课程流体力学、传热学、工程热力学和反应堆物理中学到的基本概念、基本公式和基本结论，采用的研究方法和上述先修课程类似，即理论分析、实验研究和数值模拟。

理论分析是把研究问题的基本物理特征和具体规律用一个理想化的数学模型表达出来，并选择适当的数学方法进行求解。因此，学会用数学语言正确地描述一个反应堆热工水力问题（通常称之为"建模"），并能够合理地运用数学手段求解是关键所在。

由于反应堆热工水力问题的复杂性，理论分析常常无能为力，这时就需要借助于实验研究。一方面，在分析使用中的许多原始数据和关系式需要实验研究来确定；另一方面，物理模型也要靠实验来发展，计算分析结果更要靠实验来验证。

由于计算机技术的高速发展以及各种大型技术软件日益丰富和完善，可以帮助我们分析

和求解许多过去无法求解的理论问题，因此数值模拟方法越来越成为解决反应堆热工水力问题的强有力的工具。

三、反应堆热工水力分析的目的

反应堆热工水力分析在核反应堆工程中起着十分重要的作用。例如，电站热效率就直接与主回路的温度和压力有关。由于冷凝器进口的温度就是海水或其他冷源的温度，因此，电站热效率就取决于系统产生蒸汽的温度和压力。而这一温度和压力又与反应堆出口冷却剂的温度密切相关。此外，主回路的温度和压力也直接决定了冷却剂的选择。例如，液态金属冷却剂在保证出口不沸腾的情况下只需要很低的压力就可以达到 550℃ 左右的温度，而水则需要很高的压力（约为 15MPa）才能达到 330℃ 左右的温度。对于高温气冷堆，虽没有这样的压力与温度间的关系，但是气体的传热性能却与压力密切相关，因此高温气冷堆的一回路系统压力通常为 4~5MPa，而出口温度则可以达到 700℃ 左右。

开设反应堆热工水力学分析课程的目的在于着重掌握反应堆工程领域热工水力学的基本分析方法，通过运用先修课程，如流体力学、传热学、工程热力学和反应堆物理中学到的知识，以核反应堆堆芯及其回路系统为分析对象，达到既了解反应堆稳态工况下的工作状况，又能分析瞬态工况下的各热力参数的变化特点，学习核反应堆热工水力的基本设计方法和相关程序的使用，同时通过课程学习，训练和培养独立分析问题的能力。

四、反应堆热工水力分析的任务

反应堆热工水力分析的基本任务是保证在正常运行期间把裂变能传到热力系统进行能量转换，在停堆后把衰变热传出来。因此，除了一回路温度和压力之外，还有其他一些因素，例如一回路装量、系统布置等因素也是热工设计所必须关心的。

反应堆热工水力分析的另一个任务是确定电厂的设计准则，并对核物理设计、机械设计、测量仪表和控制系统等的设计提出设计要求。

具体而言通过反应堆热工水力学分析了解冷却剂的流动和传热特性，获得燃料元件内的温度分布规律，给出各种运行工况下反应堆的热力参数，分析各种瞬态工况下温度、压力、流量等热力参数随时间的变化过程，预测事故工况下温度、压力、流量等热力参数随时间的变化。

值得指出的是，在整个反应堆设计过程中，其他的相关设计都要以保证和改善堆芯的输热特性为前提。不论是选择反应堆燃料、冷却剂、慢化剂和结构材料，还是确定燃料元件的形状、栅格排列形式、可燃毒物或控制棒的布置、堆芯结构及反应堆回路系统方案和运行方式等都要以热工水力设计为前提。而且热工水力设计还要对反应堆控制系统、安全保护系统和工程安全设施的设计提出要求，例如提出相关安全设施的安全整定值。当各方面的设计出现矛盾时，也要通过反应堆热工水力设计来进行协调。因此，反应堆热工水力设计在整个反应堆的设计中起着至关重要的作用。

第二章 核能系统中的热力过程

在核电厂，核能转变为机械功是通过热力循环来完成的。核燃料的链式裂变反应产生的高温热能传递给工质水，水受热产生蒸汽并输送至汽轮机做功，完成热功转换。做功后的乏汽排入凝汽器向冷源放热并凝结成水，水经升压后送往高温热源，恢复其初始状态，然后再重新获得热能，从而构成了热力循环。如此周而复始，使热功转换过程连续进行。而这样一个封闭的循环过程是由若干个不同的热力过程所构成的，分析整个循环必须根据热力学基本定律从分析热力过程着手。本章从热力学的基本概念出发，系统地介绍核能系统中的热力学知识。

第一节 状 态 参 数

一、状态参数特性

热力学状态参数是用来描述系统热力学状态的一些物理量，宏观意义上它能够通过对系统所进行的运算和测试来确定，既不必借助于物质的特定的分子模型，亦无需依靠系统内粒子微观行为的统计计算。压力、温度、质量、体积、密度、膨胀系数等均是状态参数。状态参数有如下几个性质：

（一）状态参数的单值性

状态参数只与系统当前的状态有关，与系统状态的过去变化情况及将来的发展无关。

对应于系统特定的状态，状态参数应有确定的、唯一的值。由此可知，状态参数只对平衡状态才有定义。

（二）状态参数的数学性质

状态参数在数学上应为一态函数。若 x，y，z 均为系统的状态参数，且系统的状态可由两个独立的状态参数确定，譬如由 x，y 两者一起确定，则有 $z = f(x, y)$ 为态函数，其数学上的特性为：存在恰当微分（即全微分）

$$\mathrm{d}z = \left(\frac{\partial z}{\partial x}\right)_y \mathrm{d}x + \left(\frac{\partial z}{\partial y}\right)_x \mathrm{d}y$$

且有

$$\left.\begin{array}{l} \int_1^2 \mathrm{d}z = z_2 - z_1 \\[2mm] \oint \mathrm{d}z = 0 \end{array}\right\} \text{（积分结果与路径无关）}$$

（三）状态参数在数学上的组合也是状态参数

例如，状态参数焓的定义式为 $h = u + pv$，式中 u、p、v 均为状态参数，h 是它们数学上的一种的组合，也是系统的一个状态参数。另外，状态参数是系统对应的某种微观特性的统计平均结果，比如温度这个基本状态参数，我们知道根据分子运动论有

$$\frac{m\,\overline{w}^2}{2} = BT$$

式中，$\overline{w}$ 为气体分子平移运动的均方根速度；m 为气体分子的质量；B 为玻耳兹曼常数。

实际上热力学温度只不过是气体分子运动强弱在宏观上的反映。在众多热力学参数中，压力 p，比体积（比容）v，温度 T，热力学能（内能）u，熵 s 具有特别重要的意义，被当作基本的热力学状态参数。

二、基本状态参数

所谓"基本"，是指通常的热力学函数和状态方程多以它们为基础进行表达。其中 p、v、T 三者是可直接测量的参数，具有简单、直观的物理意义，通常使用最多；下面我们分别叙述。

（一）压力

压力的定义为：垂直作用在单位面积上的力。即物理学中的压强。压力都是用压力计测量出来的。由于受环境介质（大气）压力的作用，实际上各种压力计的指示值都只是气体的真实压力（绝对压力）p 与环境介质（大气）压力 p_b 之差，特称作表压力 p_e。即

$$p = p_b + p_e \tag{2-1}$$

当绝对压力大于大气压力时，称系统处于"正压"的情况；当绝对压力小于大气压力时，则称系统处于真空的情况，或说系统具有"负压"。通常所说的负压或真空值，是指大气压力与绝对压力之差，即

$$p_v = p_b - p \tag{2-2}$$

压力的基本单位是帕（Pa），$1Pa = 1N/m^2$。工程上常使用 MPa 为单位，$1MPa = 1 \times 10^6$ Pa。真空计常用毫米汞柱（mmHg）或毫米水柱（mmH_2O）为单位。此外，工程上或老的资料中还会见到"巴（bar）"和"工程大气压（at）"这样的单位，这些单位与帕之间的换算关系为

$$1mmH_2O = 1kgf/m^2 = 9.81Pa$$

$$1mmHg = 133.3Pa = 13.6mmH_2O$$

$$1at = 1kgf/cm^2 = 1 \times 10^4 mmH_2O = 10mH_2O = 0.981 \times 10^5 Pa$$

$$1bar = 1 \times 10^5 Pa$$

物理学中还有标准大气压（atm，亦称物理大气压）的概念，即 $1atm = 760mmHg = 0.1013MPa$。

需要强调的是，作为状态参数的应当是气体的绝对压力（真实压力）。表压力改变时不一定就意味着气体的真实压力有了改变（状态变化）；即使气体的绝对压力不变，由于大气压力改变也会引起表压力变化。

相对一定的大气压力 p_b 而言，绝对压力 p、真空（负压）p_v、表压力 p_e 相互间的关系如图 2-1 所示。

（二）温度

温度是热量传递的推动势，温度差的存在是发生传热这种

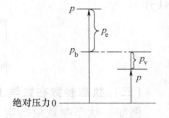

图 2-1　绝对压力、真空、
表压力相互间的关系

能量传递现象的原因。温度是系统在热平衡方面的一种特性；相互热平衡的不同系统所具有的一种共同的特性就是温度。

温度用温度计测量，而温度计则是利用温标刻度的。所谓温标就是度量温度的一种标尺。温标分为热力学温标和经验温标两种。热力学温标是根据热力学第二定律原理推导出的普适函数而制定的；经验温标则是借助物质的某种与温度有关的性质制定的。前者不依赖于个别物质的性质，显然要比后者精确得多，也科学得多。

根据热力学温标而确定的温度为热力学温度，开尔文温标就是这样的一种温标。开尔文温度的单位是开（K）。热力学温标以绝对零度为 0，因此也称作绝对温标。热力学温度是基本温度，常采用符号 T 表示。

工程上还常使用根据摄氏温标确定的摄氏温度，它用符号 t 表示，单位是摄氏度（℃）。表示温度差和温度变化时，1 摄氏度（℃）与 1 开尔文（K）是相等的，即 $1℃ = 1K$。但是，由于热力学温标的起算零点与摄氏温标不同，因此，对于同一温度两者的指示值不同。热力学温标取水（H_2O）物质的三相点（汽、水、冰平衡共存的一种唯一的状态）温度的 $1/273.16$ 为 1K，而摄氏温标则据此被定义为

$$t = T - 273.15 \tag{2-3}$$

即

$$T = t + 273.15$$

根据这一定义，水的冰点由摄氏温标指示为 0℃，而热力学温标则指示为 273.15K。

（三）比体积

比体积的定义是：单位质量物质所具有的体积。即

$$v = \frac{V}{m} \tag{2-4}$$

式中，v 为比体积（m^3/kg）；V 为体积（m^3），m 为质量（kg）。

比体积的倒数为密度 ρ（kg/m^3），即

$$\rho = \frac{1}{v} \tag{2-5}$$

三、重要状态参数

在众多热力学状态参数中除了上述三个基本状态参数之外，还有三个状态参数非常重要，在热力学中使用频繁，它们分别为热力学能、焓和熵。

（一）热力学能

热力学能是指组成热力系统的大量微观粒子本身所具有的能量，也称内能，通常用 U 表示，单位为 J 或 kJ。单位质量工质所具有的热力学能，称为比热力学能，也称比内能，单位为 J/kg 或 kJ/kg，可写为

$$u = \frac{U}{m} \tag{2-6}$$

根据热力学能的含义，热力学能应是以下各种能量的总和。

1）分子热运动形成的内动能。它包括分子的移动动能、转动动能以及分子中原子的振动动能。温度越高，内动能越大，所以热力学能是温度的函数。

2）分子间相互作用力形成的内位能。内位能取决于分子间的距离，因此热力学能又是

比体积的函数。

3）维持一定分子结构的化学能、原子核内部的原子能及电磁场作用下的电磁能等。

由于在热能和机械能的转换过程中，一般不涉及化学变化和核反应，从而化学能和原子能不发生变化，因此在工程热力学中，热力学能只考虑两部分，即内动能和内位能。因前者取决于工质的温度，后者取决于工质的比体积，所以工质的热力学能取决于工质的温度和比体积，即决定于工质的热力状态，是状态参数，可表示为

$$u = f(T, v) \quad \text{或} \quad u = f(T, p) \quad \text{或} \quad u = f(p, v) \tag{2-7}$$

物质的运动是永恒的，要找到一个没有运动而热力学能为绝对零值的基点是不可能的，因此热力学能的绝对值无法测定。工程计算中，关心的是热力学能的相对变化量 ΔU，所以实际上可任意选取某一状态的热力学能为零值，作为计算基准。

（二）焓

焓的定义源于热力学第一定律，即流动工质传递的总能包括物质流本身储存能量及流动功，即

$$U + \frac{1}{2}mc^2 + mgz + pV$$

或

$$u + \frac{1}{2}c^2 + gz + pv \tag{2-8}$$

其中，u 和 pv 取决于工质的热力状态。为简化计算，这里引入一新的物理量——焓（H）。令

$$H = U + pV \tag{2-9}$$

单位质量的焓称为比焓（h），即

$$h = u + pv \tag{2-10}$$

因为 u 和 p、v 都是工质的状态参数，所以焓和比焓也是工质的状态参数。

焓的物理意义为：对于流动工质，焓是内能与流动功之和，此时焓具有能量意义，它表示流动工质向流动前方传递的总能量中取决于热力状态的那部分能量。如果工质的动能和位能可以忽略，则焓代表随流动工质传递的总能量。而对于不流动工质，因 pv 不是流动功，焓只是一个复合状态参数，没有明确的物理意义。

（三）熵

熵的定义是：可逆的微元过程中，系统的熵变量 dS（单位为 J/K）等于该微元过程中系统所吸入的热量 dQ 除以吸热时的热源温度 T，即

$$dS = \left(\frac{dQ}{T}\right)_{\text{可逆}} \tag{2-11}$$

一个过程中，系统吸热量的多少与系统中工质的数量——系统的规模有关。因此，熵是一个广延参数。对于一个平衡的系统，针对其中的 1kg 工质，引入比熵 s [单位为 J/(kg·K)]，有

$$ds = \frac{dS}{m} = \left(\frac{dq}{T}\right)_{\text{可逆}} \tag{2-12}$$

式中，m 为系统的质量；dq 为过程中 1kg 工质的吸热量。

四、水的热力学性质

在压水堆中，水在高压高辐射工况运行，不仅作为冷却剂带走堆芯产生的热量，而且在二回路中实现了热能与机械能的转化，因此水的热力学性质对于压水堆非常重要。水蒸气是热力工程中使用最早、应用最广的工质。对其性质做了很多专门的研究工作。

（一）关于水的熵和内能的国际规定

1963 年第六届国际水蒸气会议规定：对 H_2O，取三相点（273.16 K，0.01℃）下液态水的熵和内能为零。由于水的三相点接近为 0℃，所以进一步更粗略地可以认为：0℃下液态水的焓、熵、内能均为零。可认为液态水为不可压缩流体，当对一定温度的液态水进行定熵压缩时，它的压力可以改变，但熵不变，内能不变。据此，同温度而压力不同的液态水其熵相同，内能相同，焓虽不相同，但相差很小。

（二）水蒸气的 T-s 图

如图 2-2 所示，未饱和水在某一温度 T_0 下（从 0℃开始），对某一压力 p_1 下的水进行定压加热（0 点），由于过程的压力一定，因此当水加热升温至对应的饱和温度（沸点）T_{s1} 时开始沸腾（饱和水）。此后过程进入定温-定压阶段，饱和水逐渐汽化成为饱和蒸汽，系统处在湿蒸汽状态，直至全部水汽化完毕（干饱和蒸汽）。再往后过程不再定温，饱和蒸汽将过热成为过热蒸汽。当提高过程的压力（p_2）时，水仍从 0℃开始加热。因压力提高，对应的饱和温度亦提高，水需加热至较高温度 T_{s2} 才开始沸腾，其余情

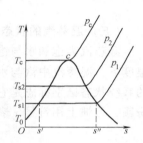

图 2-2　水蒸气的定压形成过程

况与上述过程相似，只是水开始沸腾时的熵值（s'）较大，沸腾结束时的熵值（s''）则较小。未饱和水从 0℃加热至沸点的过程称为水的预热，所需的热量称为液体热。液体的比热容随压力变化极小，所有 0℃的水的状态在 T-s 图上又都集中 0 点，因此，各种压力下的未饱和水预热过程曲线，在相同温度区间内几乎是重合在一起的。

饱和水汽化所需的热量为汽化热，常用符号 r（单位为 kJ/kg）表示。由于汽化段为定温-定压过程，因此应有

$$r = T(s'' - s') = h'' - h' \tag{2-13}$$

水的临界参数为：$p_c = 22.115\text{MPa}$，$T_c = 647.27\text{K}$（374.12℃），$v_c = 0.00317\text{m}^3/\text{kg}$。当压力提高至 22.115MPa（临界压力）时，水加热至 374.12℃（647.27K，临界温度）立即全部汽化，汽化热为零，实现连续相变过程。在临界点下 $s' = s''$。高于临界压力 22.115MPa以后的任何压力下，水一旦加热至临界温度 374.12℃均立即全部汽化。将 T-s 图上所有的饱和水状态形成下界限线；所有的饱和蒸汽状态形成上界限线，即有一点、两线、三区、五态，表现出了实际气体的热力学性质。

（三）未饱和水的状态参数

未饱和水的压力与温度可以独立变化，通常其状态即以（p，t）形式给定；未饱和水的温度总是低于其压力所对应的饱和温度，即 $t < t_s$，而且任何压力下均有 $t < t_c$（$= 374.12$℃）；对 0℃的未饱和水近似有 $s_0 = 0$，$u_0 = 0$，$h_0 = 0$；定压下，未饱和水的比体积 v，比熵 s，比焓 h 均随温度升高而增大；定温下，它们则随压力升高而减小，但变化不是很显著；通常水的比热容近似取为 4.187kJ/kg；由于水不可压缩，其比定容热容与比定压热容没有区别，即 $c_p = c_v$。

（四）饱和水及饱和蒸汽的状态参数

饱和状态下温度与压力有着对应的关系，仅凭温度或压力一个参数即可确定饱和水或饱和蒸汽的状态。为了方便使用，饱和水及饱和蒸汽的热力性质表分为按压力排列和按温度排列两种见表 2-1、表 2-2）；习惯上对饱和水和饱和蒸汽的参数符号分别用上标"′"和"″"以示区别。

当压力提高时（饱和温度升高），参数 v'、s'、h' 提高，v''、s'' 减小，而 h'' 则先是增大，约在 3MPa 时达到最大值，以后便随压力增大而减小；汽化热随压力增大而减小，至临界压力时汽化热变为零。临界点时饱和水与饱和蒸汽的参数全部相同。

对饱和蒸汽有

$$h'' = h' + T_s(s'' - s') = h' + r \tag{2-14}$$

$$s'' = s' + \frac{r}{T_s} \tag{2-15}$$

（五）湿蒸汽的状态参数

湿蒸汽为饱和水与饱和蒸汽的机械混合物，是两者的平衡共存体。同一压力，或说同一温度下，湿蒸汽中汽与水所占有的质量份额不同时，系统的状态是不同的。作为这种情况下的系统状态区别标志是它的"干度"。湿蒸汽干度的定义为：系统中饱和蒸汽所占有的质量份额，习惯上用符号 x 表示。若系统中饱和水及饱和蒸汽的质量分别为 m_w 和 m_v，则

$$x = \frac{m_v}{m_v + m_w} \tag{2-16}$$

干度的反面为湿度，即（$1-x$）。湿度这一参数不常使用。

不同干度下的湿蒸汽广延参数以及对应的比参数，都可以按查得的饱和水及饱和蒸汽的参数利用干度计算求得。方法为

$$v_x = xv'' + (1-x)v' = v' + x(v'' - v') \approx xv'' \tag{2-17}$$

$$h_x = xh'' + (1-x)h' = h' + x(h'' - h') = h' + xr \tag{2-18}$$

$$s_x = xs'' + (1-x)s' = s' + x(s'' - s') = s' + x\frac{r}{T_s} \tag{2-19}$$

由以上各式可得以下干度表达式

$$x = \frac{v_x - v'}{v'' - v'} = \frac{s_x - s'}{s'' - s'} = \frac{h_x - h'}{h'' - h'} \tag{2-20}$$

显然，对于饱和水、湿蒸汽和（干）饱和蒸汽三者的各种参数，有如下关系

$$v' < v_x < v''; s' < s_x < s''; h' < h_x < h''.$$

（六）过热蒸汽的参数

过热蒸汽的温度和压力可以独立变化，通常其状态即以（p, t）形式给定；当压力一定而温度提高时，过热蒸汽的 h、s、v 均提高；当温度一定而压力提高时，过热蒸汽的 h、s、v 均降低；就相同压力而比较，过热蒸汽的 t、h、s、v 均较饱和蒸汽的大。

（七）水蒸气热力性质表

对于饱和蒸汽及饱和水按温度或压力排列的参数表可查表 2-1、表 2-2。

对于未饱和水和过热蒸汽，由于它们具有温度和压力可以独立变化的同样特性，因此工程上将它们的参数同列在一个表中，称作《未饱和水与过热蒸汽热力性质表》。在未饱

和水与过热蒸汽的 t、p、v、h、s 五个参数中，根据给定的任何两个参数的值可以从表上查得其余 3 个参数。该表中列出的温度和压力均按一定间隔排列，对于表上未列出的值，可用线性插值法近似求得。习惯上以一条阶梯状的粗黑线将表中未饱和水和过热蒸汽的参数区分开来，如表 2-3 那样排列形式时，阶梯线的左侧为未饱和水状态，右侧为过热蒸汽状态。

（八）水蒸气焓-熵图

工程上的水蒸气热力过程多可近似化为绝热过程和定压过程。这两种过程的技术功和吸热量均为过程的焓差，因此使用焓-熵图求解过程时有其独特的方便之处。

焓-熵图上也有上、下界限线及临界点，但由于仅使用于过热蒸汽及干度较高的湿蒸汽，因此通常印出的只是它的右上部分，未包括下界限线和临界点。

图 2-3 所示为水蒸气的焓-熵图。其中各种定值线群包括：

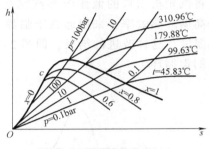

图 2-3　水蒸气的焓-熵图

注：$1\,bar = 10^5\,Pa$

1）定压线——在湿蒸汽区内为倾斜向上的直线段，在过热区则为凹向上的指数曲线。由 $dq_p = dh = Tds$，有 $\left(\dfrac{\partial h}{\partial s}\right)_p = T$，湿蒸汽区中为定温-定压过程，所以定压线为定斜率的直线。定压线以上部的压力值为大。

2）定温线——湿蒸汽区内定压线即定温线。过热区内定温线凹向下，斜向右上方，逐渐趋向成为水平线（趋于理想气体热力性质）。居于上方的温度值为高。

3）定容线——凹向上，斜向右上方，斜率大于定压线。在图中常套色印出。

第二节　蒸汽动力循环

一、概述

压水堆核电厂中热能转变为电能是在二回路热力系统中进行的。其原理与火电厂基本相同，两者都是建立在蒸汽动力循环的理想循环——朗肯循环的基础之上。蒸汽动力循环系指以蒸汽作为工质的动力循环，实现这种循环的装置称为蒸汽动力装置。以水和水蒸气作为工质的蒸汽动力装置是工业上最早使用的能量转换装置。二者不同之处在于，现代典型的压水堆核电厂二回路蒸汽初压（约 6.5MPa）比火电厂（18MPa）低，相应的饱和温度（281℃）也低于火电厂（535℃）。因此，其理论热效率必然低于火电厂。火力发电厂通常将在高压缸做功后的排汽送回锅炉进行中间再热；在核电厂，只能采用新蒸汽对高压缸排汽进行中间再热。此外，火电厂的烟气回路总是开放的而核电厂的冷却剂回路总是封闭的。这不仅为了防止放射性物质泄漏到环境中，也为了提高循环的热效率。

因此，本节将重点讨论在水蒸气性质和热力过程的基础上如何对蒸汽动力循环的构成及特点进行分析，并寻求改进循环热工性能的途径。

蒸汽动力装置与气体动力装置在热力学本质上并无差异，仍旧是由工质的吸热、膨胀、放热、压缩过程组成的热动力循环；所不同的是循环中工质偏离液态较近，时而液态，时而气态。例如，在蒸汽锅炉中液态水汽化产生蒸汽，经汽轮机膨胀做功后，进入冷凝器又凝结成水再返回锅炉，因而对蒸汽动力循环的分析必须结合水蒸气的性质和热力过程。此外，由于水和水蒸气均不能燃烧而只能从外界吸热，故需要外燃动力装置。而外燃动力装置可使用多种燃料也成为此类循环的一大优点。

由于蒸汽卡诺循环（5-6-7-8-5）是难以在实际中采用的，为了改进上述压缩过程，人们将汽轮机出口的低压湿蒸汽完全凝结为水，以便用水泵来完成压缩过程；同时，为了提高循环热效率，采用远高于临界温度的过热蒸汽作为汽轮机的进口蒸汽以提高平均吸热温度。这样改进的结果，即图2-4中所示的循环1-2-3-4-5-1，也就是下面即将要讨论的朗肯循环。

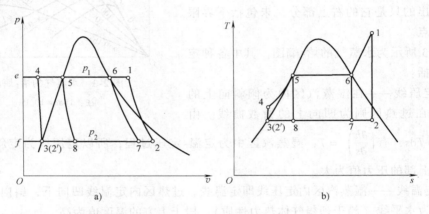

图 2-4　水蒸气的卡诺循环与朗肯循环

二、朗肯循环

（一）朗肯循环的装置与流程

最简单的水蒸气动力循环装置由锅炉、汽轮机、冷凝器和给水泵组成，如图2-5a所示。其工作过程如下：水在锅炉和过热器中吸热，由饱和水变为过热蒸汽；过热蒸汽进入汽轮机中膨胀，对外做功；在汽轮机出口，工质为低压湿蒸汽状态（称为乏汽），此乏汽进入冷凝器向冷却水放热，凝结为饱和水（称为凝结水）；给水泵消耗外功，将凝结水升压并送回锅炉，完成动力循环。

对实际循环进行简化和理想化后：蒸汽在锅炉中的吸热过程4-1理想化为一个可逆定压吸热过程4-5-6-1；汽轮机内的膨胀过程1-2为理想的可逆绝热膨胀过程；乏汽在冷凝器中的冷却过程2-3简化为可逆的定压放热过程。由于过程在饱和区内进行，此过程也是定温过程；给水泵中水的压缩过程3-4理想化为可逆定熵压缩过程。经简化后的循环为可逆循环，称为朗肯循环，其 p-v 图和 T-s 图如图2-4中所示的循环1-2-3-4-5-1，其 h-s 图如图2-5b所示。

可以看到，朗肯循环中的加热过程中，在4-5-6阶段平均吸热温度较低，是导致其热效率远低于同温度范围的卡诺循环热效率的重要原因。

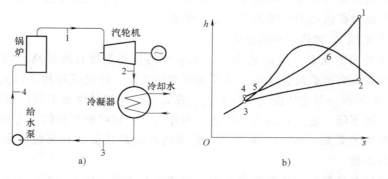

图 2-5 朗肯循环装置示意图

a）朗肯循环装置示意图 b）朗肯循环的 h-s 图

（二）朗肯循环的能量分析及热效率

通过对上述装置中各设备和整个循环的能量分析，来计算循环吸收和放出的热量，以及循环中对外所做的和接受的功，并据此计算出朗肯循环的热效率为

$$\eta_t = \frac{w_0}{q_1} = \frac{w_t - w_p}{q_1} = \frac{(h_1 - h_2) - (h_4 - h_3)}{h_1 - h_4} \tag{2-21}$$

式中，w_0 为循环净功；w_t 和 w_p 分别为输入的功和消耗的功。

通常泵功常忽略不计，即 $h_4 \approx h_3$。由于 3 点的工质状态为 p_2 压力下的饱和水，其焓值按习惯应表示为 h_2'，因此有 $h_4 \approx h_3 = h_2'$。这样，不计给水泵耗功时，循环的热效率可以表示为

$$\eta_t = \frac{h_1 - h_2}{h_1 - h_4} = \frac{h_1 - h_2}{h_1 - h_2'} \tag{2-22}$$

（三）提高朗肯循环热效率的基本途径

通过式（2-22）可知，不计给水泵耗功的情况下，朗肯循环的热效率取决于循环的初参数 p_1、T_1 和终压力 p_2。

1. 提高新蒸汽温度 t_1 对热效率的影响

在 p_1、p_2 不变的情况下，当 t_1 提高时，从 T-s 图上可以看出，由于吸热过程的高温段向上延伸，结果吸热过程的平均温度有了提高，而循环的放热过程平均放热温度没有变化，因此，循环的热效率得到提高。图 2-6、图 2-7 所示分别为蒸汽初温对循环的影响以及热效

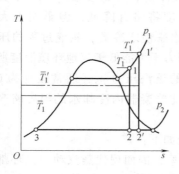

图 2-6 蒸汽初温对循环的影响

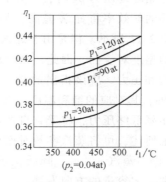

图 2-7 热效率与新蒸汽初温 t_1 的关系

率与新蒸汽初温的关系。另外，提高新蒸汽的温度能够提高乏汽的干度，从而提高汽轮机的相对内效率，这是对蒸汽动力装置的另一显著优点。

2. 提高蒸汽初压 p_1 对热效率的影响

在 t_1、p_2 不变的情况下，当 p_1 提高时，水蒸气的饱和温度有所提高，因而影响到循环的吸热过程平均温度有所提高，从而提高了循环的热效率，这是提高初压力 p_1 带来的好处。如图 2-8、图 2-9 所示。但是从图上可以看到，在 t_1、p_2 不变的情况下提高初压力 p_1 将会使汽轮机的乏汽干度下降，这是它的不利之处。因此人们想到将新蒸汽的压力和温度同时配套地提高从而得理想的效果。所以，蒸汽动力装置的发展是从低的初参数经由中参数、高参数，发展到超高参数。

压水堆核电厂大多数使用饱和蒸汽，由于饱和温度和饱和压力的对应关系，因而只能分析温度和压力的综合影响。图 2-9 所示为热效率与新蒸汽初压 p_1 的关系。图 2-9 中曲线表明，在较低压力下，初压对热效率有显著影响，但在高压下热效率增长速度变慢（即高压时图中曲线的斜率比低压下小），其转变压力约为 17.0MPa，这与上述的压力对循环热效率影响的不确定性有关。

对于压水堆核电厂，就其发展来看，二回路蒸汽也经历了提高的过程，美国早期核电厂二回路新蒸汽压力为 4.2MPa。但目前世界在建的压水堆电厂二回蒸汽参数达到 6.5 ~ 7.5MPa。但是由于受到一回路系统冷却剂温度的严格制约，二回路蒸汽初压不会再有大幅度提高。

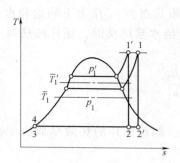

图 2-8　蒸汽初压对循环的影响

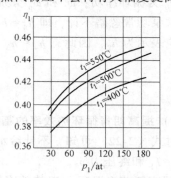

图 2-9　热效率与新蒸汽初压 p_1 的关系

注：1at≈0.098MPa

3. 降低乏汽压力 p_2 对热效率的影响

降低循环终压力 p_2 时，一方面循环的平均放热温度下降，在初参数 t_1、p_1 不变的情况下，循环的热效率将显著提高。另一方面，乏汽的干度将略有降低，但影响不大，如图 2-10、图 2-11 所示。但是由于乏汽的凝结通常用冷却水来使之冷凝，相变过程的压力是与相变时的温度对应的，因此，蒸汽动力装置循环的终压力不可能低于当地环境温度所对应的水蒸气饱和压力。应该指出的是，现代蒸汽动力装置的乏汽压力 p_2，通常设计为 0.003 ~ 0.004MPa，其对应的饱和温度在 28℃ 左右。此温度应比冷凝器内冷却水的温度略高，所以欲进一步降低终压力，将受到自然环境温度的限制。

综上所述，可将蒸汽参数对循环热效率的影响归结如下：

1）提高蒸汽 p_1、t_1、降低 p_2 可以提高循环的热效率，因而现代蒸汽动力循环都朝着采用高参数、大容量的方向发展。

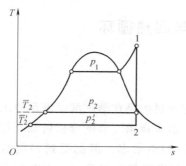

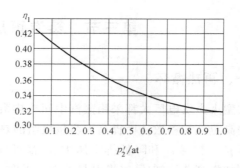

图 2-10　蒸汽终参数对循环的影响　　　图 2-11　热效率与乏汽压力 p_2 的关系

2）提高初参数 p_1、t_1 后，因循环热效率增加而使动力厂的运行费用下降。但由于高参数的采用，设备的投资费用和一部分运行费用又将增加，因而在一般中小型动力厂中不宜采用高参数。究竟多大容量采用多高参数方为合适，须经全面地比较技术经济指标后确定。

尽管采用较高的蒸汽参数，但由于水蒸气性质的限制，循环吸热平均温度仍然不高，故对蒸汽动力循环的改进主要集中于对吸热过程的改进，即采用各种提高吸热平均温度的措施。后面即将介绍的蒸汽的再热与回热，以及采用双工质循环等就是实现这些措施的例子。

实际上对于核电厂蒸汽参数的选择，必须首先考虑一回路参数的约束。图 2-12 所示为核电厂一回路与二、三回路主要参数间的相互关系。可以看到，提高二回路蒸汽初参数主要有两个途径。第一个途径是相应提高一次侧冷却剂温度，但这受到反应堆设计的限制。另一个途径是减小蒸汽发生器中一、二次侧之间的对数平均温差，总的传热量正比于传热面积 A 与 ΔT_m 温差的乘积，这一选择意味着增加蒸汽发生器传热面积从而提高电厂投资。恰当地平衡一、二回路参数可使发电成本最低。这里存在着最佳值的选择问题，此时，增加循环热效率所带来的收益正好为与增加的投资及电厂运行费用相平衡。

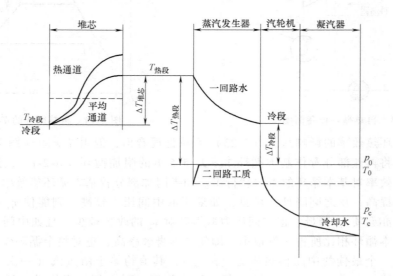

图 2-12　核电厂一回路与二、三回路主要参数间的相互关系

第三节　蒸汽再热循环与回热循环

一、再热循环

大型火力发电厂大都采用蒸汽中间再热系统，其主要目的是在蒸汽湿度满足要求限值条件下提高蒸汽初参数从而提高大容量机组的热经济性。由本章第二节的分析可知，提高蒸汽的初压 p_1、初温 t_1 和降低排汽压力 p_2 都可以提高循环的热效率，但都受到一定的条件限制，例如提高蒸汽初压 p_1 将引起乏汽的干度 x_2 下降，而提高蒸汽初温 t_1 又要受到金属材料的限制。为解决这个矛盾，常采用蒸汽中间再热的办法。蒸汽中间再热循环设备简图如图2-13 所示。

但是对于压水堆核电厂而言，再热主要目的在于提高蒸汽在汽轮机中膨胀终点的干度。如果在气体膨胀过程中不采取任何措施，当蒸汽膨胀至 5kPa 时，其蒸汽湿度将接近30%，这对汽轮机组低压汽缸的安全运行十分不利。因此，设置了中间汽水分离器及低压缸级间去湿结构，使末级叶片的湿度接近20%；若同时再增加蒸汽中间再热，蒸汽被加热至过热，则末级叶片的湿度约为11%。可见，核电厂汽轮机在采取蒸汽再热措施后，末级湿度已与常规电厂机组相近，并且还有可能使热效率有所提高。

所谓蒸汽中间再热，就是将汽轮机（高压部分）内膨胀至某一中间压力的蒸汽全部引出，进入再热器中再次加热，然后回到汽轮机（低压部分）内继续做功。再热循环的 $T\text{-}s$ 图如图2-14 所示。再热循环的热效率为

$$\eta_{\mathrm{t,reh.}} = \frac{(h_1 - h_\mathrm{a}) + (h_\mathrm{b} - h_2)}{(h_1 - h_2) + (h_\mathrm{b} - h_\mathrm{a})} = \frac{(h_1 - h_2) + (h_\mathrm{b} - h_\mathrm{a})}{(h_1 - h_2) + (h_\mathrm{b} - h_\mathrm{a})} \tag{2-23}$$

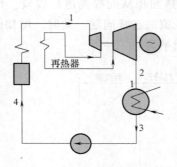

图 2-13　再热循环设备简图

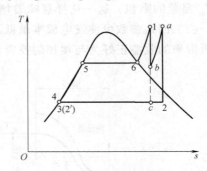

图 2-14　再热循环的 $T\text{-}s$ 图

再热对循环热效率的影响从式（2-23）不易直观看出，但由 $T\text{-}s$ 图（图2-14）可以定性分析，如果将再热部分看作基本循环 1-c-2'-5-6-1 的附加循环 b-a-2-c-b，这样，只需分析附加循环的效率对基本循环的影响就行了。如果附加部分较基本循环热效率高，则能够使循环的总效率提高，反之则降低。可见，如果所取中间压力较高，则能使 η_t 提高；如果中间压力过低，亦会使 η_t 降低。但中间压力取得高对 x_2 的改善较少，且如中间压力过高，则附加部分与基本循环相比所占比例很小，即使其本身效率高，也对整个循环作用不大。事实证明，存在着一个最佳的中间再热压力（$p_\mathrm{a,opt}$），其值约等于新蒸汽（一次蒸汽）压力的20% ~ 30%，即 $p_\mathrm{a,opt} = (0.2 \sim 0.3)p_1$。但选取中间压力时必须注意使进入低压汽缸蒸汽的

干度在允许范围内，此为再热的根本目的。

二、回热循环

（一）理想回热

由对朗肯循环的分析中已经知道，其热效率低的主要原因是工质的吸热平均温度不高。提高吸热过程的平均温度，以减少烟气与蒸汽之间的传热温差，是提高蒸汽动力循环热效率的根本途径。提高工质吸热平均温度的基本措施有两种方法。除前述提高蒸汽初参数以提高蒸汽吸热过程的平均温度以外，另一个基本措施就是改善吸热过程。为了说明这个问题，现在来研究如图 2-15 所示的蒸汽吸热过程 4-5-1。其中，4-5 是水的预热段，是整个吸热过程中温度最低的部分。显然，若能将这一低温的吸热段加以改进，则循环的吸热平均温度将有较大的提高。改进这一低温吸热段可以有两种方法。

一种方法是消除 4-5 的低温预热段。当蒸汽冷凝到图中状态点 6 时，即用压缩机将汽水混合物定熵压缩至点 5，使锅炉内的吸热过程直接由 5 点开始。这种方法虽然可以避免低温吸热段，但它需用体积庞大的压缩机。故这种方法既难实现又不经济。

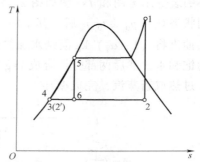

图 2-15　改善朗肯循环的一种考虑

另一种方法是采用回热。回热的原理就是把本来要放给冷源的热量利用来加热工质，以减少工质从热源的吸热量。但是朗肯循环中乏汽温度仅略高于进入锅炉的未饱和水的温度，因此不可能利用乏汽在冷凝器中传给冷却水的那部分热量来加热锅炉给水。图 2-16 所示为一种理想的回热装置及循环图。蒸汽在汽轮机中绝热膨胀到 c 点（$T_c = T_a$）即边膨胀边放热以加热回热水套内的给水。由图 2-16 可以看出，蒸汽放出的热量（图上以面积 $cHG2c$ 表示），正好等于水在低温吸热段 4-a 所吸入的热量（在图上以面积 $aFE4a$ 表示）。经这样回热以后，锅炉内水的吸热过程将从 a 点开始，循环的吸热过程由 4-a-b-1 变为 a-b-1，这就消除了水的低温吸热段 4-a，而使得循环的吸热平均温度明显地得到提高。当然热效率也随之增高。

然而，图 2-16 所示的理想回热在实际中是不可能实现的，其原因如下：①汽轮机的结构不允许蒸汽一边做功，一边放热给被加热流体，在汽轮机缸外加上一层回热水套的办法，只是一种设想，实际难以实现；②被回热的流体是液态水，它的比热容与蒸汽不一致，也就无法满足热量相等的理想回热条件；③采用理想回热后乏汽的干度有可能变得过低而危害汽轮机经济安全运行。因此，实际中并不能采用上述理想回热。

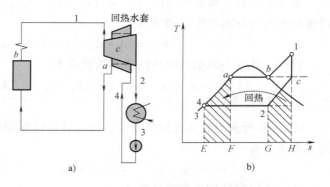

图 2-16　理想回热装置及循环图

（二）分级抽汽回热

目前采用的切实可行的回热方案是将汽轮机中尚未完全膨胀的、压力仍不太低的部分蒸汽抽出，来加热低温的凝结水，这部分抽汽的潜热没有放给低温热源，而是用于加热工质，达到了回热目的，这种循环为抽汽式回热循环，它能提高循环的热效率。提高热效率的原因可从两方面理解：从热量利用方面看，汽轮机的抽汽汽流是在没有冷源损失情况下做功的。因此，当产生同样功率的情况下，减少了向凝汽器的放热损失；从换热过程来看，回热加热时换热温差比用高温热源直接加热时小，因而不可逆损失减小了。现代大中型蒸汽动力装置毫无例外均采用回热循环，抽汽的级数由 2 ~ 3 级到 7 ~ 8 级，参数越高、容量越大的机组，回热级数越多。

以一级抽汽回热循环为例，其计算原则同样适用于多级回热循环。混合式一级抽汽回热循环的装置示意图和 $T\text{-}s$ 图如图 2-17 所示。每 1kg 状态为 1 的新蒸汽进入汽轮机，绝热膨胀到状态 0_1（p_{0_1}，t_{0_1}）后，其中的 α_1 kg 即被抽出汽轮机引入回热器，这 α_1 kg 状态为 0_1 的回热抽汽将（$1-\alpha_1$）kg 凝结水加热到了 0_1 压力下的饱和水状态，其本身也变成为 0_1 压力下的饱和水，然后两部分汇合成 1kg 的状态为 $0_1'$ 的饱和水，经水泵加压后进入锅炉加热、汽化、过热成新蒸汽，完成循环。

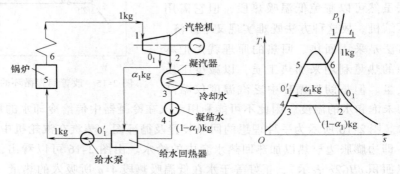

图 2-17　蒸汽动力装置回热循环

从上面的描述可知，回热循环中，工质经历不同过程时质量会发生变化，因此，$T\text{-}s$ 图上的面积不能直接代表热量。尽管如此，$T\text{-}s$ 图对分析回热循环仍是十分有用的工具。

循环中工质自高温热源的吸热量为 $q_1 = h_1 - h_{0_1}'$，忽略给水泵的耗功时，循环的功由凝汽和抽汽两部分蒸汽所做的功构成

$$w_{t,T} = (1-\alpha_1)(h_1 - h_2) + \alpha_1(h_1 - h_{0_1})$$

因此，具有一级抽汽回热的循环热效率为

$$\eta_{t,\text{reg.}} = \frac{(1-\alpha_1)(h_1 - h_2) + \alpha_1(h_1 - h_{0_1})}{h_1 - h_{0_1}'} = \frac{(h_1 - h_{0_1}) + (1-\alpha_1)(h_{0_1} - h_2)}{h_1 - h_{0_1}'} \quad (2\text{-}24)$$

图 2-18 所示为混合式回热器示意图，对其建立能量平衡关系式，有

$$(1-\alpha_1)(h_{0_1}' - h_2') = \alpha_1(h_{0_1} - h_{0_1}')$$

从而可以得到抽汽量的计算式

$$\alpha_1 = \frac{h_{0_1}' - h_2'}{h_{0_1} - h_2'} \quad (2\text{-}25)$$

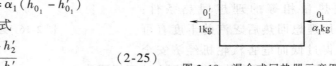

图 2-18　混合式回热器示意图

由此，有 $h'_{0_1} = h'_2 + \alpha_1(h_{0_1} - h'_2)$，将上式代入 q_1 的计算式中，然后在式中右侧分别加上 $\alpha_1 h_1$ 项和减去 $\alpha_1 h_1$ 项，则

$$q_1 = h_1 - h'_{0_1} = h_1 - h'_2 - \alpha_1(h_{0_1} - h'_2)$$
$$= h_1 - \alpha_1 h_1 - h'_2 + \alpha_1 h'_2 + \alpha_1 h_1 - \alpha_1 h_{0_1}$$
$$= (1 - \alpha_1)(h_1 - h'_2) + \alpha(h_1 - h_{0_1})$$

利用以上关系可以将式（2-24）改写为

$$\eta_{t,reg.} = \frac{(1 - \alpha_1)(h_1 - h_2) + \alpha_1(h_1 - h_{0_1})}{(1 - \alpha_1)(h_1 - h'_2) + \alpha_1(h_1 - h_{0_1})}$$

显然，

$$\eta_{t,reg.} > \frac{(1 - \alpha_1)(h_1 - h_2)}{(1 - \alpha_1)(h_1 - h'_2)} = \frac{(h_1 - h_2)}{(h_1 - h'_2)} = \eta_{t.R}$$

与简单的朗肯循环比较起来，回热使循环的热效率得到了提高。

对于有 n 级抽汽回热的循环，若各级回热抽汽所占的份额分别为 α_1、α_2、α_3、$\cdots$、α_n，最终进入凝汽器的凝汽份额为 α_c，按质量平衡，有

$$\alpha_c = 1 - \alpha_1 - \alpha_2 - \alpha_3 - \cdots - \alpha_n$$

循环中向冷源的放热量为

$$q_2 = \alpha_c(h_2 - h'_2)$$

不计给水泵耗功时，循环的净功为

$$w_{net} = w_T = \alpha_1(h_1 - h_{0_1}) + \alpha_2(h_1 - h_{0_2}) + \cdots + \alpha_n(h_1 - h_{0_n}) + \alpha_c(h_1 - h_2)$$

循环中工质自高温热源的吸热量为

$$q_1 = q_2 + w_{net}$$
$$= \alpha_c(h_2 - h'_2) + \alpha_1(h_1 - h_{0_1}) + \alpha_2(h_1 - h_{0_2}) + \cdots + \alpha_n(h_1 - h_{0_n}) + \alpha_c(h_1 - h_2)$$

上式整理后可改写为

$$q_1 = \alpha_c(h_1 - h'_2) + \sum \alpha_i(h_1 - h_{0_i})$$

这时的循环热效率应为

$$\eta_{t,reg.} = 1 - \frac{q_2}{q_1} = 1 - \frac{\alpha_c(h_2 - h'_2)}{\alpha_c(h_1 - h'_2) + \sum \alpha_i(h_1 - h_{0_i})} \tag{2-26}$$

（三）给水回热的好处

采用回热循环可以使循环的热效率得到显著提高，这正是人们不惜以系统复杂化为代价在现代蒸汽动力装置中采用了多至 7~9 级抽汽回热的原因。实际上整个分级抽汽回热循环可以看成分别由 α_1、α_2、$\cdots$、α_n、α_c 等几部分蒸汽完成各自的循环所构成。其中 α_c 所完成的循环与简单朗肯循环无异，但各抽汽部分所完成的子循环则为不向低温热源放热的热效率（等于 100% 的完美循环）。这样，综合起来整个循环的热效率当然就提高了。显然抽汽部分所完成的子循环是不可能独立存在的，否则就与热力学第二定律相悖了。

不难理解，从热力学原理上说来自然是回热抽汽部分所做的循环功比例越大越好，为此，在保证完成预定回热任务的前提下，回热抽汽的压力应当尽可能低，抽汽的数量应当尽可能大。任何以高压抽汽来代替低压抽汽的做法，以及其他可能会排挤回热抽汽的做法，从热力学上说来都是不可取的。

除了使循环的热效率提高外，回热循环还在实际上带来以下好处：

1）由于回热抽汽的结果，汽轮机的气耗率增加了，这有利于提高汽轮机前几级的部分进汽度，从而改善了汽轮机的相对内效率。

2）由于锅炉给水温度的提高，使省煤器缩小了，从而在锅炉的尾部受热面中可以有较大比例分配给空气预热器，产生更高温度的预热空气，这有益于燃料的更完全燃烧，利于提高锅炉的热效率。

3）凝汽器缩小了，循环水量以及循环水泵的耗电量也都减少了，结果厂用电减少了，整个发电厂的能量转换效率提高了。

表 2-1 饱和水和饱和蒸汽的热力性质（按温度排列）

t	p	v'	v''	h'	h''	r	s'	s''
℃	MPa	m³/kg			kJ/kg		kJ/(kg·K)	
0	0.0006112	0.00100022	206.154	−0.05	2500.51	2500.6	−0.0002	9.1544
0.01	0.0006117	0.00100021	206.012	0.00	2500.53	2500.5	0	9.1541
1	0.0006571	0.00100018	192.464	4.18	2502.35	2498.2	0.0153	9.1278
2	0.0007059	0.00100013	179.787	8.39	2504.19	2495.8	0.0306	9.1014
3	0.0007580	0.00100009	168.041	12.61	2506.03	2493.4	0.0459	9.0752
4	0.0008135	0.00100008	157.151	16.82	2507.87	2491.1	0.0611	9.0493
5	0.0008725	0.00100008	147.048	21.02	2509.71	2488.7	0.0763	9.0236
6	0.0009352	0.00100010	137.670	25.22	2511.55	2486.3	0.0913	8.9982
7	0.0010019	0.00100014	128.961	29.42	2513.39	2484.0	0.1063	8.9730
8	0.0010728	0.00100019	120.868	33.62	2515.23	2481.6	0.1213	8.9480
9	0.0011480	0.00100026	113.342	37.81	2517.06	2479.3	0.1362	8.9233
10	0.0012279	0.00100034	106.341	42.00	2518.90	2476.9	0.1510	8.8988
11	0.0013126	0.00100043	99.825	46.19	2520.74	2474.5	0.1658	8.8745
12	0.0014025	0.00100054	93.756	50.38	2522.57	2472.2	0.1805	8.8504
13	0.0014977	0.00100066	88.101	54.57	2524.41	2469.8	0.1952	8.8265
14	0.0015985	0.00100080	82.828	58.76	2526.24	2467.5	0.2098	8.8029
15	0.0017053	0.00100094	77.910	62.95	2528.07	2465.1	0.2243	8.7794
16	0.0018183	0.00100110	73.320	67.13	2529.90	2462.8	0.2388	8.7562
17	0.0019377	0.00100127	69.034	71.32	2531.72	2460.4	0.2533	8.7331
18	0.0020640	0.00100145	65.029	75.50	2533.55	2458.1	0.2677	8.7103
19	0.0021975	0.00100165	61.287	79.68	2535.37	2455.7	0.2820	8.6877
20	0.0023385	0.00100185	57.786	83.86	2537.20	2453.3	0.2963	8.6652
21	0.0024873	0.00100206	54.511	88.05	2539.02	2451.0	0.3106	8.6430
22	0.0026444	0.00100229	51.445	92.23	2540.84	2448.6	0.3247	8.6210
23	0.0028100	0.00100252	48.574	96.41	2542.66	2446.2	0.3389	8.5991
24	0.0029846	0.00100276	45.884	100.59	2544.47	2443.9	0.3530	8.5774
25	0.0031687	0.00100302	43.362	104.77	2546.29	2441.5	0.3670	8.5560
26	0.0033625	0.00100328	40.997	108.95	2548.10	2439.2	0.3810	8.5347
27	0.0035666	0.00100355	38.777	113.13	2549.92	2436.8	0.3950	8.5136
28	0.0037815	0.00100383	36.694	117.32	2551.73	2434.4	0.4089	8.4927
29	0.0040074	0.00100412	34.737	121.50	2553.54	2432.0	0.4228	8.4719
30	0.0042451	0.00100442	32.899	125.68	2555.35	2429.7	0.4366	8.4514

（续）

t	p	v'	v''	h'	h''	r	s'	s''
℃	MPa	m³/kg		kJ/kg			kJ/(kg·K)	
31	0.0044949	0.00100473	31.170	129.86	2557.16	2427.3	0.4503	8.4310
32	0.0047574	0.00100504	29.545	134.04	2558.96	2424.9	0.4641	8.4108
33	0.0050331	0.00100537	28.016	138.22	2560.77	2422.5	0.4777	8.3907
34	0.0053226	0.00100570	26.577	142.41	2562.57	2420.2	0.4914	8.3708
35	0.0056263	0.00100605	25.222	146.59	2564.38	2417.8	0.5050	8.3511
36	0.0059450	0.00100640	23.945	150.77	2566.18	2415.4	0.5185	8.3316
37	0.0062792	0.00100676	22.742	154.96	2567.98	2413.0	0.5320	8.3122
38	0.0066295	0.00100713	21.608	159.14	2569.77	2410.6	0.5455	8.2930
39	0.0069966	0.00100750	20.538	163.32	2571.57	2408.2	0.5589	8.2740
40	0.0073811	0.00100789	19.529	167.50	2573.36	2405.9	0.5723	8.2551
41	0.0077838	0.00100828	18.5762	171.69	2575.15	2403.5	0.5856	8.2364
42	0.0082052	0.00100868	17.6764	175.87	2576.94	2401.1	0.5989	8.2178
43	0.0086462	0.00100909	16.8264	180.05	2578.73	2398.7	0.6122	8.1993
44	0.0091074	0.00100951	16.0230	184.24	2580.52	2396.3	0.6254	8.1811
45	0.0095897	0.00100993	15.2636	188.42	2582.30	2393.9	0.6386	8.1630
46	0.0100938	0.00101036	14.5453	192.60	2584.08	2391.5	0.6517	8.1450
47	0.0106205	0.00101080	13.8657	196.78	2585.86	2389.1	0.6648	8.1271
48	0.0111706	0.00101124	13.2224	200.96	2587.64	2386.7	0.6778	8.1095
49	0.0117450	0.00101170	12.6134	205.15	2589.42	2384.3	0.6908	8.0919
50	0.0123446	0.00101216	12.0365	209.33	2591.19	2381.9	0.7038	8.0745
51	0.012970	0.00101262	11.4899	213.51	2592.96	2379.5	0.7167	8.0573
52	0.013623	0.00101309	10.9718	217.69	2594.73	2377.0	0.7296	8.0401
53	0.014303	0.00101357	10.4805	221.88	2596.50	2374.6	0.7424	8.0232
54	0.015013	0.00101406	10.0145	226.06	2598.26	2372.2	0.7552	8.0063
55	0.015752	0.00101455	9.5723	230.24	2600.02	2369.8	0.7680	7.9896
56	0.016522	0.00101506	9.1526	234.42	2601.78	2367.4	0.7807	7.9730
57	0.017324	0.00101556	8.7541	238.60	2603.54	2364.9	0.7934	7.9566
58	0.018160	0.00101608	8.3755	242.79	2605.29	2362.5	0.8060	7.9402
59	0.019029	0.00101660	8.0158	246.97	2607.04	2360.1	0.8186	7.9240
60	0.019933	0.00101713	7.6740	251.15	2608.79	2357.6	0.8312	7.9080
61	0.020874	0.00101766	7.3489	255.34	2610.53	2355.2	0.8437	7.8920
62	0.021852	0.00101820	7.0398	259.52	2612.27	2352.8	0.8562	7.8762
63	0.022869	0.00101875	6.7456	263.71	2614.01	2350.3	0.8687	7.8605
64	0.023926	0.00101930	6.4657	267.89	2615.75	2347.9	0.8811	7.8449
65	0.025024	0.00101986	6.1992	272.08	2617.48	2345.4	0.8935	7.8295
66	0.026164	0.00102043	5.9454	276.26	2619.21	2342.9	0.9059	7.8142
67	0.027349	0.00102100	5.7037	280.45	2620.94	2340.5	0.9182	7.7989
68	0.028578	0.00102158	5.4733	284.64	2622.66	2338.0	0.9305	7.7838
69	0.029854	0.00102217	5.2537	288.82	2624.38	2335.6	0.9427	7.7688
70	0.031178	0.00102276	5.0443	293.01	2626.10	2333.1	0.9550	7.7540
71	0.032551	0.00102336	4.8446	297.20	2627.81	2330.6	0.9671	7.7392

（续）

t	p	v'	v''	h'	h''	r	s'	s''
℃	MPa	m³/kg		kJ/kg			kJ/(kg·K)	
72	0.033974	0.00102396	4.6541	301.39	2629.52	2328.1	0.9793	7.7245
73	0.035450	0.00102458	4.4723	305.58	2631.23	2325.6	0.9914	7.7100
74	0.036980	0.00102519	4.2987	309.77	2632.93	2323.2	1.0035	7.6956
75	0.038565	0.00102582	4.1330	313.96	2634.63	2320.7	1.0156	7.6812
76	0.040207	0.00102645	3.9747	318.15	2636.32	2318.2	1.0276	7.6670
77	0.041908	0.00102709	3.8235	322.34	2638.01	2315.7	1.0396	7.6529
78	0.043668	0.00102773	3.6789	326.54	2639.70	2313.2	1.0515	7.6389
79	0.045490	0.00102838	3.5407	330.73	2641.38	2310.7	1.0634	7.6250
80	0.047376	0.00102903	3.4086	334.93	2643.06	2308.1	1.0753	7.6112
81	0.049327	0.00102970	3.2822	339.12	2644.74	2305.6	1.0872	7.5974
82	0.051345	0.00103036	3.1613	343.32	2646.41	2303.1	1.0990	7.5838
83	0.053431	0.00103104	3.0456	347.52	2648.08	2300.6	1.1108	7.5703
84	0.055588	0.00103172	2.9348	351.72	2649.74	2298.0	1.1226	7.5569
85	0.057818	0.00103240	2.8288	355.92	2651.40	2295.5	1.1343	7.5436

表 2-2　饱和水和饱和蒸汽的热力性质（按压力排列）

p	t	v'	v''	h'	h''	r	s'	s''
MPa	℃	m³/kg		kJ/kg			kJ/(kg·K)	
0.0010	6.949	0.0010001	129.185	29.21	2513.29	2484.1	0.1056	8.9735
0.0015	12.975	0.0010007	87.957	54.47	2524.36	2469.9	0.1948	8.8256
0.0020	17.540	0.0010014	67.008	73.58	2532.71	2459.1	0.2611	8.7220
0.0025	21.101	0.0010021	54.253	88.47	2539.20	2450.7	0.3120	8.6413
0.0030	24.114	0.0010028	45.666	101.07	2544.68	2443.6	0.3546	8.5758
0.0035	26.671	0.0010035	39.473	111.76	2549.32	2437.6	0.3904	8.5203
0.0040	28.953	0.0010041	34.796	121.30	2553.45	2432.2	0.4221	8.4725
0.0045	31.053	0.0010047	31.141	130.08	2557.26	2427.2	0.4511	8.4308
0.0050	32.879	0.0010053	28.191	137.72	2560.55	2422.8	0.4761	8.3930
0.0055	34.614	0.0010059	25.770	144.98	2563.68	2418.7	0.4997	8.3594
0.0060	36.166	0.0010065	23.738	151.47	2566.48	2415.0	0.5208	8.3283
0.0065	37.627	0.0010070	22.013	157.58	2569.10	2411.5	0.5405	8.3000
0.0070	38.997	0.0010075	20.528	163.31	2571.56	2408.3	0.5589	8.2737
0.0075	40.275	0.0010080	19.236	168.65	2573.85	2405.2	0.5760	8.2493
0.0080	41.508	0.0010085	18.102	173.81	2576.06	2402.3	0.5924	8.2266
0.0085	42.649	0.0010089	17.097	178.58	2578.10	2399.5	0.6075	8.2052
0.0090	43.790	0.0010094	16.204	183.36	2580.15	2396.8	0.6226	8.1854
0.0095	44.817	0.0010099	15.399	187.65	2581.98	2394.3	0.6362	8.1663
0.010	45.799	0.0010103	14.673	191.76	2583.72	2392.0	0.6490	8.1481
0.011	47.693	0.0010111	13.415	199.68	2587.10	2387.4	0.6738	8.1148
0.012	49.428	0.0010119	12.361	206.94	2590.18	2383.2	0.6964	8.0844
0.013	51.049	0.0010126	11.465	213.71	2593.05	2379.3	0.7173	8.0565

（续）

p	t	v'	v''	h'	h''	r	s'	s''
MPa	℃	m³/kg		kJ/kg			kJ/(kg·K)	
0.014	52.555	0.0010134	10.694	220.01	2595.71	2375.7	0.7367	8.0306
0.015	53.971	0.0010140	10.022	225.93	2598.21	2372.3	0.7548	8.0065
0.016	55.340	0.0010147	9.4334	231.66	2600.62	2369.0	0.7723	7.9843
0.017	56.596	0.0010154	8.9107	236.91	2602.82	2365.9	0.7883	7.9631
0.018	57.805	0.0010160	8.4450	241.97	2604.95	2363.0	0.8036	7.9433
0.019	58.969	0.0010166	8.0272	246.84	2606.99	2360.1	0.8183	7.9246
0.020	60.065	0.0010172	7.6497	251.43	2608.90	2357.5	0.8320	7.9068
0.021	61.138	0.0010177	7.3076	255.91	2610.77	2354.9	0.8455	7.8900
0.022	62.142	0.0010183	6.9952	260.12	2612.52	2352.4	0.8580	7.8739
0.023	63.124	0.0010188	6.7095	264.22	2614.23	2350.0	0.8702	7.8585
0.024	64.060	0.0010193	6.4468	268.14	2615.85	2347.7	0.8819	7.8438
0.025	64.973	0.0010198	6.2047	271.96	2617.43	2345.5	0.8932	7.8298
0.026	65.863	0.0010204	5.9808	275.69	2618.97	2343.3	0.9042	7.8163
0.027	66.707	0.0010208	5.7727	279.22	2620.43	2341.2	0.9146	7.8033
0.028	67.529	0.0010213	5.5791	282.66	2621.85	2339.2	0.9247	7.7908
0.029	68.328	0.0010218	5.3985	286.01	2623.22	2337.2	0.9345	7.7788
0.030	69.104	0.0010222	5.2296	289.26	2624.56	2335.3	0.9440	7.7671
0.032	70.611	0.0010231	4.9229	295.57	2627.15	2331.6	0.9624	7.7451
0.034	72.014	0.0010240	4.6508	301.45	2629.54	2328.1	0.9795	7.7243
0.036	73.361	0.0010248	4.4083	307.09	2631.84	2324.7	0.9958	7.7047
0.038	74.651	0.0010256	4.1906	312.49	2634.03	2321.5	1.0113	7.6863
0.040	75.872	0.0010264	3.9939	317.61	2636.10	2318.5	1.0260	7.6688
0.045	78.737	0.0010282	3.5769	329.63	2640.94	2311.3	1.0603	7.6287

表 2-3　未饱和水与过热蒸汽热力性质表

p	0.001MPa			0.005MPa		
	(t_s=6.949℃)			(t_s=32.879℃)		
	v'	h'	s'	v'	h'	s'
	0.001001m³/kg	29.21kJ/kg	0.1056kJ/(kg·K)	0.0010053m³/kg	137.72kJ/kg	0.4761kJ/(kg·K)
	v''	h''	s''	v''	h''	s''
	0.001001m³/kg	29.21kJ/kg	0.1056kJ/(kg·K)	28.191m³/kg	2560.6kJ/kg	8.3930kJ/(kg·K)
$t/$℃	$v/$ (m³/kg)	$h/$ (kJ/kg)	s /[kJ/(kg·K)]	$v/$ (m³/kg)	$h/$ (kJ/kg)	s /[kJ/(kg·K)]
0	0.001002	−0.05	−0.0002	0.0010002	−0.05	−0.0002
10	130.598	2519.0	8.9938	0.0010003	42.01	0.1510
20	135.226	2537.7	9.0588	0.0010018	83.87	0.2963
40	144.475	2575.2	9.1823	28.854	2574.0	8.43466
60	153.717	2612.7	9.2984	30.712	2611.8	8.5537
80	162.956	2650.3	9.4080	32.566	2649.7	8.6639

（续）

p		0.001MPa			0.005MPa	
		($t_s = 6.949℃$)			($t_s = 32.879℃$)	
	v'	h'	s'	v'	h'	s'
	0.001001m³/kg	29.21kJ/kg	0.1056kJ/(kg·K)	0.0010053m³/kg	137.72kJ/kg	0.4761kJ/(kg·K)
	v''	h''	s''	v''	h''	s''
	0.001001m³/kg	29.21kJ/kg	0.1056kJ/(kg·K)	28.191m³/kg	2560.6kJ/kg	8.3930kJ/(kg·K)
$t/$ ℃	$v/$ (m³/kg)	$h/$ (kJ/kg)	s /[kJ/(kg·K)]	$v/$ (m³/kg)	$h/$ (kJ/kg)	s /[kJ/(kg·K)]
100	172.192	2688.0	9.5120	34.418	2687.5	8.7682
120	181.426	2725.9	9.6109	36.269	2725.5	8.8674
140	190.660	2764.0	9.7054	38.118	2763.7	8.9620
160	199.893	2802.3	9.7959	39.967	2802.0	9.0526
180	209.126	2840.7	9.8827	41.815	2840.5	9.1396
200	218.358	2879.4	9.9662	43.662	2879.2	9.2232
220	227.590	2918.3	10.0468	45.510	2918.2	9.3038
240	236.821	2957.5	10.1246	47.357	2957.3	9.3816
260	246.053	2996.8	10.1998	49.204	2996.7	9.4569
280	255.284	3036.4	10.2727	51.051	3036.3	9.5298
300	264.515	3076.2	10.3434	52.898	3076.1	9.6005
350	287.592	3176.8	10.5117	57.514	3176.7	9.7688
400	310.669	3278.9	10.6692	62.131	3278.8	9.9264
450	333.746	3382.4	10.8176	66.747	3382.4	10.0747
500	356.823	3487.5	10.9581	71.362	3487.5	10.2153
550	379.900	3594.4	11.0921	75.978	3594.4	10.3493
600	402.976	3703.4	11.2206	80.594	3703.4	10.4778

p		0.010MPa			0.10MPa	
		($t_s = 45.799℃$)			($t_s = 99.634℃$)	
	v'	h'	s'	v'	h'	s''
	0.0010103m³/kg	191.76kJ/kg	1.3028kJ/(kg·K)	0.0010431m³/kg	417.52kJ/kg	1.3028kJ/(kg·K)
	v''	h''	s'	v''	h''	s''
	14.673m³/kg	2583.7kJ/kg	8.1481kJ/(kg·K)	1.6943m³/kg	2675.1kJ/kg	7.3589kJ/(kg·K)
$t/$ ℃	$v/$ (m³/kg)	$h/$ (kJ/kg)	s /[kJ/(kg·K)]	$v/$ (m³/kg)	$h/$ (kJ/kg)	s /[kJ/(kg·K)]
0	0.0010002	-0.04	-0.0002	0.0010002	0.05	-0.0002
10	0.0010003	42.01	0.1510	0.0010003	42.10	0.1510
20	0.0010018	83.87	0.2963	0.0010018	83.96	0.2963
40	0.0010079	167.51	0.5723	0.0010078	167.59	0.5723
60	15.336	2610.8	8.2313	0.0010171	251.22	0.8312
80	16.268	2648.9	8.3422	0.0010290	334.97	1.0753

（续）

p	0.010MPa			0.10MPa		
	（t_s =45.799℃）			（t_s =99.634℃）		
	v'	h'	s'	v'	h'	s''
	0.0010103m³/kg	191.76kJ/kg	1.3028kJ/（kg·K）	0.0010431m³/kg	417.52kJ/kg	1.3028kJ/（kg·K）
	v''	h''	s'	v''	h''	s''
	14.673m³/kg	2583.7kJ/kg	8.1481kJ/（kg·K）	1.6943m³/kg	2675.1kJ/kg	7.3589kJ/（kg·K）
$t/$ ℃	$v/$ （m³/kg）	$h/$ （kJ/kg）	s /［kJ/（kg·K）］	$v/$ （m³/kg）	$h/$ （kJ/kg）	s /［kJ/（kg·K）］
100	17.196	2686.9	8.4471	1.6961	2675.9	7.3609
120	18.124	2725.1	8.5466	1.7931	2716.3	7.4665
140	19.050	2763.3	8.6414	1.8889	2756.2	7.5654
160	19.976	2801.7	8.7322	1.9838	2795.8	7.6590
180	20.901	2840.2	8.8192	2.0783	2835.3	7.7482
200	21.826	2879.0	8.9029	2.1723	2874.8	7.8334
220	22.750	2918.0	8.9835	2.2659	2914.3	7.9152
240	23.674	2957.1	9.0614	2.3594	2953.9	7.9940
260	24.598	2996.5	9.1367	2.4527	2993.7	8.0701
280	25.522	3036.2	9.2097	2.5458	3033.6	8.1436
300	26.446	3076.0	9.2805	2.6388	3073.8	8.2148
350	28.755	3176.6	9.4488	2.8709	3174.9	8.3840
400	31.063	3278.7	9.6064	3.1027	3277.3	8.5422
450	33.372	3382.3	9.7548	3.3342	3381.2	8.6909
500	35.680	3487.4	9.8953	3.5656	3486.5	8.8317
550	37.988	3594.3	10.0293	3.7968	3593.5	8.9659
600	40.296	3703.4	10.1579	4.0279	3702.7	9.0946

p	0.5MPa			1MPa		
	（t_s =151.867℃）			（t_s =179.916℃）		
	v'	h'	s'	v'	h'	s'
	0.0010925m³/kg	640.35kJ/kg	1.8610kJ/（kg·K）	0.0011272m³/kg	762.84kJ/kg	2.3188kJ/（kg·K）
	v''	h''	s''	v''	h''	s''
	0.37490m³/kg	2748.6kJ/kg	6.8214kJ/（kg·K）	0.191440m³/kg	2777.7kJ/kg	6.5859kJ/（kg·K）
$t/$ ℃	$v/$ （m³/kg）	$h/$ （kJ/kg）	s /［kJ/（kg·K）］	$v/$ （m³/kg）	$h/$ （kJ/kg）	s /［kJ/（kg·K）］
0	0.0010000	0.46	－0.0001	0.0009997	0.97	－0.0001
10	0.0010001	42.49	0.1510	0.0009999	42.98	0.1509
20	0.0010016	84.33	0.2962	0.0010014	84.80	0.2961
40	0.0010077	167.94	0.5721	0.0010074	168.38	0.5719
60	0.0010169	251.56	0.8310	0.0010167	251.98	0.8307
80	0.0010288	335.29	1.0750	0.0010286	335.69	1.0747
100	0.0010432	419.36	1.3066	0.0010430	419.74	1.3062

（续）

p	0.5MPa			1MPa		
	（$t_s = 151.867℃$）			（$t_s = 179.916℃$）		
	v'	h'	s'	v'	h'	s'
	0.0010925m³/kg	640.35kJ/kg	1.8610kJ/(kg·K)	0.0011272m³/kg	762.84kJ/kg	2.3188kJ/(kg·K)
	v''	h''	s''	v''	h''	s''
	0.37490m³/kg	2748.6kJ/kg	6.8214kJ/(kg·K)	0.191440m³/kg	2777.7kJ/kg	6.5859kJ/(kg·K)
$t/$ ℃	$v/$ (m³/kg)	$h/$ (kJ/kg)	s /[kJ/(kg·K)]	$v/$ (m³/kg)	$h/$ (kJ/kg)	s /[kJ/(kg·K)]
120	0.0010601	503.97	1.5275	0.0010599	504.32	1.5270
140	0.0010796	589.30	1.7392	0.0010783	589.62	1.7386
160	0.38358	2767.2	6.8647	0.0011017	675.84	1.9424
180	0.40450	2811.7	6.9651	0.19443	2777.9	6.5864
200	0.42487	2854.9	7.0585	0.20590	2827.3	6.6931
220	0.44485	2897.3	7.1462	0.21686	2874.2	6.7903
240	0.46455	2939.2	7.2295	0.22745	2919.6	6.8804
260	0.48404	2980.8	7.3091	0.23779	2963.8	6.9650
280	0.50336	3022.2	7.3853	0.24793	3007.3	7.0451
300	0.52255	3063.6	7.4588	0.25793	3050.4	7.1216
350	0.57012	3167.0	7.6319	0.28247	3157.0	7.2999
400	0.61729	3271.1	7.7924	0.30658	3263.1	7.4638
420	0.63608	3312.9	7.8537	0.31615	3305.6	7.5260
440	0.65483	3354.9	7.9135	0.32568	3348.2	7.5866
450	0.66420	3376.0	7.9428	0.33043	3369.6	7.6163
460	0.67356	3397.2	7.9719	0.33518	3390.9	7.6456
480	0.69226	3439.6	8.0289	0.34465	3433.8	7.7033
500	0.71094	3482.2	8.0848	0.35410	3476.8	7.7597
550	0.75755	3589.9	8.2198	0.37764	3585.4	7.8958
600	0.80408	3699.6	8.3491	0.40109	3695.7	8.0259

p	3MPa			5MPa		
	（$t_s = 233.893℃$）			（$t_s = 263.980℃$）		
	v'	h'	s'	v'	h'	s'
	0.0012166m³/kg	1008.2kJ/kg	2.6454kJ/(kg·K)	0.0012861m³/kg	1154.2kJ/kg	2.9200kJ/(kg·K)
	v''	h''	s''	v''	h''	s''
	0.066700m³/kg	2803.2kJ/kg	6.1854kJ/(kg·K)	0.039400m³/kg	2793.6kJ/kg	5.9724kJ/(kg·K)
$t/$ ℃	$v/$ (m³/kg)	$h/$ (kJ/kg)	s /[kJ/(kg·K)]	$v/$ (m³/kg)	$h/$ (kJ/kg)	s /[kJ/(kg·K)]
0	0.0009987	3.01	0.0000	0.0009977	5.04	0.0002
10	0.0009989	44.92	0.1507	0.0009979	46.87	0.1506
20	0.0010005	86.68	0.2957	0.0009996	88.55	0.2952
40	0.0010066	170.15	0.5711	0.0010057	171.92	0.5704
60	0.0010158	253.66	0.8296	0.0010149	255.34	0.8286
80	0.0010276	377.28	1.0734	0.0010267	338.87	1.0721

（续）

p	3MPa			5MPa		
	$(t_s = 233.893℃)$			$(t_s = 263.980℃)$		
	v'	h'	s'	v'	h'	s'
	0.0012166m³/kg	1008.2kJ/kg	2.6454kJ/(kg·K)	0.0012861m³/kg	1154.2kJ/kg	2.9200kJ/(kg·K)
	v''	h''	s''	v''	h''	s''
	0.066700m³/kg	2803.2kJ/kg	6.1854kJ/(kg·K)	0.039400m³/kg	2793.6kJ/kg	5.9724kJ/(kg·K)
$t/$ ℃	$v/$ (m³/kg)	$h/$ (kJ/kg)	s /[kJ/(kg·K)]	$v/$ (m³/kg)	$h/$ (kJ/kg)	s /[kJ/(kg·K)]
100	0.0010420	421.24	1.3047	0.0010410	422.75	1.3031
120	0.0010587	505.73	1.5252	0.0010576	507.14	1.5234
140	0.0010781	590.92	1.7366	0.0010768	592.23	1.7345
160	0.0011002	677.01	1.9400	0.0010988	678.19	1.9377
180	0.0011256	764.23	2.1369	0.0011240	765.25	2.1342
200	0.0011549	852.93	2.3284	0.0011529	853.75	2.3253
220	0.0011891	943.65	2.5162	0.0011867	944.21	2.5125
240	0.068184	2823.4	6.2250	0.0012266	1037.3	2.6976
260	0.072828	2884.4	6.3417	0.0012751	1134.3	2.8829
280	0.077101	2940.1	6.4443	0.042228	2855.8	6.0864
300	0.084191	2992.4	6.5371	0.045301	2923.3	6.2064
350	0.090520	3114.4	6.7414	0.051932	3067.4	6.4477
400	0.099352	3230.1	6.9199	0.057804	3194.9	6.6446
420	0.102787	3275.4	6.9864	0.060033	3243.6	6.7159
440	0.106180	3320.5	7.0505	0.062216	3291.5	6.7840
450	0.107864	3343.0	7.0817	0.063291	3315.2	6.8170
460	0.109540	3365.4	7.1125	0.064358	3338.8	6.8494
480	0.112870	3410.1	7.1728	0.066469	3385.6	6.9125
500	0.116174	3454.9	7.2314	0.068552	3432.2	6.9735
550	0.124349	3566.9	7.3718	0.073664	3548.0	7.1187
600	0.132427	3679.9	7.5051	0.078675	3663.9	7.2553
p	7MPa			10MPa		
	$(t_s = 285.869℃)$			$(t_s = 311.037℃)$		
	v'	h'	s'	v'	h'	s'
	0.0013515m³/kg	1266.9kJ/kg	3.1210kJ/(kg·K)	0.0014522m³/kg	1407.2kJ/kg	3.3591kJ/(kg·K)
	v''	h''	s''	v''	h''	s''
	0.027400m³/kg	2771.7kJ/kg	5.8129kJ/(kg·K)	0.018000m³/kg	2724.5kJ/kg	5.6139kJ/(kg·K)
$t/$ ℃	$v/$ (m³/kg)	$h/$ (kJ/kg)	s /[kJ/(kg·K)]	$v/$ (m³/kg)	$h/$ (kJ/kg)	s /[kJ/(kg·K)]
0	0.0009967	7.07	0.0003	0.0009952	10.09	0.0004
10	0.0009970	48.80	0.1504	0.0009956	51.70	0.1550
20	0.0009986	90.42	0.2948	0.0009973	93.22	0.2942
40	0.0010048	173.69	0.5696	0.0010035	176.34	0.5684

（续）

p	7MPa			10MPa		
	($t_s = 285.869℃$)			($t_s = 311.037℃$)		
	v'	h'	s'	v'	h'	s'
	0.0013515m³/kg	1266.9kJ/kg	3.1210kJ/(kg·K)	0.0014522m³/kg	1407.2kJ/kg	3.3591kJ/(kg·K)
	v''	h''	s''	v''	h''	s''
	0.027400m³/kg	2771.7kJ/kg	5.8129kJ/(kg·K)	0.018000m³/kg	2724.5kJ/kg	5.6139kJ/(kg·K)
$t/$ ℃	$v/$ (m³/kg)	$h/$ (kJ/kg)	s /[kJ/(kg·K)]	$v/$ (m³/kg)	$h/$ (kJ/kg)	s /[kJ/(kg·K)]
60	0.0010140	257.01	0.8275	0.0010127	259.53	0.8259
80	0.0010258	340.46	1.0708	0.0010244	342.85	1.0688
100	0.0010399	424.25	1.3016	0.0010385	426.51	1.2993
120	0.0010565	508.55	1.5216	0.0010549	510.68	1.5190
140	0.0010756	593.54	1.7325	0.0010738	595.50	1.7924
160	0.0010974	679.37	1.9353	0.0010953	681.16	1.9319
180	0.0011223	766.28	2.1315	0.0011199	767.84	2.1275
200	0.0011510	854.59	2.3222	0.0011481	855.88	2.3176
220	0.0011842	944.79	2.5089	0.0011807	945.71	2.5036
240	0.0012235	1037.6	2.6933	0.0012190	1038.0	2.6870
260	0.0012710	1134.0	2.8776	0.0012650	1133.6	2.8698
280	0.0013307	1235.7	3.0648	0.0013222	1234.2	3.0549
300	0.029457	2837.5	5.9291	0.0013975	1342.3	3.2469
350	0.035225	3014.8	6.2265	0.022415	2922.1	5.9423
400	0.039917	3157.3	6.4465	0.026402	3095.8	6.2109
450	0.044143	3286.2	6.6314	0.029735	3240.5	6.4184
500	0.048110	3408.9	6.7954	0.032750	3372.8	6.5954
520	0.049649	3457.0	6.8569	0.033900	3423.8	6.6605
540	0.051166	3504.8	6.9164	0.035027	3474.1	6.7232
550	0.051917	3528.7	6.9456	0.035582	3499.1	6.7537
560	0.052664	3552.4	6.9743	0.036133	3523.9	6.7837
580	0.054147	3600.0	7.0306	0.037222	3573.3	6.8423
600	0.055617	3647.5	7.0857	0.038297	3622.5	6.8992
p	14MPa			20.0MPa		
	($t_s = 336.707℃$)			($t_s = 365.789℃$)		
	v'	h'	s'	v'	h'	s'
	0.0016097m³/kg	1570.4kJ/kg	3.6220kJ/(kg·K)	0.002037m³/kg	1827.2kJ/kg	4.0153kJ/(kg·K)
	v''	h''	s''	v''	h''	s''
	0.011500m³/kg	2637.1kJ/kg	5.3711kJ/(kg·K)	0.0058702m³/kg	2413.1kJ/kg	4.9322kJ/(kg·K)
$t/$ ℃	$v/$ (m³/kg)	$h/$ (kJ/kg)	s /[kJ/(kg·K)]	$v/$ (m³/kg)	$h/$ (kJ/kg)	s /[kJ/(kg·K)]
0	0.0009933	14.10	0.0005	0.0009904	20.08	0.0006
10	0.0009938	55.55	0.1496	0.0009911	61.29	0.1488

（续）

p	14MPa			20.0MPa		
	($t_s = 336.707℃$)			($t_s = 365.789℃$)		
	v'	h'	s'	v'	h'	s'
	0.0016097 m³/kg	1570.4kJ/kg	3.6220kJ/(kg·K)	0.002037 m³/kg	1827.2kJ/kg	4.0153kJ/(kg·K)
	v''	h''	s''	v''	h''	s''
	0.011500 m³/kg	2637.1kJ/kg	5.3711kJ/(kg·K)	0.0058702 m³/kg	2413.1kJ/kg	4.9322kJ/(kg·K)
$t/$ ℃	$v/$ (m³/kg)	$h/$ (kJ/kg)	s /[kJ/(kg·K)]	$v/$ (m³/kg)	$h/$ (kJ/kg)	s /[kJ/(kg·K)]
20	0.0009955	96.95	0.2932	0.0009929	102.50	0.2919
40	0.0010018	179.86	0.5669	0.0009992	185.13	0.5645
60	0.0010109	262.88	0.8239	0.0010084	267.90	0.8207
80	0.0010226	346.04	1.0663	0.0010199	350.82	1.0624
100	0.0010365	429.53	1.2962	0.0010336	434.06	1.2917
120	0.0010527	513.52	1.5155	0.0010496	517.79	1.5103
140	0.0010714	598.14	1.7254	0.0010679	602.12	1.7195
160	0.0010926	683.56	1.9273	0.0010886	687.20	1.9206
180	0.0011167	769.96	2.1223	0.0011121	773.19	2.1147
200	0.0011443	857.63	2.3116	0.0011389	860.36	2.3029
220	0.0011761	947.00	2.4966	0.0011695	949.07	2.4865
240	0.0012132	1038.6	2.6788	0.0012051	1039.8	2.6670
260	0.0012574	1133.4	2.8599	0.0012469	1133.4	2.8457
280	0.0013117	1232.5	3.0424	0.0012974	1230.7	3.0249
300	0.0013814	1338.2	3.2300	0.0013605	1333.4	3.2072
350	0.013218	2751.2	5.5564	0.0016645	1645.3	3.7275
400	0.017218	3001.1	5.9436	0.0099458	2816.8	5.5520
450	0.020074	3174.2	6.1919	0.0127013	3060.7	5.9025
500	0.022512	3322.3	6.3900	0.0147681	3239.3	6.1415
520	0.023418	3377.9	6.4610	0.0155046	3303.0	6.2229
540	0.024295	3432.1	6.5285	0.0162067	3364.0	6.2989
550	0.024724	3458.7	6.5611	0.0165471	3393.7	6.3352
560	0.025147	3485.2	6.5931	0.0168811	3422.9	6.3705
580	0.025978	3537.5	6.6551	0.0175328	3480.3	6.4385
600	0.026792	3589.1	6.7149	0.0181655	3536.3	6.5035
p	25MPa			30MPa		
$t/$ ℃	$v/$ (m³/kg)	$h/$ (kJ/kg)	s /[kJ/(kg·K)]	$v/$ (m³/kg)	$h/$ (kJ/kg)	s /[kJ/(kg·K)]
0	0.0009880	25.01	0.0006	0.0009857	29.92	0.0005
10	0.0009888	66.04	0.1481	0.0009866	70.77	0.1474
20	0.0009908	107.11	0.2907	0.0009887	111.71	0.2895
40	0.0009972	189.51	0.5626	0.0009951	193.87	0.5606
60	0.0010063	272.08	0.8182	0.0010042	276.25	0.8156

（续）

p	25MPa			30MPa		
t/ ℃	v/ (m³/kg)	h/ (kJ/kg)	s /[kJ/(kg·K)]	v/ (m³/kg)	h/ (kJ/kg)	s /[kJ/(kg·K)]
80	0.0010177	354.80	1.0593	0.0010155	358.78	1.0562
100	0.0010313	437.85	1.2880	0.0010290	441.64	1.2844
120	0.0010470	521.36	1.5061	0.0010445	524.95	1.5019
140	0.0010650	605.46	1.7147	0.0010622	608.82	1.7100
160	0.0010854	690.27	1.9152	0.0010822	693.36	1.9098
180	0.0011084	775.94	2.1085	0.0011048	778.72	2.1024
200	0.0011345	862.71	2.2959	0.0011303	865.12	2.2890
220	0.0011643	950.91	2.4785	0.0011593	952.85	2.4706
240	0.0011986	1041.0	2.6575	0.0011925	1042.3	2.6485
260	0.0012387	1133.6	2.8346	0.0012311	1134.1	2.8239
280	0.0012866	1229.6	3.0113	0.0012766	1229.0	2.9985
300	0.0013453	1330.3	3.1901	0.0013317	1327.9	3.1742
350	0.0015981	1623.1	3.6788	0.0015522	1608.0	3.6420
400	0.0060014	2578.0	5.1386	0.0027929	2150.6	4.4721
450	0.0091666	2950.5	5.6754	0.0067363	2822.1	5.4433
500	0.0111229	3164.1	5.9614	0.0086761	3083.3	5.7934
520	0.0117897	3236.1	6.0534	0.0093033	3165.4	5.8982
540	0.0124156	3303.8	6.1377	0.0098825	3240.8	5.9921
550	0.0127161	3336.4	6.1775	0.0101580	3276.6	6.0359
560	0.0130095	3368.2	6.2160	0.0104254	3311.4	6.0780
580	0.0135778	3430.2	6.2895	0.0109397	3378.5	6.1576
600	0.0141249	3490.2	6.3591	0.0114310	3442.9	6.232L

第三章　堆芯材料与热物性

核反应堆材料是核反应堆内用以产生可控核裂变链式反应并保证安全运行的各类材料，除核燃料外，还包括冷却剂、慢化剂、反射层材料、结构材料、控制材料和屏蔽材料等。核反应堆材料一般工作在腐蚀介质和高辐照等特殊条件下，因此对它们的物理、化学和力学性能有严格要求。

第一节　核　燃　料

一、概述

反应堆所用材料按功能划分：核燃料和结构材料。核燃料包括可裂变和可转换材料，结构材料包括控制棒、慢化剂、反射层、冷却剂等。为了能够实现这些功能，所用材料除了必须满足一般性的力学性能如机械强度、塑性和耐蚀性之外，在很多情况下还要考虑核性能，而这一点在某些情况下比力学性能更为重要。比如，某些材料可能完全满足力学性能需要，但是由于它对热中子吸收截面大，就不可能作为堆芯内的使用材料。因此，既满足力学性能又满足核性能要求的材料是十分有限的且成本较高。

在考虑反应堆结构材料时，通常把它分为堆芯结构材料和堆芯外结构材料。因为前者有辐照效应问题而后者没有这一问题。因此，堆芯外的结构材料与一般的结构材料相同，主要考虑使用条件下的强度和耐蚀性。但因考虑到它是反应堆装置的一部分，对它的性能和使用安全性的要求必须比对一般结构用的更加严格。

本章主要探讨的是堆芯结构材料。堆芯结构材料应能够在保证反应堆安全的同时，满足反应堆的经济性要求。从安全角度出发，由于材料的使用条件极其苛刻，这就要求材料具有较高的抗动载荷能力，例如热应力、强振动、高辐射等。实际工程中选择堆芯材料要考虑的因素很多，如强度、塑性、工艺性、热应力及交变应力作用下的抗疲劳性、辐射稳定性、腐蚀稳定性、导热性、材料之间的相容性以及对中子的吸收截面等。

堆芯结构材料包括：①燃料元件用材料，它包括燃料芯块材料、燃料包壳材料、燃料组件和部件材料、导向管材料；②慢化剂；③冷却剂；④反射层材料；⑤控制材料，它包括热中子吸收材料及控制棒材料、控制棒包壳材料、控制棒构件、液体控制材料；⑥屏蔽材料；⑦反应堆容器材料。

本章将结合百万千瓦级的压水堆核电站的设计，来重点探讨核燃料、包壳、冷却剂和慢化剂的选择。

二、核燃料的分类和特性

（一）核燃料简介

核燃料是可在核反应堆中通过核裂变使用核能的材料。核燃料可以分为可裂变材料和可转换材料两大类。可裂变材料可以在各种不同能量中子的作用下发生裂变反应，自然界存在的可裂变材料只有^{235}U一种。可转换材料在能量低于裂变阈能的中子作用下不能发生裂变反应，但在俘获高能中子后能够转变成可裂变材料。^{232}Th和^{238}U是可转换材料。可用作核燃料的元素不多，^{233}U、^{235}U、^{239}Pu、^{241}Pu的热中子裂变截面较大，其中^{233}U、^{235}U、^{239}Pu已被用作核燃料。

在核燃料中只有^{235}U是存在于天然铀矿中的核燃料，在天然铀中，大量存在的是^{238}U，约占99.28%，^{235}U质量分数大约占0.714%，其余的约0.006%是^{234}U。正是由于^{232}Th可转换成^{233}U，^{238}U可转换^{239}Pu，而^{239}Pu可以作为核燃料，才使得1/3的铀元素可最终燃烧。

含铀1%～4%的高品位铀矿，主要分布在刚果和加拿大境内，含铀0.5%～1%的铀矿为中度品位的铀矿，其主要分布在美国亚利桑那州、犹他州、科罗拉多，以及加拿大和亚洲。我国是铀矿资源不算丰富的国家，矿石以中低品位为主。

^{235}U和^{239}Pu是在生产堆中用人工方法获得的两种核燃料。它们分别是由^{232}Th和^{238}U俘获中子而形成的。其中，^{239}Pu是核弹头的主要材料。^{241}Pu的半衰期短，放射性强，裂变截面大，在反应堆里面的积累量很少，所以很少单独提取。另外，一些超钚元素具有裂变材料的重要特点，适合于作为小型核武器和氢弹的引爆材料，它们是锔-242、锔-245、锔-247、锎-249和锎-251等。

绝大部分热中子反应堆的核燃料物质都有其包壳材料，用包壳材料包装和密封的核燃料，通常称为燃料元件。根据不同形状可分为棒状燃料和板状燃料等。包壳材料可以防止冷却剂腐蚀燃料并能阻止高放射性物质的泄漏，还起着保持核燃料几何形状及位置的作用。

为避免热通量过大和燃料温度过高，还有将易裂变物质弥散在非裂变物质基体中的燃料形式。再有一种是慢化剂、冷却剂和核燃料混合在一起的所谓液态燃料，它的研究历史已很长，现仍有部分在继续研究中。

选择燃料时应考虑的几个条件中，最重要的条件是中子吸收截面，一般快中子的吸收截面要比热中子的小。其次是燃料密度，通常希望燃料密度大，但是为了改善纯金属铀的物理性质，曾试用合金燃料。还应考虑组成燃料元件的物质是否容易获得，加工制造和后处理是否困难，以及耐蚀、耐高温、耐辐照的性能如何等重要因素。现在的商用核电厂多采用化合物形式的陶瓷体燃料。

（二）核燃料分类

根据核反应堆的不同，核燃料可以分为固体燃料和液体燃料两类。在反应堆发展初期就开始研究液体燃料，液体燃料具有系统简单、可连续换料、无需制造燃料元件和固有安全性高等显著优点。但是由于会腐蚀材料，辐照不稳定，燃料的后处理较困难，因此目前还没有达到工业应用的程度。固体燃料按其物理化学形态不同可分为金属、合金和陶瓷型燃料及弥散体燃料，目前应用中以固体燃料为主。

金属型核燃料拥有最高的裂变原子密度，其热导率高，制造简单，但因为一般燃料本身熔点较低或晶体相变温度低，反应时温度不能太高。金属型核燃料的使用历史较长，从1946年美国建成的世界上第一座实验性快中子反应堆——克来门汀反应堆，到现在许多用于测试与研究的核反应堆，金属型核燃料一直在被使用。目前金属型核燃料一般皆为合金而不是金属单质。金属核燃料一般用于石墨慢化堆和液态金属快中子增殖反应堆。

铀-235是人类最早使用的核裂变材料之一。金属态的铀在堆内使用的主要缺点为：熔点以下有三种同素异构体，升温过程中尺寸不稳定；辐照稳定性差，会发生辐照肿胀；与包壳相容性差；化学稳定性也较差。此外，辐照还使金属铀的蠕变速度增加（50～100倍）。这些问题可以通过铀的合金化有所改善。常见的铀合金主要包括铀铝合金、铀锆合金、铀硅合金（U3Si）、铀铌合金、铀钼合金以及氢化铀锆等。

钚-239可以在反应堆内被制造，是人造易裂变元素，其临界质量比铀小，在有水的情况下，650g的钚即可发生临界事故。金属态的钚较脆弱，熔点低（为640℃）；从室温到熔点有六种同素异构体，结构变化复杂；热导率低，仅为铀的1/6左右；线膨胀系数大，各向异性十分明显；化学稳定性很差，并且极易氧化，易与氢气和二氧化碳发生反应。这些缺点使金属态的钚不适合作为核燃料，一般都以氧化物的形式与氧化铀混合使用，即混合氧化物燃料。这种钚与铀的组合可以实现快中子增殖，因而成为当今着重研究的核燃料之一。

钍-232吸收中子后可以转换为可作核燃料之用的铀-233。钍在地壳中的储量很丰富，所能提供的能量大约相当于当今铀、煤和石油全部储量的总和。钍的熔点较高，直至1400℃才发生晶体结构相变，且相变前后均为各向同性结构，所以辐照稳定性较好，这是它优于铀、钚之处。金属态的钍在使用中的主要限制为辐照下蠕变强度很低，一般以氧化物或碳化物的形式使用。在热中子反应堆中，利用铀-钍循环可得到接近于100%的转换比，从而实现"近似增殖"。但这种循环比较复杂，后处理也比较困难，因此尚未获得广泛应用。金属型核燃料性质见表3-1。

表3-1　金属型核燃料性质

性质	天然铀金属	天然钍金属	铀的氧化物	钚
密度/（g/cm³）	18.5～19	11.5～11.7	10～11	16.5
熔点/℃	1130	1690	2760	632
热导率[W/（m·℃）]	26～40	38～52	2.6～5.2	6.7
屈服强度/MPa	室温 414～760 500℃ 69	室温 760 500℃ 69		
已探知量/t	25×10⁶	1×10⁶	—	需转化而来
力学性能	好	很好		
化学稳定性	易氧化，易和成金属，易与空气和水发生反应	易氧化，但比铀差	化学性质稳定	—
缓发中子	β＝0.0073	β＝0.00242	同铀	β＝0.00364

从表3-1可看出，铀和钍的熔点相当高，但是热导率不及其他金属，铜合金根据含铜量的不同在104～346W/（m·℃），铁合金在45～104W/（m·℃）范围内变化，而铀、钍只有26～52W/（m·℃）而二氧化铀只有2.6～5.2W/（m·℃），因此，若使用金属燃料则要避免高温高压。另外，铀的屈服强度随着温度变化较大，室温时其屈服强度为413MPa，而当温度升高到500℃的时候下降至68.95MPa，而铀的氧化物在这个温升过程中没有太大变化。铀金属的化学稳定性较差易氧化，易被空气和水腐蚀。

使用铀金属作为核燃料时，当温度到达662.2℃时存在相变问题，在这一变化过程中，材料将产生肿胀和弯曲变形。因此，限制铀金属的工作温度不是它熔点，而是相变温度 662.2℃。

除了金属铀和金属钍之外，最常用到是它们的氧化物，如二氧化铀（UO_2），二氧化钍（ThO_2），主要是由于这些氧化物有些类似于陶制的性质，例如易加工、化学性能稳定、不容易腐蚀等。二氧化铀也不存在相变问题，且其性质要好于金属铀。因此，二氧化铀在实际中被广泛应用。

（三）核燃料 UO_2

二氧化铀即氧化铀是铀的氧化物。分子式为 UO_2。在常温下为红褐色粉末。密度为 $10.97g/cm^3$，熔点为 2846.85℃，沸点大约为 3500℃。二氧化铀为面心立方萤石型结晶构造。单位立方体由中心 4 个铀原子和外围 8 个氧原子组成。

在氧化物燃料中，UO_2 的应用最为广泛，目前大多数商用电站均采用不同浓缩度的 UO_2 作为运行燃料。UO_2 最明显的优点是熔点高，使反应堆可以在高温条件下运行，给反应堆提供了达到高热效率的可能性。

UO_2 的第二个显著特点是它的化学惰性，与冷却剂水、锆包壳的相容性很好。它几乎与水不发生任何反应，假如包壳损坏了，同金属元件上类似的包壳破损比较起来，这种惰性就很有必要了，它不但能减少裂变产物向反应堆冷却剂释放的数量，减少这种情况的危害性，而且对运行效率的不利影响也较小。另外，UO_2 没有同素异形体，允许有较深的燃耗，耐蚀性能也很好，燃料后处理和再加工比较容易。

但是导热性差和在热梯度或热震下的脆性等这些陶瓷材料的典型特点又限制着它的高温运行。另外，包壳材料的熔点及传热性能则进一步限制着陶瓷材料的高温运行。

UO_2 的性质和它的制备条件、O/U 比等都有关系，用于反应堆的 UO_2 通常烧结为药片状的芯块，烧结的 UO_2 芯块与粉末状的 UO_2 的很多性质是不同的。下面分别来介绍 UO_2 的物理性质、机械性质和化学性质。

UO_2 的物理性质包括：密度、熔点、热导率、比热容和热膨胀系数等；机械性质包括：强度、弹性、硬度、热变形抗力和蠕变；化学性质包括：氧化性能和与其他物质的反应性。下面重点讨论 UO_2 的物理性质。

1. UO_2 的密度

UO_2 的理论密度是 $10.95 \sim 10.97g/cm^3$，所谓理论密度是根据晶格常数计算得到的，实际制造出来的 UO_2 芯块是由粉末状的 UO_2 烧结出来的，由于制造工艺造成其存在空隙，达不到理论密度，计算中一般取 95% 理论密度下的值

$$\rho_{实际} = 95\% \rho_{理论} = 10.41g/cm^3 \qquad (3\text{-}1)$$

2. UO_2 的熔点

UO_2 的熔点随 O/U 比和微量杂质而变化，由于 UO_2 在高温下会析出氧，使得 O/U 比在加热过程中要发生变化，因此 UO_2 的真正熔点难以测定。正是由于这个缘故，不同的研究人员测得的熔点各不相同，但大体都在 2800℃ 左右，本书取未经辐照的 UO_2 的熔点是 $(2800 \pm 15)℃$。

辐照后，随着固相裂变产物的积累和 O/U 比（氧铀比）的变化，燃料的熔点会有所下降，燃耗每增加 10^4 兆瓦日/吨铀，熔点下降 32℃。例如，燃耗达 50000 兆瓦日/吨铀的燃料，熔点为 2645℃。

3. UO$_2$ 的热导率

UO$_2$ 热导率在燃料元件的传热计算中具有特别重要的意义，因为导热性能的好坏将直接影响芯块内的温度分布和芯块中心的最高温度。

热导率取决于电子和声子等载热子的活动性，许多金属在相当低的温度以上由于声子彼此间的散射平均自由程变小，因而热导率反比于热力学温度。尽管对 UO$_2$ 的热导率进行了很多研究，但实验数据仍然比较分散，得不到很好的统一。大部分研究结果表明，影响 UO$_2$ 热导率的主要因素有温度、密度、燃耗深度、氧铀比等。95% 理论密度的芯块的热导率 κ_{95} [单位为 W/(cm·℃)] 可用式 (3-2) 计算得到

$$\kappa_{95} = \frac{38.24}{t + 402.55} + 4.788 \times 10^{-13} (t + 273.15)^3 \tag{3-2}$$

其他密度下的热导率可以用马克斯韦尔-尤肯 (Maxwell-Euken) 关系式计算

$$\kappa_p = \frac{1 - \varepsilon}{1 + \beta\varepsilon} \kappa_{100} \tag{3-3}$$

式中，ε 为燃料空隙率 (体积份额)；β 为由实验确定的，对于大于和等于 90% 理论密度的 UO$_2$，$\beta = 0.5$，其他密度下，$\beta = 0.7$。

这样可以得到

$$\kappa_p = \frac{(1 - \varepsilon)(1 + 0.05\beta)}{0.95(1 + \beta\varepsilon)} \kappa_{95} \tag{3-4}$$

实验结果表明，O/U 比小于 2.0 时的试样的热导率比 O/U 比大于 2.0 的试样高。当 O/U 比大于 2.0 时，过剩的氧会妨碍声子的导热，因此 O/U 比越高，热导率就越小。图 3-1 所示为锆合金和铀氧化物的热导率随温度的变化。

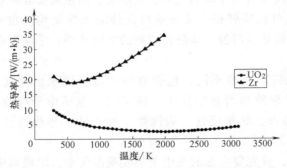

图 3-1　锆合金和铀氧化物的热导率随温度的变化

4. UO$_2$ 的比热容

比热容可以表达为温度的函数，它随温度的变化可以由式 (3-5) 计算得到。

当 $25 < t < 1226$℃ 时，有

$$c_p = a + bt + c(t + 273.15)^2$$
$$a = 304.38, b = 0.0251,$$
$$c = -6 \times 10^6$$

当 $1226 < t < 2800$℃ 时，有

$$c_p = a + bt + ct^2 + dt^3 + et^4$$
$$a = -712.25, b = 2.789,$$

$$c = -0.00271$$
$$d = 1.12 \times 10^{-6}, e = -1.59 \times 10^{-10} \tag{3-5}$$

我们可以看到，在1226℃处曲线存在间断点，这在分段计算物性的关系式中会经常遇到，有时甚至会使计算无法收敛，这时通常的做法是在不连续点附件的一个很小的区域内进行两个关系式的插值处理。

5. UO_2 的热膨胀系数

在分析核燃料在反应堆内的行为时，热膨胀系数也是一个重要的性质。虽然试验结果不很一致，但在1000℃以下的热膨胀系数大约为 $1 \times 10^{-5}℃^{-1}$。大于1000℃时可以取 $13 \times 10^{-6}℃$。由于 UO_2 在2450℃以上会显著地蒸发，因此高温下的热膨胀系数只是定性的。

第二节　包　壳　材　料

一、包壳作用及其选材标准

燃料元件将裂变产生的能量以热的形式传给冷却剂，虽然燃料对冷却剂具有良好的耐蚀性，但是如果燃料是裸露的，与冷却剂长期在高温下直接接触，那么裂变反应产生的裂变产物就会进入冷却剂中，放射性将超过允许值。同时，燃料芯块在运行工程中会发生碎裂，产生气体。所以一般用机械强度高且耐腐蚀的金属将燃料密封起来，这就是包壳。这种包壳所用的材料就是包壳材料。

从工程观点来看，在燃料和冷却剂之间引入非裂变的包壳是非常重要的。包壳是放射性物质的第一道屏障，既封装核燃料，又是燃料元件的支撑结构。包壳的作用可以归纳为：①防止燃料受到冷却剂的化学腐蚀；②防止燃料的机械冲刷；③减少裂变气体向外释放；④保留裂变碎片。

根据燃料成分和反应堆类型不同，包壳材料的选择要求也存在着差异。包壳材料的性质可分为两类：核子性质和冶金学性质。核子性质包括中子吸收截面等，冶金学性质则包括强度和抗蠕变能力、热稳定性、耐蚀性、加工性、导热性、与芯体的相容性以及辐照稳定性。

在选择包壳材料时，首先要考虑的是中子吸收截面要小，以提高中子的有效使用率。在优先考虑中子截面的前提下，再根据与燃料和冷却剂在反应堆运行温度下的相容性对有希望的包壳材料进行筛选。

除核子性质和相容性要求以外，还要求包壳材料的热导率要大，这样有利于热量向冷却剂传输，降低燃料中心温度。另外，耐蚀性能、抗辐照性能、加工性能和力学性能也是要考虑的因素。

适合制作燃料包壳的材料有：铝、镁、锆、不锈钢、镍基合金、石墨。目前，在压水堆中广泛应用的是锆合金包壳，快堆用不锈钢和镍基合金，高温气冷堆则采用石墨作为包壳材料。部分包壳材料性能见表3-2。

从表3-2中可以看出，铝具有很高的热导率，热输送能力强，但是其熔点低，对高温水无抗氧化能力，因此不能作为包壳材料。不锈钢由于其热中子吸收率大，只能用于高富集度反应堆。锆合金不仅热中子吸收率小，而且熔点高，热导率虽然没有铝高，但是要高于不锈钢，是最佳选择。

表 3-2　部分包壳材料性能

性　　质	不锈钢	低碳钢	锆	铝
相对密度	7.8	7.8	6.5	2.7
热中子吸收截面	3.1	2.4	0.18	0.23
熔点/℃	1500	1538	1816	666
热导率[W/(m·℃)]	14	45	21	200
耐蚀性	耐流体腐蚀性好	差	非常好	差
极限强度(室温)/MPa	807	483	331(合金)	159

二、锆合金

锆合金具有中子吸收截面小、在压水堆的运行工作条件下具有良好的力学性能和耐蚀性能，因此在水堆中得到广泛应用。

锆合金 Zr-2 和 Zr-4 是良好的包壳材料，唯一的不足之处是有吸氢脆化的趋势，这两种合金除了吸氢性能外其余性能都很相似。在相同条件下，Zr-4 合金的吸氢率只有 Zr-2 合金的 1/2 ~ 1/3。目前，压水堆中一般采用 Zr-4 合金，而在沸水堆中习惯采用 Zr-2 合金，不过，沸水堆中也有采用 Zr-4 合金的趋势。下面来重点讨论 Zr-4 合金的物理性质。

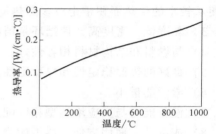

图 3-2　Zr-4 合金热导率与
温度的关系曲线

1. Zr-4 合金的热导率

图 3-2 所示为 Zr-4 合金热导率与温度的关系曲线。Zr-4 合金的热导率可以按下式计算

$$\kappa_c(t) = a_0 + a_1 t + a_2 t^2 + a_3 t^3$$
$$a_0 = 7.73 \times 10^{-2}$$
$$a_1 = 3.15 \times 10^{-4}$$
$$a_2 = -2.87 \times 10^{-7}$$
$$a_3 = 1.552 \times 10^{-10}$$

$$(3-6)$$

应注意的是：式（3-6）中 κ 的单位是 W/(cm·℃)，t 的单位是℃。

2. Zr-4 合金的比热容

Zr-4 的比热容随温度变化可由式（3-7）计算得到。由于分区计算，因此中间有间断点，采用程序计算时需要做连续性处理。图 3-3 所示为 Zr-4 合金比热容与温度关系曲线。Zr-4 的比热容 c_p 为

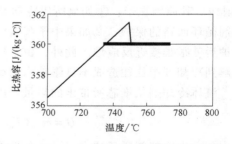

图 3-3　Zr-4 合金比热容与温度关系曲线

$$c_p = 286.5 + 0.1t \quad 0 < t < 750℃$$

$$c_p = 360 \quad\quad\quad t > 750℃$$

(3-7)

第三节 冷却剂和慢化剂及反射层材料

一、冷却剂

冷却剂一词源于早期的反应堆。由于最初的反应堆主要目的是用于研究或生产钚，反应过程中产生大量的热，需要利用工质将大量的热排出，来保证反应堆芯温度在一定范围之内。这种工质起到了冷却堆芯的作用，故称为冷却剂并一直沿用至今。在动力反应堆中，冷却剂不仅对堆芯进行冷却，并且把堆芯产生的热输送到换热器或发电用汽轮机，进行热能与机械能的转换，最终产生动力。

我们希望反应堆冷却剂具有以下特性：

1）中子吸收截面小，感生放射性弱。

2）具有良好的热物性（比热容大、热导率大、熔点低、沸点高，饱和蒸汽压低等），以便从较小的传热面积带走较多的热量。

3）黏度低，密度高，使循环泵消耗的功率小。

4）与燃料和结构材料相容性好。

5）良好的辐照稳定性和热稳定性。

6）激活能量小。

7）慢化能力与反应堆类型相匹配。

8）成本低，使用方便，尽可能避免使用价格昂贵的材料。

9）无毒。

10）不易与水及空气发生氧化。

上述对选择冷却剂的要求是综合考虑了使用冷却剂的目的，冷却剂的工作环境等因素。首先，冷却剂最重要的是单位时间内排出热量的能力强，即载热性能好。因此，冷却剂必须是流体，即液体或气体。同一物质的流体，密度大的载热能力大，因此现在的动力堆用的水冷却剂是加高压的，在高温下仍然保存液体状态。其次，冷却剂工作于堆芯，需流经燃料元件各部分，期间冷却剂须能受到大量的中子照射而不分解。由于有机材料受辐照易分解，如果作为冷却剂应对其进行处理。液体金属之类的单原子冷却剂不会分解，但辐照可引起核转变，产生感生放射性。其中，具有激活能量小是指冷却剂在被中子轰击后所释放的为低能级 γ 射线。其原因在于：①如果所用冷却剂被轰击后产生高能级 γ 射线，那么将大大不利于冷却剂循环回路的保护；②如果中子轰击所产生放射性同位素的半衰期长，在紧急停堆和日常维护后就很难接近反应堆。此外，由于冷却剂通常是用化学纯度高的材料，故管道系统材料溶解到冷却剂中往往造成不良影响，因此对冷却剂的纯度控制必须认真考虑。

流体冷却剂从堆芯所带走的热量可以根据下式计算

$$Q = \dot{m}c_p(T_h - T_c) = \dot{V}(\rho c_p)(T_h - T_c)$$

(3-8)

式中，$\dot{m}$ 为冷却剂质量流率；c_p 为冷却剂比热容；T_h 为冷却剂流出温度；T_c 为冷却剂流入温度；$\dot{V}$ 为冷却剂体积流率；ρ 为冷却剂密度。

冷却剂流经堆芯后的压降为

$$\Delta p = f\frac{L}{D}\frac{(\dot{V}/A)^2}{2g} \tag{3-9}$$

式中，Δp 为冷却剂压降；f 为摩擦系数；L 为通道长度；D 为通道直径；$\dot{V}$ 为冷却剂体积流率；A 为流通界面面积；g 为重力加速度。

冷却剂的泵功 P 为

$$P = \dot{V}\Delta p \tag{3-10}$$

从式（3-8）~ 式（3-10）可以看出，体积流率越大，反应堆压降越大；压降越大，所需泵功越多。

常用冷却剂有：水和重水、液态金属、气体。其中水作为冷却剂和慢化剂主要应用于轻水堆。表3-3 中给出了部分冷却剂的特性。

表 3-3　部分冷却剂的特性

冷却剂	中子截面面积/b	相对密度	比热容/[J/(kg·K)]	熔点/℃	沸点/℃	热导率/[W/(m·℃)]	辐照放射性产物及其半衰期	备　注
H_2O（水）	0.66	1.0	4200	0	100	0.58	O19　29s N16　7s	
D_2O（重水）	0.0011	1.11	4550	3.83	101.4	0.58	O19　29s N16　7s	提取困难，费用昂贵
Na（钠）	0.49	0.8~0.9	1230	97.8	882.8	142	Na24　15h	与空气和水反应剧烈
NaK（钾钠合金）	0.96	0.8~0.9	1088	19	825.6	120	Na24　15h	低熔点
Bi（铋）	0.032	9.8	120	271	1560	13	Po210　128d	
Hg（汞）	380	13.3	140	−39	356.6	8.36	Hg203　48d	有毒
He（氦）	0.007	6×10^{-5}	5190	—	—	0.144	—	昂贵，不易获得，中子吸收截面积
CO_2（二氧化碳）	0.0048	6.7×10^{-4}	840	—	—	0.015	—	与 U 和 Pu 反应

注：$1b = 10^{-28}m^2$。

从表3-3 中可以看出，轻水与重水更加容易获得并且价格便宜。但是，由于轻水的中子吸收截面积大，所以利用轻水作为冷却剂或慢化剂时其堆芯燃料的富集度要求高。另外，轻水的沸点低，存在沸腾临界。在标准大气压下，其沸点为100℃，所以为了在冷却时避免沸腾，冷却剂循环回路（一回路）必须在高压下运行。轻水在中子和 γ 射线辐照下不产生放射性，因此不需要对其进行特殊处理。感生放射性所形成的 ^{16}N 的半衰期为7s，^{19}O 的半衰期为 29s。十个半衰期之内感生放射性可降低到千分之一，在 5min 之内绝大部分放射性可以消失。因此就感生放射性而言，以轻水作为冷却剂的循环回路在停堆 15min 后就可进入。

重水与轻水最大不同就是其中子吸收截面积小。采用重水作为冷却剂的好处是可以减少核燃料的装载量或降低核燃料的浓缩度。但是重水价格昂贵，不易获得。

钠金属热传递性优良，但是钠的比热容小，只有水的 1/3，密度低。这使得若要从堆芯中带走同样热能，所需钠冷却剂的温差为水温差的三倍。而提高温差意味着要考虑到材料热应力问题。或者提高质量流量，那么泵功率将大大增加。钠的熔点为 97.8℃，接近室温。利用钠作为冷却剂的反应堆应该配有加热设备，使其熔化有较好流动性后才能正常工作。钠在流经反应堆被中子轰击后会产生 Na-24，这种同位素的半衰期为 15h，能够发射出强 γ 射线。大约在反应堆停堆 150h 或一个星期左右方可进入。另外，钠会与和空气水剧烈反应，作为冷却剂是必须用屏障将其与空气和水隔开。钠作为冷却剂还存在温度梯度、质量迁移、金属的扩散结合、由反应性正空泡效应引起的控制和安全问题。但是其沸点高达 882.8℃，加之其传热面积小，使钠作为冷却剂主要应用于快中子堆。

氦气中 ^4He 的中子截面积为零，通常是将其与 ^3He 混合成具有一定的中子截面积的气态冷却剂。由于气体密度低，作为冷却剂需要带走堆芯大量能量，因此只有提高运行压力和采用大流量的措施，故输送所消耗得功率很大。此外，氦气作为冷却剂容易泄漏，而且价格昂贵。目前主要应用于气冷堆。

二氧化碳气体中子截面积比氦气大，传热性能相似，但是二氧化碳易获得且价格便宜，现在已被利用。

二、慢化剂及反射层材料

（一）慢化剂

慢化剂是热中子堆中用来将燃料裂变释放出的快中子慢化成热中子以维持链式裂变反应的材料。在由热中子引起裂变反应的热中子反应堆中，为了把裂变时产生的快中子的能量降低到热中子能量水平，要用慢化剂。为了达到慢化的目的，质量数接近中子的轻原子核对中子的慢化最有利。此外，要求回弹良好，并且在碰撞的时候尽量少吸收宝贵的中子。慢化后形成的热中子在与核燃料的原子核碰撞之前若被慢化剂吸收也是不利的，因此要选用中子吸收截面小的材料作慢化剂。反应堆活性区的周围用来散射从活性区泄漏出的中子，使其改变方向重新回到活性区。选择慢化剂时首先关注的是中子性能，即要求慢化能力好，中子吸收截面尽可能小。轻水、重水和石墨都是良好的慢化剂。慢化剂除了要具有较好的中子性能外，还要具有良好的热物性，如比热容大、导热性能好、流动性能好等。另外，冷却剂和慢化剂必须和其他材料的相容性好，自身的辐照稳定性好，成本低，易于获得。

慢化剂可以是液体也可以是固体，如果选择固体作为慢化剂，则必须具有高熔点、耐蚀性能好、力学性能好等特点。如果选择液体作为慢化剂，其必须有低沸点，无腐蚀性。因此通常用于热中子反应堆慢化剂的有三种材料，包括轻水（H_2O）、重水（氘、D_2O）和石墨，其慢化性能见表 3-4。

表 3-4 轻水、重水、石墨的慢化性能

性质	H_2O	D_2O	石墨
慢化能力	1.36	0.18	0.063
慢化系数	65	2085（0.25% 轻水）	170
氧化性	—	—	超过 593℃
相对密度	1.0	1.1	1.65

从表 3-4 可以看出，如果只从慢化能力角度出发，由于轻水的密度小于重水，当中子与其碰撞时失去能量多，所以轻水的慢化能力优于重水；然而，如果从慢化系数这个最重要的参数进行比较，重水的慢化系数（2085）远大于轻水的慢化系数（65）。这是由于轻水的热

中子吸收截面远大于重水的热中子吸收截面。

慢化剂的纯度也是影响慢化系数的主要因素。例如，纯重水的慢化系数为12000，而含有0.25%的轻水的重水慢化系数却只有2085。而每50t水中才含有1kg重水，且不能用化学方法制备。制备重水有两种方法，一种是蒸馏法，这种方法只能得到纯度为92%的重水；另一种是电解法，可得99.7%的重水，但消耗电能特别大。而提纯重水的难度大，费用极其昂贵。

石墨的吸收截面低于重水但是轻水的两倍，而且价格便宜，又是耐高温材料，可用于非氧化气氛的高温堆中。轻水是含氢物质，慢化能力大，价格低廉，但吸收截面较大，对金属有腐蚀作用，易发生辐射分解。重水的吸收截面小，并可发生（γ，n）反应，为链式反应提供中子；其缺点是价格昂贵，还要细心防止泄漏损失、污染和与氢化物发生同位素交换。

此外，还可用碳氢化合物、铍等作慢化剂材料。铍的慢化能力比石墨好，用它作慢化剂可缩小堆芯尺寸，但铍有剧毒、价格昂贵、易产生辐照肿胀，故使用受到限制。

（二）反射层

反射层的目的就是要使泄漏的中子返回到活性区而不将其吸收，所以对反射层材料的要求与慢化剂相同，要求其散射截面要大，吸收截面要小。因此，好的慢化剂材料也是好的反射层材料。在快中子堆中，大部分裂变由高能中子引起，反射层材料由高质量数的致密物质组成，以使被反向散射进堆芯的中子受到最小的慢化。常用的反射层材料有轻水、重水、石墨、铍、氧化铍、氧化锆等。

图3-4所示为裸堆和反应堆中中子通量比较图，从图中可以看出在反应堆中通量几乎是恒定的，而在裸堆当中通量变化十分明显。由于反应堆中所产生的能量正比于通量，因此反应堆中的产生的能量自然比裸堆产生的能量多，其向外输送的能量就多。对于目前各种反应堆所用材料见表3-5。

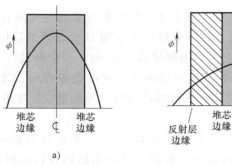

图3-4 裸堆和反应堆中中子通量比较

a）无反射层-裸堆 b）有反射层

表3-5 各种反应堆所用材料

反应堆类型	冷却剂	慢化剂	核燃料
压水堆	H_2O	H_2O	高富集度铀
沸水堆	H_2O	H_2O	高富集度铀
重水堆	D_2O	D_2O	低富集度铀
气冷堆	CO_2	石墨	低或高富集度铀
轻水石墨堆	加压沸水	石墨	高富集度铀

第四章 反应堆热源及稳态工况的传热计算

设计核动力反应堆的目的是，将核裂变产生的热量转化成电能或机械能，所以核动力反应堆实际上是一个热源。但反应堆内所允许产生的热功率主要取决于输热能力，因为堆芯内能够达到的热中子通量是没有限制的，某一临界质量的裂变材料从理论上说它能够达到任意的功率水平，但释出的热量必须能从堆芯排出，并在堆内任何位置上的温度都不超过允许值，以确保反应堆工作的安全。可见，研究堆内的释热和传热是极为重要的。

反应堆内热源的分布是通过对反应堆的核物理计算获得的。堆内热源的精确计算是分析反应堆内温度分布的前提条件。在一个给定的反应堆活性区内，其允许产生功率的大小，主要取决于反应堆热量传输的能力，并且受到材料性能的限制。要使得反应堆在某一个功率下安全运行，就必须对堆内释放的热量通过有效的输热系统将其传输到系统之外，以保证反应堆各个部件的温度在运行过程中始终保持在安全的设计限制范围内。而要实现此目标，首先必须了解堆内热源产生的源头以及对其分布进行计算，分析影响堆内热源分布的因素并提出改善其分布的有效措施。此外，还必须在反应堆材料的基础上，对堆内的温度分布进行精确的计算，为设计高效、经济的反应堆提供设计基础。

第一节 堆热源及其分布

一、压水堆裂变能分配

核燃料裂变时会释放出巨大的能量。虽然不同核燃料元素的裂变能有所不同，但一般认为每一个 ^{235}U、^{233}U 或 ^{239}Pu 的原子核，其反应堆内的能量释放来源于反应堆的放热核反应，即来自于裂变过程中核堆内材料与中子的辐射俘获（n，γ）反应释放出来的能量，裂变时大约要释放出 200MeV（或者 3.2×10^{-11} J）的能量，这些能量粗分起来，可以分为三类，每一类都有各自的特征。为了讲述反应堆内的热源问题，即能量在反应堆内的分配，有必要对裂变能的分配情况有所了解。

裂变时释放出来的能量可以分为三类，见表 4-1。第一类是在裂变的瞬间释放出来的，包括裂变碎片动能、裂变中子动能和瞬发 γ 射线，从表中数据我们可以看到，绝大部分的能量集中在裂变碎片动能；第二类是指裂变后发生的各种过程释放出的能量，主要是裂变产物的衰变产生的；第三类是活性区内的燃料、结构材料和冷却剂吸收过剩中子产生的（n，γ）反应而放出的能量。其中第二类能量在停堆后很长一段时间内仍继续释放，因此必须考虑停堆后对元件进行长期的冷却，以及对乏燃料发热的足够重视。

裂变碎片的动能约占总能量的 84%，裂变碎片的射程最短，约为 0.0127mm，因此可以认为裂变碎片动能都是在燃料芯块内热能的形式释放出来的，其中只有极少一部分裂变碎片会穿入包壳内，但不会穿透包壳。裂变产物的 β 射线的射程也很短，在铀芯块内也就几个毫米，它的能量大部分也是在燃料芯块内释放出来的。

表 4-1　堆内能量的大致分配及其释放地点

类型		过程	占总能量的份额(%)	主要释放地点
裂变能	瞬发能量	裂变碎片的动能	80.5	核燃料内部
		裂变快中子的动能	2.5	大部分慢化剂内
		瞬发 γ 射线的能量	2.5	堆内各处
	缓发能量	缓发中子的动能	0.02	慢化剂内
		裂变产物衰变的 β 射线能量	3.0	核燃料元件内
		伴随 β 衰变产生的中微子的能量	5.0	会穿出堆外,因此为不可回收
		裂变产物衰变的 γ 射线能量	3.0	堆内各处
堆内材料与中子的辐射俘获反应	瞬发和缓发	过剩中子引起的裂变反应加上(n,γ)反应产物的 β 衰变和 γ 衰变能	3.5	堆内各处
总计			100	

不同的核元素释放出来的裂变能的数值是有差异的（见表 4-2），但是一般情况下取 $E_f = 200\text{MeV}$ 比较合适。

表 4-2　不同核元素所释放的裂变能值 （重水堆中）

核元素	E_f/MeV	核元素	E_f/MeV
^{232}Th	196.2 ± 1.1	^{238}U	208.5 ± 1.1
^{233}U	199.0 ± 1.1	^{239}Pu	210.7 ± 1.2
^{235}U	201.7 ± 0.6	^{241}Pu	213.8 ± 1.0

为了计算裂变能的大小，首先引入几个概念。

1）单位体积的裂变率 R：在单位时间（1s）单位体积（1cm^3）燃料内，发生的裂变次数。图 4-1 所示为裂变率示意图，可以用下式表示

$$R = \Sigma_f \Phi = N\sigma_f \Phi \tag{4-1}$$

式中，R 为裂变率，单位为 $1/(\text{cm}^3 \cdot \text{s})$；$\Sigma_f$ 为宏观裂变截面，单位为 $1/\text{cm}$；σ_f 为微观裂变截面，单位为 cm^2；N 为可裂变核子密度，单位为 $1/\text{cm}^3$；Φ 为中子通量，单位为 $1/(\text{cm}^2 \cdot \text{s})$。

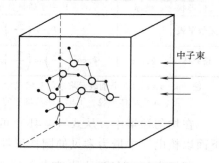

图 4-1　裂变率示意图

其中，中子通量的物理意义为：①单位时间内穿过单位面积的中子数；②中子在单位时间、单位体积内所穿行的距离。

2）体积释热率：单位时间、单位体积内释放的热能的度量，也称为功率密度。用 q_v [$\text{MeV}/(\text{cm}^3 \cdot \text{s})$] 表示为

$$q_v = F_a E_f N\sigma_f \Phi \tag{4-2}$$

式中，F_a 是堆芯（主要元件和慢化剂）的释热量占堆总热量的份额。

如果堆芯的体积为 $V_0 \text{m}^3$，则整个堆芯释放出的热功率 N_0 为

$$N_0 = 1.6021 \times 10^{-10} F_a E_f N\sigma_f \overline{\Phi} V_0 \tag{4-3}$$

式中，$\overline{\Phi}$ 为平均中子的通量。

反应堆释放出的总功率 N_t 为

$$N_t = N_0/F_a = (q_v \cdot V_0) \times 10^6/F_a = 10^6 E_f N\sigma_f \overline{\Phi} V_0 \tag{4-4a}$$

$$N_t = N_0 / F_a = 1.6021 \times 10^{-10} F_a E_f N \sigma_f \overline{\Phi} V_0 \tag{4-4b}$$

可见，反应堆的热功率与平均中子的通量 $\overline{\Phi}$ 成正比。

要注意的是，体积释热率指的是已经转化为热能的能量，并不是在该体积单元内释放出的全部能量，因为有些能量（例如 β 射线能）会在别的地方转化为热能，甚至有的能量根本就无法转化为热能加以利用。

二、均匀堆释热率分布与展平

堆芯内的释热率分布是随燃耗寿期而改变的。在对堆芯作较详细的热工分析时，堆芯释热率分布随寿期的变化应由反应堆物理计算直接给出。

均匀裸堆是一个极其简化的堆芯模型。首先假设富集度相同的燃料均匀分布在整个活性区内，这就是所谓的均匀；其次是活性区外面没有反射层，也就是裸堆的意思。因为实际的反应堆燃料元件在不同区的富集度是不同的，而且由于堆芯内有冷却剂和结构材料的存在，燃料更不可能均匀分布；为了更有效地利用中子，所有堆都是有反射层的，因此实际上的均匀裸堆是不存在的。但是由于均匀裸堆在很多时候可以得到理论解，通过对均匀裸堆的分析，我们可以从总体上把握一个反应堆的各项特性。假定燃料在堆内的分布是均匀的，对于具有不同几何形状的堆芯，其中子通量的分布可以由堆物理计算得到。表 4-3 列出了几种不同几何形状堆芯的热中子通量分布函数。

表 4-3　几种不同几何形状堆芯的热中子通量分布函数

几何形状	坐标	热中子通量分布	几何形状	坐标	热中子通量分布
无限平板	x	$\Phi_0 \cos\left(\dfrac{\pi x}{a_e}\right)$	球体	r	$\Phi_0 \sin\left(\dfrac{\pi r}{R_e}\right) \Big/ \left(\dfrac{\pi r}{R_e}\right)$
长方体	x, y, z	$\Phi_0 \cos\left(\dfrac{\pi x}{a_e}\right)\cos\left(\dfrac{\pi y}{b_e}\right)\cos\left(\dfrac{\pi z}{c_e}\right)$			

注：a、b、c 和 R 分别表示堆芯的几何尺寸，对于无限平板，指板厚度，对于长方体，指其 x，y，z 3 个方向的长度，R 为球体半径，下标 e 表示堆芯的等效半径。

在均匀裸堆中，从式（4-4b）可以看出，均匀裸堆的体积释热率正比于平均中子通量。下面以核电厂中最为常见的圆柱形堆芯为例作如下说明。

若把坐标定在圆柱体的中心位置，则对于圆柱形裸堆，其体积释热率分布为

$$q_v(r, z) = q_0 J_0\left(2.4048 \frac{r}{R_e}\right) \cos\left(\frac{\pi z}{L_e}\right) \tag{4-5}$$

式中，R_e 为堆芯的外推半径，$R_e = R + \Delta R$；L_e 为堆芯的外推高度，$L_{R_e} = L_{R_e} + 2\Delta L_R$；$R$ 为堆芯实际半径；L_R 为堆芯实际高度；J_0 为零阶第一类贝塞尔函数；q_0 为堆芯中心中最大的释热率，$q_v(0,0)$；$q_v(r,z)$ 为堆芯内任意位置的释热率；ΔR 为径向外推长度；ΔL_R 为轴向外推长度。

有限长度圆柱形堆芯中的中子通量分布如图 4-2 所示。从图中可以看出，在中子通量在

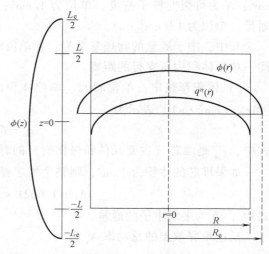

图 4-2　有限长度圆柱形堆芯中的中子通量分布

实际的外推半径上变为零。

燃料芯块的总释热率可以用下式计算

$$\dot{Q} = q_v(r,z) = \iint_{Vcore} q_0 J_0\left(2.4048\frac{r}{R_e}\right)\cos\left(\frac{\pi z}{L_e}\right)drdz \tag{4-6}$$

在实际的反应堆中，在中子通量比较高的地方，燃料的燃耗也较高，因而燃料芯块的释热率在径向和轴向要比理论值平缓一些。

三、影响堆功率分布的因素

均匀裸堆的释热率分布能够给出一个宏观的功率分布图像，在实际的反应堆里面，由于存在许多的非均匀因素，使得计算实际的功率分布非常复杂，往往需要大型的物理计算程序计算得到。下面从定性的角度出发，分析对功率分布有影响的因素。

（一）燃料布置对功率分布的影响

初期在压水动力堆中大多采用燃料富集度均一的装载方式。虽然装卸燃料比较方便，但是堆芯中心会出现高的功率峰值，限制了整个反应堆热功率输出。此外，即使在堆芯燃料循环寿期末，最外围的燃料元件由于中子通量较小，燃耗较浅，所以平均卸料燃耗比较低。

为了克服这些缺点，通常采用燃料富集度非均一的装载方式（图4-3），即堆芯装载几种不同富集度的燃料元件，按分区装料、分散（插花）装料或分散与分区混合式装料的方式装载于堆芯。由于富集度高的燃料装在外区，富集度低的燃料装在内区，而功率正比于热中子通量和宏观裂变截面之积，因此，这种燃料密集度非均一的装载方式就会相对地降低堆芯内区的功率密度和提高外区的功率密度，展平堆芯功率，从而增大反应堆的热功率输出。

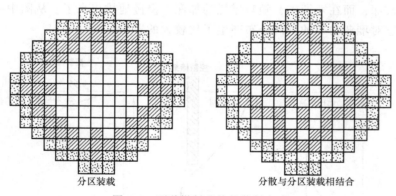

分区装载　　　　　　　　　分散与分区装载相结合

图4-3　两种燃料芯块的装料方式

压水堆通常把燃料元件以适当的栅距排列成为栅阵，并且用不同富集度的燃料元件分区布置。图4-4所示为压水堆三区布置时的归一化功率分布，通常Ⅰ区的燃料富集度是最低的，Ⅲ区的燃料富集度最高。在实际的换料操作中，并不是一次换全部的料，而是把新料放在Ⅲ区，原来Ⅲ区的燃料往里挪到Ⅱ区，Ⅱ区的挪到Ⅰ区，

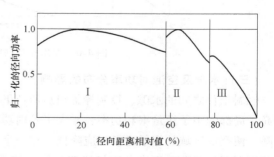

图4-4　压水堆三区布置时的归一化功率分布

Ⅰ区的乏燃料换出来进入乏燃料储存井，采用这种倒料方案，可以使燃料的平均燃耗有所提高。从图中可见，燃料采用分区布置后，在半径方向上的功率分布已经不是零阶贝塞尔函数分布了，功率分布得到了展平，这对于提高整个反应堆的热功率是有利的。

（二）控制棒对功率分布的影响

为了堆的安全和运行操作的灵活性，所有的反应堆都必须布置一定数量的控制棒，一般是将它们均匀地布置在具有高中子通量的区域，这既有利于提高控制棒的效率，也有利于径向中子通量的展平。图4-5所示为控制棒对径向功率分布的影响，图中的虚线是没有控制棒情况下的径向功率分布，在均匀裸堆情况下是零阶贝塞尔函数分布；图中实线所示是在堆中心区域插入控制棒后的径向功率分布。可见，由于控制棒料是热中子的强吸收材料，在控制棒附近使得功率下降很多，因此合理的把控制棒布置在反应堆的不同位置，可以得到比较理想的径向功率分布。

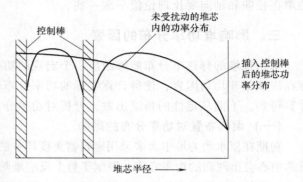

图4-5 控制棒对径向功率分布的影响

另外，控制棒对反应堆的轴向功率分布也有很大的影响。通常，控制棒可以分三大类，即停堆棒、调节棒和补偿棒，其中停堆棒通常在堆芯的外面，只有在需要停堆的时候才迅速插入堆芯。补偿棒是用于抵消寿期初大量的剩余反应性的，如图4-6所示，在寿期初，补偿棒往往插得比较深，而在寿期末，随着燃耗的加深，慢慢地拔出来了。从图中可以看出，在不同的寿期，它对堆芯功率的轴向分布产生了比较大的影响。

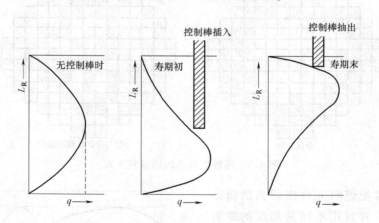

图4-6 控制棒对轴向功率分布的影响

（三）水隙及空泡对功率分布的影响

燃料组件之间的水隙、控制棒提出后所留下的空间等都会引起水的附加的侵化作用，从而提高了局部的中子注量率和功率，增大了堆内功率分布的不均匀性。空泡将会导致堆芯反应性下降，使空泡区域的中子通量相应降低。在一个具有低浓缩铀和用不锈钢作燃料元件的包壳的堆芯内，圆形水孔对于中子通量峰值的影响如图4-7所示。由此可见，为了使对的功率分布均匀，应尽量避免水隙或者减小其影响。

（四）燃料元件的自屏对燃料元件内功率分布的影响

在非均匀的堆中，由于燃料元件的自屏效应，燃料元件内的中子通量分布与它周围的慢化剂内的中子通量分布会有较大的差异（图 4-8）。由于裂变中子主要在慢化剂内慢化，热中子主要在慢化剂内产生。而由于热中子主要被燃料吸收，而且首先被棒外层的燃料吸收，造成燃料棒内层的热中子通量比外层的低，从而内层的燃料的释热率比外层释热率高（图 4-8b）。

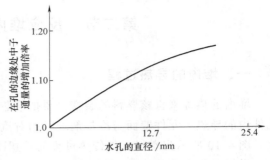

图 4-7　圆形水孔对于中子通量峰值的影响

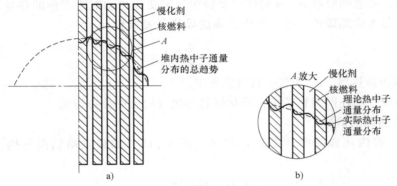

图 4-8　燃料元件的自屏对燃料元件内功率分布的影响
a）非均匀堆热中子通量分布　b）局部热中子通量分布

（五）反射层的影响

堆芯周围设置反射层使一部分泄漏出堆芯的中子反射回堆芯，从而使堆芯边缘处的中子注量率比裸堆时大很多，这样就展平了堆芯的中子注量率分布，于是堆芯的功率分布也随着趋于均匀。图 4-9 所示为三种燃料浓度混合装料时归一化径向中子注量率的分布。

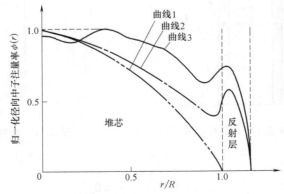

图 4-9　三种燃料浓度混合装料时归一化径向中子注量率的分布
曲线 1—裸堆，燃料浓度均一装载　曲线 2—有反射层，燃料浓度均一装载
曲线 3—有反射层，三种燃料浓度混合装载

第二节　反应堆内热量的输出过程

一、堆内的导热过程

堆内的热源来自核燃料的裂变，要把堆芯裂变产生的热量输出到堆外，需依次经过燃料元件内的导热、元件壁面与冷却剂之间的对流换热和冷却剂将热量输送到堆外的热量传输过程。图 4-10 所示为燃料元件传热过程的示意图。

燃料元件产生的热量主要以导热的方式从燃料芯内部传到燃料芯外部，然后再通过包壳传给冷却剂，由冷却剂以对流换热的方式将热量带出堆外，进而维持燃料元件温度在一定的水平。热量从燃料芯内部的传输过程可以看作有内热源的导热，可由式（4-7）描述。由于包壳一般较薄，若忽略吸收 α、γ 射线以及极少量裂变碎片动能所产生的热量，则可认为包壳的导热过程是无内热源的情况。有内热源的导热可表示为

$$\nabla^2 t + \frac{q_v}{\kappa_u} = 0 \tag{4-7}$$

式中，q_v 为体积释热率，κ_u 为包壳材料热导率。

下面分别研究圆柱形燃料芯块，板状燃料芯块内的温度分布情况。

1. 堆内有热源的情况

1）对于具有内热源的圆柱形燃料芯块（图 4-11），如果忽略轴向导热，则上式可以写成

$$\frac{1}{r}\frac{\mathrm{d}t}{\mathrm{d}r} + \frac{\mathrm{d}^2 t}{\mathrm{d}r^2} + \frac{q_v}{\kappa_u} = 0 \tag{4-8}$$

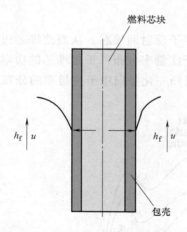

图 4-10　燃料元件传热过程示意图

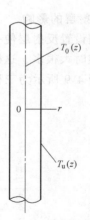

图 4-11　圆柱形燃料芯块示意图

边界条件为

$$r = 0 时 \qquad \frac{\partial t}{\partial r} = 0$$

$$r = r_u 时 \qquad t = t_u$$

将上式重新整理得到

$$\frac{1}{r}\frac{\mathrm{d}}{\mathrm{d}r}\left(\frac{1}{r}\frac{\mathrm{d}t}{\mathrm{d}r}\right)+\frac{q_v}{\kappa_u}=0 \tag{4-9}$$

代入边界条件求解得到

$$t(r)=t_u+\frac{q_v}{4\kappa_u}(r_u{}^2-r^2) \tag{4-10}$$

可以得到燃料芯的中心和表面之间的温差为

$$t_0-t_u=\frac{r_u{}^2}{4\kappa_u}q_v \tag{4-11}$$

式中，t_0 为燃料芯块中心的温度，单位为℃；κ_u 为燃料芯块的热导率，单位为 W/（m·℃）。

如果采用表面热流密度 q 表示内热源，则

$$t_0-t_u=\frac{r_u}{2\kappa_u}q \tag{4-12}$$

如果采用线热流密度 q_1 表示内热源，则

$$t_0-t_u=\frac{1}{4\kappa_u}q_1 \tag{4-13}$$

线功率 q_1、表面热流密度 q 与体积释热率 q_v 的关系为

$$q_1=2\pi r_u q=\pi r_u{}^2 q_v \tag{4-14}$$

2）对于具有内热源的平板形燃料元件（图 4-12），若忽略平行于平板方向的导热，则有

$$\frac{\mathrm{d}^2 t}{\mathrm{d}x^2}=-\frac{q_v}{\kappa_u} \tag{4-15}$$

边界条件为

$$x=0时 \qquad \frac{\partial t}{\partial x}=0（对称性边界） \tag{4-15a}$$

$$r=\delta 时 \qquad t=t_u \tag{4-15b}$$

积分一次得到

$$\frac{\mathrm{d}t}{\mathrm{d}x}=-\frac{q_v}{\kappa_u}x+C_1 \tag{4-16}$$

根据对称性边界条件式（4-15a）得到 $C_1=0$
再积分一次得到

$$t=-\frac{q_v}{\kappa_u}\frac{x^2}{2}+C_2 \tag{4-17}$$

根据边界条件式（4-15b）得到

$$t(x)=t_u+\frac{q_v}{2\kappa_u}(\delta^2-x^2) \tag{4-18}$$

同样，可以得到平板形燃料芯块的中心和表面的温度差为

$$t_0-t_u=\frac{\delta^2}{2\kappa_u}q_v=\frac{\delta}{2\kappa_u}q \tag{4-19}$$

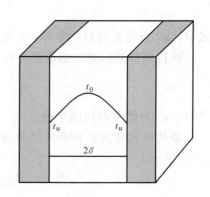

图 4-12 板状燃料芯块示意图

式中，t_0 为燃料芯块中心的温度，单位为℃；δ 为平板形燃料芯块的一半厚度，单位为 m；κ_u 为燃料芯块的热导率，单位为 W/(m·℃)。

对于平板形燃料元件，其表面热流密度与体积释热率关系为 $q = \delta q_v$。

2. 堆内无内热源的情况

对于包壳近似符合这种情况。

1）对于平板形包壳（图 4-13）

$$\frac{d^2 t}{dx^2} = 0 \tag{4-20}$$

边界条件为

$$r = \delta_u + \delta_c \text{时} \qquad t = t_{cs}$$

根据傅里叶定律，有

$$q = -\kappa_c \frac{dt}{dx} \tag{4-21}$$

解得平板形包壳内温度场分布

$$t = t_{cs} + \frac{q}{\kappa_c}(\delta_u + \delta_c - x) \tag{4-22}$$

如果忽略包壳和燃料元件的传热热阻，则可得到平板形包壳内、外表面温度差为

$$t_u - t_{cs} = \frac{q}{\kappa_c}\delta_c \tag{4-23}$$

式中，t_{cs} 为包壳外表面的温度，单位为℃；κ_c 为包壳的热导率，单位为 W/(m·℃)；δ_c 为包壳的厚度，单位为 m。

2）对于圆筒包壳（图 4-14），其传热方程可由下式表示

$$\frac{d}{dr}\left(\frac{1}{r}\frac{dt}{dx}\right) = 0 \tag{4-24}$$

边界条件为

$$r = r_{cs} \text{时} \qquad t = t_{cs}$$

根据傅里叶定律，有

$$Q = -\kappa_c F \frac{dt}{dr} \tag{4-25}$$

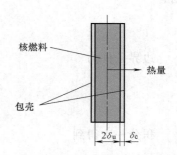

图 4-13　板式燃料元件结构
示意图

式中，κ_c 为包壳材料热导率；F 为包壳传热面积；Q 为热流。

解得圆筒形包壳内温度场分布

$$t = t_u - \frac{Q}{\kappa_c}r_u\ln\left(\frac{r}{r_u}\right) \tag{4-26}$$

式中，y_u 为燃料芯块的半径。

由此得到圆筒形包壳内外表面温度差

$$t_u - t_{cs} = \frac{Q}{2\pi\kappa_c L}\ln\frac{r_{cs}}{r_u} = \frac{q_1}{2\pi\kappa_c}\ln\frac{r_{cs}}{r_u} = \frac{q_1}{2\pi\kappa_c}\ln\frac{d_{cs}}{d_u} \tag{4-27}$$

式中，r_{cs} 和 d_{cs} 分别为包壳外表面的半径和直径，单位为 m；κ_c 为包壳的热导率，单位为 W/(m·℃)；r_u 和 d_u 分别为燃料芯块的半径和直径，单位为 m。

二、堆内的对流换热过程

设计核动力反应堆的目的就是将核裂变产生的热量转化成电能或机械能，所以核动力反应堆实际上是一个热源，而冷却剂则需要将这些热量传走，进而实现能量转换。反应堆内产生的对流换热过程是燃料元件包壳表面与冷却剂之间直接接触时的热交换，即热量由包壳的外表面传递给冷却剂的过程。图 4-15 所示为堆芯的热量输出过程示意图。

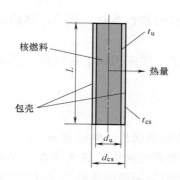

图 4-14 圆柱形燃料元件结构示意图

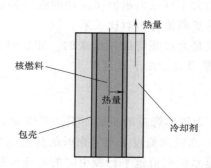

图 4-15 堆芯的热量输出过程示意图

对流换热量可以通过牛顿冷却定律进行计算

$$Q = hF\Delta\theta_f \tag{4-28}$$

式中，Q 为包壳外表面传递给冷却剂的热功率，单位为 W；h 为表面传热系数，单位为 W/（$m^2 \cdot ℃$）；F 为传热面积，单位为 m^2；$\Delta\theta_f$ 为膜温压，单位为℃。

在某以位置处，有

$$\Delta\theta_f = t_{cs}(z) - t_f(z)$$

式中，$t_{cs}(z)$ 为位置 z 处包壳表面温度，单位为℃；$t_f(z)$ 为位置 z 处冷却剂的温度，单位为℃。

因此有

$$t_{cs}(z) - t_f(z) = \frac{q_1(z)}{h(z)F_1} \tag{4-29}$$

式中，$q_1(z)$ 是位置 z 处单位长度燃料元件的线功率，单位为 W/m；F_1 是单位长度燃料元件的外表面积，单位为 m^2/m。

用上式求解包壳的表面温度时，关键在于表面传热系数 h 的求解。当 h 确定后，包壳的表面温度就可以求得，对于不同性质的冷却剂以及不同工况的冷却剂，计算 h 的公式不同，这里主要介绍一些计算传热系数的经验关系式。

1. 强迫对流计算

（1）流体在通道中强迫对流时的对流换热计算 此时，可以采用迪图斯-贝尔特（Dittus-Boelter）公式进行计算

$$Nu = 0.023Re^{0.8}Pr^{0.4} \tag{4-30}$$

注意，应用此公式时，膜温压不能太大，并且管长应大于管内径的 50 倍，且 $10^4 < Re \leqslant 1.2 \times 10^5$，$0.6 \leqslant Pr \leqslant 120$。

对于大的膜温压，应考虑温度对物性参数的影响，则采用下式进行计算

$$Nu = 0.027 Re^{0.8} Pr^{0.33} \left(\frac{\mu_f}{\mu_w} \right)^{0.14} \tag{4-31}$$

式（4-31）中，下标 f 表示以流体的平均温度查取的动力黏度，下标 w 表示以壁面温度值查取的动力黏度，其他物性参数则按照流体的平均温度查取。

这里，$Re = \dfrac{\rho U d}{\mu}$，为雷诺数，其物理意义为流体在流动过程的惯性力和黏性力的对比关系，其值大小可以表示流体流动的强弱程度。Pr 为流体的物性参数，表示流体的动量扩散能力与热扩散能力的对比关系。

上式是通过圆管推导出来的，如果对于非圆形通道，在应用以上各式时，其定型尺寸 D_e 为当量直径，由下式可得

$$D_e = \frac{4A}{L} \tag{4-32}$$

式中 A 为流体管道的流通面积，单位为 m^2；L 为流体润湿周长，单位为 m。

（2）水纵向流过平行管束时的传热系数 当采用棒束燃料组件的水冷堆中遇到的情况时，就是水纵向流过平行棒束时的对流换热问题，对此可以采用维斯曼公式进行计算

$$Nu = C Re^{0.8} Pr^{1/3} \tag{4-33}$$

式（4-33）中，系数 C 的值燃料棒的排列方式以及相对距离有关（图 4-16），具体如下所示。

正方形：$1.1 \leqslant \dfrac{p}{d} \leqslant 1.3$ 时，$C = 0.042 \dfrac{p}{d} - 0.024$

三角形：$1.1 \leqslant \dfrac{p}{d} \leqslant 1.5$ 时，$C = 0.026 \dfrac{p}{d} - 0.006$

这里，p 为燃料棒束的间距，单位为 m；d 为燃料棒束的直径，单位为 m。

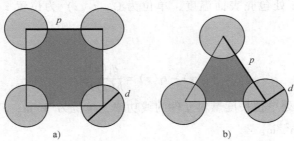

图 4-16 燃料元件的排列方式

a）正方形栅格 b）三角形栅格

（3）气冷堆燃料元件的放热 对于圆形通道内放置单根棒状元件，仍可利用式（4-30）进行计算。

注意：对于一个冷却通道内放置多根燃料元件的情况，可利用当量直径进行估算。

由于气体的传热系数比较小，所以为了提高换热效果，通常需要在燃料元件外表面加肋片。对于带有纵向肋片的燃料棒，根据实验结果，其传热系数计算式为

$$Nu = 0.04 Re^{0.4} Pr [\exp(-0.055n)] \tag{4-34}$$

式中，n 为肋片的数目。

计算时，特征尺寸采用式（4-32）计算的当量直径。

2. 自然对流换热计算

压水堆很多情况运行在自然循环工况，但是并不是自然循环工况下，堆芯内的对流传热就一定是自然对流传热过程，自然对流传热的判别要用相似准则格拉晓夫数

$$Gr = \frac{g\beta\Delta t x^3}{v^2} \tag{4-35}$$

自然对流的实验关联式可以分为两大类，一类是在常壁温情况下得到的，另一类是在常热流密度情况下得到的，在反应堆热工计算中，通常用的是常热流密度的情况。

自然对流换热的一般形式为

$$Nu = C(GrPr)_m^n \tag{4-36}$$

C、n 值针对不同的自然对流换热问题给出。

式（4-36）中物性量取值的定性温度为 $t_m = (t_w + t_\infty)/2$，t_w 为加热壁面温度，t_∞ 为来流流体温度。特征尺寸的选取与换热面积的几何形状以及位置有关，对竖板或竖管（圆柱体），特征尺寸为板（管）高，对水平放置圆管（圆柱体），特征尺寸为外直径。

关于系数 C 和 n 的确定，当加热壁面为定壁温时

$$10^4 \leqslant GrPr < 10^9 \quad C = 0.59, n = \frac{1}{4}$$

$$10^9 \leqslant GrPr < 10^{13} \quad C = 0.1, n = \frac{1}{3}$$

当加热壁面为定热流密度为常数时霍尔曼推荐用下式计算

$$Nu = 0.6(Gr_x^*Pr)^{1/3}, 10^5 < Gr_x^* < 10^{11}(\text{层流}) \tag{4-37}$$

$$Nu = 0.17(Gr_x^*Pr)^{1/4}, 2\times10^{13} < Gr_x^*Pr < 10^{16}(\text{湍流}) \tag{4-38}$$

式中，Gr_x^* 为修正的格拉晓夫数，其表达式为

$$Gr_x^* = Gr_x Nu_x = \frac{g\beta q x^4}{kv^2} \tag{4-39}$$

此外，对于定热流，还可以采用米海耶夫试验经验式进行计算

$$Nu_f = \begin{cases} 0.60(GrPr)_f^{\frac{1}{4}}\left(\frac{Pr_f}{Pr_w}\right)^{\frac{1}{4}} 10^3 \leqslant (GrPr)_f < 10^9 \\ 0.15(GrPr)_f^{\frac{1}{3}}\left(\frac{Pr_f}{Pr_w}\right)^{\frac{1}{4}} 6\times10^{10} \leqslant (GrPr)_f \end{cases} \tag{4-40}$$

式（4-40）中，定性温度取膜温度，由于计算平均温度时，壁面温度是未知量，因此需要先假设一个壁面温度进行试算，然后根据求得的传热系数计算壁面温度，直到迭代满意为止。

对于横管的自然对流平均传热系数，如果冷却剂为水等，则可用米海耶夫公式计算

$$\overline{Nu}_{d,f} = 0.5(Gr_d Pr)_f^{0.25}(Pr_f/Pr_w)^{0.25} \tag{4-41}$$

式（4-41）中，下标 d 表示以管径作为定性尺寸，上式的适用范围是 $(Gr_d Pr)_f \leqslant 10^8$。

对于水平放置的液态金属的自然对流换热，有

$$Nu_d = 0.53(Gr_d Pr^2)^{1/4} \tag{4-42}$$

关于自然对流传热实验关联式有以下几点需要讨论。

1）以上自然对流传热的实验关联式是以对流体加热的试验为依据的，对于流体被冷却的情况下会有所不同。

2）上述关联式采用的是分段处理的方式，应用时必须先判断流型。

3）由于试验关联式是在一定的条件下得到的，要十分注意定性温度和定性尺寸的选取。

第三节　燃料元件的传热计算

燃料元件温度场的确定在反应堆的热工设计中具有十分重要的地位，其原因主要有以下几个：首先，由于温度梯度会造成热应力，因此在燃料芯块和结构材料设计的时候要考虑温度的空间分布，而且材料在高温下的蠕变和低温下的脆裂等现象都密切与温度有关系；其次，包壳表面和冷却剂的化学反应也与温度密切相关；还有就是从堆物理角度考虑，由于燃料和慢化剂的温度变化会引入反应性的变化，影响到堆的控制。

一、棒状燃料元件的传热计算

图 4-17 所示为棒状元件的释热量分布和温度分布示意图。假设在已知燃料元件的释热率分布，几何尺寸以及冷却剂的流量、进口温度以及进口焓值等条件下，求沿冷却剂通道的冷却剂的温度场 $t_f(z)$，包壳表面的温度 $t_{cs}(z)$，以及燃料芯块的中心温度分布 $t_0(z)$。

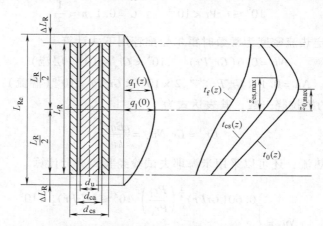

图 4-17　棒状燃料元件的释热量分布和温度分布示意图

（一）沿燃料元件轴向的冷却剂温度分布

当冷却剂流经燃料元件包壳外表面时，由于沿程吸收燃料元件释放的热量，其温度不断升高，相应焓值也不断增大。$h_f(z)$ 和 $t_f(z)$ 分别表示在坐标 z 处的冷却剂的比焓以及温度，则根据堆内的输热过程，根据热量平衡关系可以得到沿燃料元件的冷却剂的温度场和焓场。

堆芯内的输热过程指的是，当冷却剂流过堆芯时，将燃料元件裂变过程中所释放的热量带出堆外的过程。冷却剂从堆芯入口到位置 z 处所吸收的热量为

$$Q(z) = Gc_p \Delta t_f(z) = A_t V \rho c_p \Delta t_f(z) = G \Delta h_f(z) \tag{4-43}$$

式中，$Q(z)$ 为冷却剂从入口到位置 z 处所吸收的热量，单位为 W；G 为冷却剂质量流量，单位为 kg/s；c_p 为冷却剂的比定压热容，单位为 J/（kg·℃）；ρ 为冷却剂的密度，单位为 kg/m³；V 为冷却剂在通道中的流速，单位为 m/s；A_f 为冷却剂通道的流通面积，单位为

m^2；Δh_f 为冷却剂从通道入口到位置 z 处的焓升，单位为 J/kg；Δt_f 为冷却剂为通道入口到位置 z 处的温升，单位为℃。

由式（4-43）可得

$$h_f(z) = \frac{Q(z)}{Gc_p} + h_{f,in} \tag{4-44}$$

$$t_f(z) = \frac{Q(z)}{Gc_p} + t_{f,in} \tag{4-45}$$

由图 4-17 可知

$$Q(z) = \int_{-\frac{L_R}{2}}^{z} q_1(z)\,dz \tag{4-46}$$

式中，$q_1(z)$ 是燃料元件在 z 处的线功率密度；L_R 为堆芯实际高度。

式（4-44）、式（4-45）即为冷却剂焓场和温度场的表达式。冷却剂的温度也可以根据计算出来的焓值，应用焓和温度的关系计算得到，也可以从水和水蒸气的图表中查得。

假设 z 处的线功率密度 $q_1(z)$ 沿轴向的释热率按余弦分布，则

$$q_1(z) = q_1(0)\cos\frac{\pi z}{L_{R_e}} \tag{4-47}$$

式中，$q_1(0)$ 是燃料元件在坐标原点处的线功率。

将式（4-47）代入式（4-46）得

$$Q(z) = \int_{-\frac{L_R}{2}}^{z} q_1(0)\cos\frac{\pi z}{L_{R_e}}dz = \frac{q_1(0)L_{R_e}}{\pi}\left(\sin\frac{\pi z}{L_{R_e}} + \sin\frac{\pi L_R}{2L_{R_e}}\right) \tag{4-48}$$

将上式代入式（4-45）则得

$$t_f(z) = t_{f,in} + \frac{q_1(0)L_{R_e}}{\pi Gc_p}\left(\sin\frac{\pi z}{L_{R_e}} + \sin\frac{\pi L_R}{2L_{R_e}}\right) \tag{4-49}$$

以 $z = \frac{L_R}{2}$ 代入式（4-49），则可得冷却剂的出口温度 $t_{f,ex}$，则

$$t_{f,ex} = t_{f,in} + \frac{2q_1(0)L_{R_e}}{\pi Gc_p}\sin\frac{\pi L_R}{2L_{R_e}} \tag{4-50}$$

则冷却剂进、出口的温差为

$$\Delta t_f = t_{f,ex} - t_{f,in} = \frac{2q_1(0)L_{R_e}}{\pi Gc_p}\sin\frac{\pi L_R}{2L_{R_e}} \tag{4-51}$$

则

$$\frac{\Delta t_f}{2} = \frac{q_1(0)L_{R_e}}{\pi Gc_p}\sin\frac{\pi L_R}{2L_{R_e}} \tag{4-52}$$

将式（4-52）代入式（4-49）得

$$t_f(z) = t_{f,in} + \frac{\Delta t_f}{2} + \frac{q_1(0)L_{R_e}}{\pi Gc_p}\sin\frac{\pi z}{L_{R_e}} \tag{4-53}$$

根据式（4-52）可以得到冷却剂沿流通流动方向上的温度分布，如图 4-17 所示。由图上可以看出，在临近冷却剂通道的进、出口段、冷却剂温度上升得比较慢，中间段上升的较快，而在出口处冷却剂的温度达到了最大值。

（二）包壳外表面温度 $t_{cs}(z)$ 的计算

在求得冷却剂沿流动方向温度分布 $t_f(z)$ 后，可以根据对流换热方程（4-29）求得包壳外表面的温度 $t_{cs}(z)$，可以表示为

$$t_{cs}(z) - t_f(z) = \frac{q_1(z)}{\pi d_{cs} h(z)} \tag{4-54}$$

因释热率按余弦分布，所以有

$$t_{cs}(z) = t_f(z) + \frac{q_1(0)}{\pi d_{cs} h(z)} \cos \frac{\pi z}{L_{R_e}} \tag{4-55}$$

假定表面传热系数沿冷却剂通道高度方向变化不大，可以作为常数处理，并采用冷却剂进出口的算术平均温度作为计算 h 的定性温度，则 $z = 0$ 时，有

$$t_{cs}(0) - t_f(0) = \Delta\theta_f(0) = \frac{q_1(0)}{\pi d_{cs} h} \tag{4-56}$$

由式（4-55）和式（4-56）可得

$$t_{cs}(z) = t_f(z) + \Delta\theta_f(0) \cos \frac{\pi z}{L_{R_e}} \tag{4-57}$$

将 $t_f(z)$ 的表达式代入式（4-54）可得

$$t_{cs}(z) = t_{f,in} + \frac{\Delta t_f}{2} + \frac{q_1(0) L_{R_e}}{W c_p \pi} \left(\sin \frac{\pi z}{L_{R_e}} \right) + \Delta\theta_f(0) \cos \left(\frac{\pi z}{L_{R_e}} \right) \tag{4-58}$$

由上式可知，$t_{cs}(z)$ 沿高度方向是变化的，显然将出现一个最大值。包壳外表的温度不允许超过包壳材料的熔点，此外，包壳外表面的最高温还受到材料强度和腐蚀等因素的限制。因此必须求得材料外表面的最高温度。

为了求得最高温度，将式（4-58）对 z 求导数并令其等于 0，就可求得达到最大值时的 $z_{cs,max}$，然后，代入式（4-58）就可求得包壳外表的最高温度 $t_{cs,max}$，结果为

$$z_{cs,max} = \frac{L_{R_e}}{\pi} \arctan \left[\frac{q_1(0)}{W \cdot c_p} \frac{L_{R_e}}{\pi} \frac{1}{\Delta\theta_f(0)} \right] \tag{4-59}$$

$$t_{cs,max} = t_{f,in} + \frac{\Delta t_f}{2} + \Delta\theta_f(0) \sqrt{1 + \left[\frac{\Delta t_f}{2} \frac{1}{\Delta\theta_f(0)} \right]^2 \csc^2 \left(\frac{\pi L_R}{2 L_{R_e}} \right)} \tag{4-60}$$

对于大型压水堆，外推尺寸相对于堆芯的高度来说是很小的，所以取 $L_R = L_{R_e}$，又因为 $\csc^2 \left(\frac{\pi L_R}{2 L_{R_e}} \right) = 1$，则式（4-60）可以简化为

$$t_{cs,max} = t_{f,in} + \frac{\Delta t_f}{2} + \Delta\theta_f(0) \sqrt{1 + \left(\frac{\Delta t_f}{2} + \frac{1}{\Delta\theta_f(0)} \right)^2} \tag{4-61}$$

可以根据式（4-58）得到包壳外表面温度 $t_{cs}(z)$ 随 z 的变化曲线，将其示于图 4-17，由图可得，$t_{cs}(z)$ 的最大值出现在冷却剂通道的中点和出口之间。这是因为两个方面因素的限制，一是与冷却剂的温度有关，它沿轴向的变化与释热量分布有关，越接近通道出口，升高越慢；二是和膜温压有关，它与线功率 $q_1(z)$ 成正比，也是沿冷却剂通道中间大，上下两段小。这两个因素的综合使用，就使包壳外表面的最高温度发生在冷却剂通道的中点和出口之间。得到 $t_{cs,max}$ 之后，还需要校核其是否在包壳温度所允许的范围内。

（三）包壳内表面的温度 $t_{ci}(z)$ 的计算

包壳一般很薄，如果忽略吸收 γ、β 以及极少量裂变碎片动能所产生的热量，则可以认为包壳内的传热过程为无内热源的导热过程。由式（4-27）可得

$$t_{ci}(z) - t_{cs}(z) = \frac{q_1(z)}{2\pi\kappa_c}\ln\frac{d_{cs}}{d_{ci}} \tag{4-62}$$

式中，d_{cs} 和 d_{ci} 分别为包壳的外、内直径，单位为 m；κ_c 为包壳的热导率，单位为 W/(m·℃)；$t_{ci}(z)$ 为包壳内表面的温度，单位为℃。

将式（4-49）代入式（4-62），得

$$t_{ci}(z) - t_{cs}(z) = \frac{q_0(z)}{2\pi\kappa_c}\ln\frac{d_{cs}}{d_{ci}}\cdot\cos\frac{\pi z}{L_{R_e}} = \Delta\theta_c(0)\cos\frac{\pi z}{L_{R_e}} \tag{4-63}$$

其中

$$\Delta\theta_c(0) = \frac{q_0(z)}{2\pi\kappa_c}\ln\frac{d_{cs}}{d_{ci}} \tag{4-64}$$

因此

$$t_{ci}(z) = t_{cs}(z) + \Delta\theta_c(0)\cos\frac{\pi z}{L_{R_e}} \tag{4-65}$$

包壳的热导率 κ_c 是包壳温度的函数，为了计算简化起见，通常按照包壳内外表面温度的算术平均值来取值，并在计算过程中，作为常数处理。但是在计算过程中，包壳内表面的温度是未知量，故只能采用迭代法求解。即先假设一个包壳表面内表面温度，先求出包壳的热导率，然后再利用式（4-65）计算包壳的内表面温度，直至求得内表面温度与假设的包壳内表面温度之差在允许的范围内为止。一般应满足下述条件，即

$$\left|\frac{t'_{ci}(z) - t_{ci}(z)}{t_{ci}(z)}\right| \leq 0.005 \tag{4-66}$$

式中，$t'_{ci}(z)$ 是求得的包壳内表面温度；$t_{ci}(z)$ 是假设的包壳表面温度。

（四）燃料芯块表面温度 $t_u(z)$ 的计算

动力堆的燃料元件在包壳内表面与燃料芯块之间往往充有一薄层气体（例如压水堆燃料元件一般在芯块与包壳之间充有氦气），该气隙虽然很薄，但是由于其传热能力极低，可以引起的温差却很大，一般可以达到几十度甚至几百度，从而使得燃料芯块的温度大幅度提高。所以棒状燃料元件的气隙热阻是非常大的，在进行设计计算过程中不能忽略。一般把燃料芯块表面与包壳内表面之间的间隙看作一个没有内热源的具有均匀厚度的薄层，芯块所产的热量通过这个气隙以传导方式传递到包壳的内表面。

这样，包壳内表面的温度可用下式进行计算

$$t_u(z) = t_{ci}(z) + \frac{q_1(z)}{2\pi\kappa_g}\ln\frac{d_{ci}}{d_u} = t_{ci}(z) + \Delta\theta_g(0)\cos\frac{\pi z}{L_{R_e}} \tag{4-67}$$

其中

$$\Delta\theta_g(0) = \frac{q_0(z)}{2\pi\kappa_c}\ln\frac{d_{ci}}{d_u} \tag{4-68}$$

式中，κ_g 是环形气隙中气体的热导率，计算时忽略了辐射传热。

在计算时，主要就是要确定 κ_g，主要困难为：这个薄气环中的气体不是一种气体组成的，而是几种气体的混合物，计算时可参见一些参考文献得到。

（五）温度燃料芯块中心温度 $t_0(z)$ 的计算

燃料芯块中心温度的计算是一个有内热源的导热问题，若忽略轴向导热，则有

$$t_0(z) = t_u(z) + \Delta\theta_u(0)\cos\frac{\pi z}{L_{R_e}} \tag{4-69}$$

这里

$$\Delta\theta_u(0) = \frac{q_1(0)}{4\pi\kappa_u} \tag{4-70}$$

将式（4-53）、式（4-58）、式（4-65）以及式（4-67）代入式（4-69），可得

$$t_0(z) = t_{f,in} + \frac{\Delta t_f}{2} + \frac{q_1(0)L_{R_e}}{Wc_p\pi}\sin\frac{\pi z}{L_{R_e}} + \cos\frac{\pi z}{L_{R_e}}\left[\sum\Delta\theta(0)\right] \tag{4-71}$$

其中

$$\sum\Delta\theta(0) = \Delta\theta_f(0) + \Delta\theta_c(0) + \Delta\theta_g(0) + \Delta\theta_u(0) \tag{4-72}$$

从式（4-71）中可以看出，燃料芯块中心温度 $t_0(z)$ 并不是轴向坐标 z 的单调函数，因此该温度必然在轴向某一个位置达到最高值，可以采用求取包壳外表面温度极值同样方法求得此最大值以及所处的位置。

当满足

$$z_{0,max} = \frac{L_{R_e}}{\pi}\arctan\left[\frac{q_1(0)}{Wc_p}\frac{L_{R_e}}{\pi}\frac{1}{\sum\Delta\theta(0)}\right] \tag{4-73}$$

$t_0(z)$ 达到最大值

$$t_{0,max} = t_{f,in} + \frac{\Delta t_f}{2} + \sum\Delta\theta(0)\sqrt{1 + \left(\frac{\Delta t_f}{2}\frac{1}{\Delta\theta(0)}\right)^2\csc^2\left(\frac{\pi L_R}{2L_{R_e}}\right)} \tag{4-74}$$

取 $L_R = L_{R_e}$，又因为 $\csc^2\left(\frac{\pi}{2}\right) = 1$，所以有

$$t_{0,max} = t_{f,in} + \frac{\Delta t_f}{2} + \sum\Delta\theta(0)\sqrt{1 + \left(\frac{\Delta t_f}{2}\frac{1}{\Delta\theta(0)}\right)^2\csc^2\left(\frac{\pi L_R}{2L_{R_e}}\right)} \tag{4-75}$$

$t_0(z)$ 的分布曲线如图 4-17 所示，从图上可以看出，$t_0(z)$ 的最大值所在的位置比 $t_{cs}(z)$ 的最大值所在的位置更接近于出口位置，即 $z_{0,max} < z_{cs,max}$。这是由于燃料芯块中心温度的数值受温差的影响更大，也就是由于 $\sum\Delta\theta(0) > \sum\Delta\theta_f(0)$ 的原因。

二、板状燃料元件的传热计算

图 4-18 所示为一双面冷却、且冷却条件相同的板状燃料元件的示意图。其中芯块的导热是属于具有内热源的导热问题，因此，可以采用式（4-18）来描述其温度分布，即

$$t(x) = t_u + \frac{q_v}{2\kappa_u}(\delta_u{}^2 - x^2) \qquad 0 \leqslant x \leqslant \delta_u$$

如何忽略包壳与燃料芯块之间的接触热阻，则包壳的

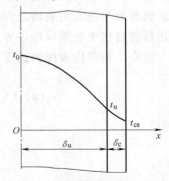

图 4-18　板状燃料元件示意图

温度可以由式（4-22）和式（4-23）求得

$$t_c(x) = t_u + \frac{q}{\kappa_c}(\delta_u - x) \qquad \delta_u \leqslant x \leqslant (\delta_u + \delta_c) \tag{4-76}$$

板状燃料元件的整个传热计算过程与棒状燃料元件类似，即采取从冷却剂侧逐步向内部计算的过程，最后可以求得燃料芯块的温度。

三、管状燃料元件的传热计算

图 4-19 所示为双面冷却管状燃料元件的结构示意图，这种结构的优点是增强了燃料芯块的散热能力，缺点是增加了燃料元件的制作加工工艺。为了使分析过程简化，不考虑包壳的导热，仅仅考虑燃料芯块的传热。由于是采用双面冷却，因而燃料芯块内外表面均与冷却剂接触，致使燃料芯块温度沿径向发生变化，且在半径某一个位置 r_0 处，温度达到最大值。则 r_0 将整个燃料部件分成两个部分，其中 r_1 至 r_0 部分为内环，r_0 至 r_2 部分为外环。对于此种情况，关键就是确定 r_0 的值。确定了 r_0 之后，其他部分的计算就与棒状燃料元件相类似了。计算 r_0 的关键步骤如下所示。

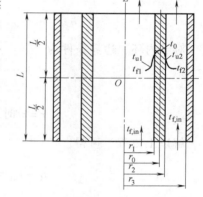

图 4-19 双面冷却管状燃料
元件示意图

（一）燃料线功率密度的计算

对于内环

$$q_{l1}(z) = q_v(z)\pi(r_0^2 - r_1^2) \tag{4-77}$$

对于外环

$$q_{l2}(z) = q_v(z)\pi(r_2^2 - r_1^2) \tag{4-78}$$

式中，$q_{l1}(z)$ 为内环在坐标 z 处的线功率密度，单位为 W/m；$q_{l2}(z)$ 为外环在坐标 z 处的线功率密度，单位为 W/m；$q_v(z)$ 为环状燃料元件的体积释热率，单位为 W/m³。

（二）计算冷却剂的温度

内环

$$t_{f1}(z) = t_{f,in} + \frac{1}{G_1 c_p}\int_{-\frac{L}{2}}^{z} q_{l1}(z)\,\mathrm{d}z \tag{4-79}$$

外环

$$t_{f2}(z) = t_{f,in} + \frac{1}{G_2 c_p}\int_{-\frac{L}{2}}^{z} q_{l2}(z)\,\mathrm{d}z \tag{4-80}$$

式中，$t_{f,in}$ 为冷却剂在通道入口处温度，单位为℃；G_1 为冷却剂在内环中的质量流量，单位为 kg/s；G_2 为冷却剂在外环中的质量流量，单位为 kg/s；$t_{f1}(z)$ 为位置 z 处内环中冷却剂的温度，单位为℃；$t_{f2}(z)$ 为位置 z 处外环中冷却剂的温度，单位为℃。

（三）求燃料芯块的温度

内表面

$$q_{l1}(z) = 2\pi r_1 h_1 [t_{u1}(z) - t_{f1}(z)] \tag{4-81}$$

从而

$$t_{u1}(z) = t_{f1}(z) + \frac{q_{l1}(z)}{2\pi r_1 h_1} \tag{4-82}$$

将式（4-76）代入式（4-82），得

$$t_{u1}(z) = t_{f1}(z) + \frac{q_v(z)\pi(r_0^2 - r_1^2)}{2\pi r_1 h_1} \tag{4-83}$$

同理，可得燃料芯块外表面温度

$$t_{u2}(z) = t_{f2}(z) + \frac{q_v(z)\pi(r_2^2 - r_0^2)}{2\pi r_2 h_2} \tag{4-84}$$

式中，h_1 和 h_2 分别是冷却剂内外表面的表面传热系数，单位为 $W/(m^2 \cdot ℃)$。

（四）t_0 与 t_u 的关系

具有内热源的导热微分方程表示为

$$\frac{1}{r}\frac{dt}{dr} + \frac{d^2t}{dr^2} + \frac{q_v}{\kappa} = 0 \tag{4-85}$$

对于内环，边界条件为

$$r = r_0 时 \qquad \frac{dt}{dr} = 0$$

$$r = r_1 时 \qquad \kappa_u\frac{dt}{dr} = h_1[t_u(z) - t_{f1}(z)]$$

解以上方程，可得

$$t_0 - t_{u1} = r_1^2\frac{q_v}{2\kappa_u}\left[\frac{r_0^2}{r_1^2}\ln\frac{r_0}{r_1} - \frac{1}{2}\left(\frac{r_0^2}{r_1^2} - 1\right)\right] \tag{4-86}$$

将式（4-83）代入式（4-86），可得

$$t_0(z) = t_{f1}(z) + \frac{q_v(z)r_1}{2h_1}\left(\frac{r_0^2}{r_1^2} - 1\right) + r_1^2\frac{q_v(z)}{2\kappa_u}\left[\frac{r_0^2}{r_1^2}\ln\frac{r_0}{r_1} - \frac{1}{2}\left(\frac{r_0^2}{r_1^2} - 1\right)\right] \tag{4-87}$$

同理

$$t_0(z) = t_{f2}(z) + \frac{q_v(z)r_2}{2h_2}\left(1 - \frac{r_0^2}{r_2^2}\right) + r_2^2\frac{q_v(z)}{2\kappa_u}\left[\frac{r_0^2}{r_2^2}\ln\frac{r_0}{r_2} - \frac{1}{2}\left(1 - \frac{r_0^2}{r_2^2}\right)\right] \tag{4-88}$$

联立式（4-87）和式（4-88）可求得

$$r_0 = \sqrt{\frac{t_{f2}(z) - t_{f1}(z) + \frac{q_v(z)r_1}{2h_1} + \frac{q_v(z)r_2}{2h_2} + \frac{q_v(z)(r_2^2 - r_1^2)}{4\kappa_u}}{\frac{q_v(z)}{2}\left[\frac{1}{h_1r_1} + \frac{1}{h_2r_2} + \frac{1}{\kappa_u}\ln\frac{r_2}{r_1}\right]}} \tag{4-89}$$

如果 $t_{f1}(z) = t_{f2}(z)$，则式（4-89）可以简化为

$$r_0 = \sqrt{\frac{\frac{r_1}{h_1} + \frac{r_2}{h_2} + \frac{(r_2^2 - r_1^2)}{2\kappa_u}}{\frac{1}{h_1r_1} + \frac{1}{h_2r_2} + \frac{1}{\kappa_u}\ln\frac{r_2}{r_1}}} \tag{4-90}$$

由式（4-90）可以看出，如果燃料芯块热导率 κ_u 为常数，且 r_1、r_2 已知，这时，只要知道冷却剂入口温度 t_{f1}、t_{f2} 以及 h_1、h_2 和 q_v 就可以确定 r_0。从式（4-90）可以看出，r_0 随 z 位置不同，而发生变化。如果 r_0 随 z 的变化比较小，则在进行计算时，r_0 可按定值处理。

管状燃料元件的传热计算必须与水力计算相结合同时进行，因为在进行传热计算时，需要确定冷却剂在内外侧的流量分配，同时还需要根据流量计算内外侧的表面传热系数 h_1 和 h_2。而流量计算则需要通过水力计算得到。

假设冷却剂为水，冷却剂流过内、外冷却剂通道时的总压降分别为 Δp_1 和 Δp_2，若仅考虑沿程摩擦压降和局部阻力，则有

$$\Delta p_1 = \left(\sum K_1 + f_1 \frac{L}{D_{e1}} \right) \frac{\rho_1 V_1^2}{2} \tag{4-91}$$

$$\Delta p_2 = \left(\sum K_2 + f_2 \frac{L}{D_{e2}} \right) \frac{\rho_2 V_2^2}{2} \tag{4-92}$$

式中，K_1 和 K_2 分别为内、外通道的局部阻力系数；f_1 和 f_2 分别为冷却剂内、外通道的沿程阻力系数；D_{e1} 和 D_{e2} 分别内、外通道的当量水力直径。

由于内、外通道为并联通道，根据并联管路的特点可知，$\Delta p_1 = \Delta p_2$。

由此可得

$$\left(\sum K_1 + f_1 \frac{L}{D_{e1}} \right) \frac{\rho_1 V_1^2}{2} = \left(\sum K_2 + f_2 \frac{L}{D_{e2}} \right) \frac{\rho_2 V_2^2}{2} \tag{4-93}$$

如果 $\rho_1 = \rho_2$，则由式（4-93）可得

$$V_1 = V_2 \sqrt{\frac{\sum K_2 + f_2 \dfrac{L}{D_{e2}}}{\sum K_1 + f_1 \dfrac{L}{D_{e1}}}} \tag{4-94}$$

再根据质量守恒关系，有

$$G = G_1 + G_2 = \rho_1 V_1 A_1 + \rho_2 V_2 A_2 \tag{4-95}$$

式中，A_1 和 A_2 为冷却剂内、外通道的流通面积。

在计算过程中，K_1、K_2 以及 f_1 和 f_2 可由流体力学的经验关系式获得。但是采用分析解法得到 V_1 和 V_2 是比较困难的，一般可以联立式（4-94）和式（4-95）采用迭代算法则解得 V_1 和 V_2。求得 V_1 和 V_2 之后，可以计算得到 h_1 和 h_2，进而可以计算 r_0，但是 r_0 与 $t_{f1}(z)$ 和 $t_{f2}(z)$ 有关，因而还需要采用迭代法以求解得到 r_0。

第四节　停堆后的功率

一、概述

反应堆停堆以后，由于中子在很短的一段时间内还会引起裂变反应，裂变产物的 β 和 γ 衰变，以及中子俘获产物的衰变还会持续很长时间，因而堆芯仍然具有一定的释热率。这种现象称为停堆后的释热，与此相对应的功率称为停堆后的剩余功率。其功率并不是立刻降为零，而是在开始时以很快的速度下降，在达到一定数值后，就以较慢的速度下降。尽管从百分数来讲，反应堆在停堆以后继续释放的功率只有原来的百分之几，但其绝对值却是不小的数字，如果这些热量不及时输出堆芯，就完全有可能把这个堆芯烧毁。反应堆停堆后的堆芯冷却对事故工况下的反应堆安全来说关系重大。许多反应堆事故都伴随着冷却剂流量的下降

或燃料元件表面放热工况的恶化,这些问题都会使堆芯的传热能力降低。如果事故停堆后传热能力下降的速度比反应堆功率下降的速度快,则一部分热能就会在燃料元件中积累起来,堆芯的温度就要升高,最后引起燃料元件的烧毁。例如,大亚湾核电厂反应堆电功率为900MW,额定热功率为2895MW。紧急停堆后的一段时间内反应堆的剩余功率见表4-4。

表 4-4　大亚湾核电厂 900MW 反应堆停堆后的功率变化

紧急停堆后 2min	约 120MW	紧急停堆后 2min	约 120MW
1h	约 40MW	1 月	约 4MW
1d	约 16MW	1 年	约 0.8MW

停堆后的功率由两部分组成:一部分是裂变产物的衰变功率,它是由裂变碎片和中子俘获产物衰变时放出的 β、γ 射线所产生的功率;一部分是剩余裂变产生的功率,包括裂变碎片的动能、裂变时的瞬发 β、γ 射线的能量。这两部分功率的衰减规律不同,要分别进行计算。

二、剩余裂变功率的衰减

裂变时瞬间放出的功率大小与堆芯的热中子密度成正比,可由中子动力学方程计算得到。对于以恒定功率运行了很长时间的压水堆,如果引入的负反应性绝对值大于 4%,则在剩余裂变功率其重要作用的期间内,可用下式估算

$$\frac{N(\tau)}{N(0)} = 0.15\exp(-0.01\tau) \tag{4-96}$$

对于重水堆,有

$$\frac{N(\tau)}{N(0)} = 0.15\exp(-0.06\tau) \tag{4-97}$$

三、裂变产物衰变功率的衰减

对于稳定运行了很长时间的压水堆,停堆后裂变产物的衰变功率(由许多人的试验结果总结而出)为

$$\frac{N_{s1}(\tau)}{N(0)} = \frac{A\tau^{-\alpha}}{200} \tag{4-98}$$

式中,$A = 53.18$,$\alpha = 0.3350$。

第五章 核反应堆稳态工况的水力计算

第一节 稳态工况下水力计算的目的和任务

一、稳态工况下水力计算的目的

反应堆内释出的热量，由一回路内循环流动的冷却剂带出堆外。显然，堆芯的输热能力及作用在堆内构件上的作用力均与冷却剂的流动特性密切相关。因此，在进行反应堆热工分析时，既要明白反应堆内的热源分布及其传热特性，也要搞清楚与堆内冷却剂流动有关的流体力学方面的问题。只有对此两方面都有了足够的认识，才能使所设计的反应堆在保证安全的同时，兼有良好的经济性。因此，稳态工况下水力计算的目的就是了解反应堆堆芯及其回路系统中冷却剂在稳态工况下的流动规律。它也是反应堆热工设计的重要组成部分。

二、稳态工况下水力计算的任务

稳态工况下水力计算的任务包括以下几部分：

（一）分析并计算冷却剂的流动压降

在分析并计算冷却剂的流动压降时，主要解决以下问题：

1）堆芯冷却剂的流量分布。冷却剂的流量分布是计算堆芯冷却剂压力、焓升、燃料元件温度场以及临界热流密度时必不可少的参量，其直接影响到反应堆的输热能力。因此，在反应堆热工设计中，总是尽量设法使堆芯冷却剂的流量分配与热量分布相匹配，以最大限度地输出堆内释出的热量，同时获得较高的堆芯出口冷却剂平均温度，提高反应堆的热效率。

2）合理的堆芯冷却剂流量以及合理的一回路管道、部件的尺寸和冷却剂循环泵所需要的功率。在大多数动力堆系统中，冷却剂是靠泵或风机提供动力源进行强迫循环的。为克服冷却剂流经反应堆堆芯、进出口腔室、蒸汽发生器及连接管道等一回路各部件的压力损失，必须给循环的冷却剂提供相对应的驱动压力，为此就需要消耗唧送功率。而唧送功率的大小与一回路冷却剂的体积流量和管道内总压力损失的乘积成正比。为降低冷却剂的唧送功率，提高反应堆的经济性，必须相应降低一回路的流量和增大一回路管道和部件的尺寸。但这些措施又与堆芯强化传热、降低一回路部件的制造成本相矛盾。因此，合理确定堆芯冷却剂的流量和一回路管道尺寸，往往需要综合考虑反应堆的经济性和堆芯的传热特性。

（二）确定自然循环输热能力

对于采用自然循环冷却的反应堆（如沸水堆），或利用自然循环输出停堆后衰变热的反应堆，需要通过水力分析确定一定反应堆功率下的自然循环水流量，结合传热计算，最终定出反应堆的自然循环输热能力。

（三）分析系统的流动稳定性

对于存在汽水两相流动的装置，如压水堆局部通道（热管）、沸水堆、蒸汽发生器等，需要系统内的流动稳定性。在可能发生流量漂移或流量振荡的情况下，还应在分析系统流动不稳定性性质的基础上，寻求改善或抑制流动不稳定性的方法。

第二节　单相冷却剂的流动压降计算

系统中只有单一物相（液相或气相）的流动称为单相流动。液体冷却剂（如水、液态金属等）或气体冷却剂（如二氧化碳、氦气等）都属于单相流体。本节主要分析稳定状态下冷却剂单相流动时的流动压降。

一、沿等截面直通道的流动压降

（一）单相流体一维流动的动量方程

如图 5-1 所示，流体沿等截面直通道流动时，其一维动量守恒方程可表示为

$$-\frac{\partial p}{\partial z} = \frac{F_w U}{A} + \rho g \sin\varphi + \frac{\partial G}{\partial t} + \frac{\partial}{\partial z}\left(\frac{G^2}{\rho}\right) \tag{5-1}$$

式中，p 为流体压力，单位为 Pa；z 为沿通道轴向坐标，单位为 m；F_w 为壁面单位面积上的摩擦力，单位为 N/m^2；U 为湿周，单位为 m；A 为通道横截面积，单位为 m^2；ρ 为流体密度，单位为 kg/m^3；g 为重力加速度，单位为 m/s^2；φ 为流道轴线与水平方向的夹角，单位为 rad；G 为质量流密度，单位为 $kg/(m^2 \cdot s)$。

稳态流动下，瞬态项为零，上述方程简化为

$$-\frac{dp}{dz} = \frac{F_w U}{A} + \rho g \sin\varphi + \frac{\partial}{\partial z}\left(\frac{G^2}{\rho}\right) \tag{5-2}$$

此时，设

$$-\frac{dp}{dz} = -\left(\frac{dp}{dz}\right)_f - \left(\frac{dp}{dz}\right)_{el} - \left(\frac{dp}{dz}\right)_a \tag{5-3}$$

其中，

$-\left(\dfrac{dp}{dz}\right)_f$ 为摩擦压降梯度，有

$$-\left(\frac{dp}{dz}\right)_f = \frac{F_w U}{A} \tag{5-4}$$

$-\left(\dfrac{dp}{dz}\right)_{el}$ 为提升压降梯度，有

$$-\left(\frac{dp}{dz}\right)_{el} = \rho g \sin\varphi \tag{5-5}$$

$-\left(\dfrac{dp}{dz}\right)_a$ 为加速压降梯度，有

$$-\left(\frac{dp}{dz}\right)_a = \frac{\partial}{\partial z}\left(\frac{G^2}{\rho}\right) \tag{5-6}$$

由此，图 5-1 所示任意给定的两个流通截面 1 和截面 2 之间的压降可表示为

$$\Delta p = p_1 - p_2 = \Delta p_f + \Delta p_{el} + \Delta p_a \tag{5-7}$$

式中，p_1、p_2 分别表示给定截面上的静压力；Δp_f 称为摩擦压降，表示流体流动时由于黏性

流体与通道壁面之间发生摩擦而引起的压力损失；Δp_{el} 称为提升压降，表示流体位能变化时引起的压力变化；Δp_a 称为加速压降，表示流体速度改变时引起的压力变化。

（二）单相流动的压降计算

1. 提升压降

提升压降 Δp_{el} 是流体自截面 1 至截面 2 时由流体位能改变而引起的压力变化，只有在所给定的两个截面的位置之间有一定的竖直高度差时才会显示出来，水平通道内没有提升压降。对于单相流体，对式（5-5）进行积分，有

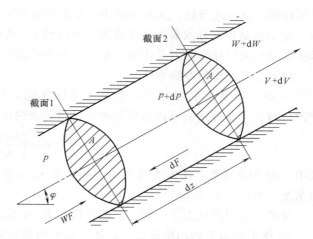

图 5-1 等截面体积元通道的单相流简化模型

$$\Delta p_{el} = \int_{z_1}^{z_2} \rho g \sin\varphi\, dz \tag{5-8}$$

一般情况下，压力变化时液体冷却剂的密度变化比较小，若温度变化也不大，则上式的 ρ 可用冷却剂沿通道全长的算术平均值 $\overline{\rho}$ 来近似表示，上式积分后即得

$$\Delta p_{el} = \overline{\rho} g (z_2 - z_1) \tag{5-9}$$

式中，z_1、z_2 分别为对应截面的轴向坐标。

若冷却剂是气体，可看作理想气体，则满足理想气体状态方程 $p = \rho RT$，式中 p、T 均取截面 1 和 2 处的对应算术平均值。因为 p_2 为待求量，故计算过程中需要迭代求解。一般状态下气体的密度很小，所产生的提升压降与总压降相比不大，往往可以忽略不计。

2. 摩擦压降

对式（5-4）进行积分，有

$$\Delta p_f = \frac{F_w U}{A} \Delta z \tag{5-10}$$

一般地，壁面摩擦力与速度 u 有密切关系。这里，定义

$$F_w = f' \frac{\rho u^2}{2} \tag{5-11}$$

对于直径为 d 的等截面圆管，湿周 $U = \pi d$，流通截面积 $A = \pi d^2 / 4$，分别代入式（5-10），则有

$$\Delta p_f = \frac{F_w U}{A} \Delta z = f' \frac{\rho u^2}{2} \cdot \pi d \bigg/ \left(\frac{\pi d^2}{4} \Delta z \right) = 4f' \frac{\Delta z}{d} \frac{\rho u^2}{2} \tag{5-12}$$

若令 $f = 4f'$，并设流通通道长度 $l = \Delta z$，则有

$$\Delta p_f = f \frac{l}{d} \frac{\rho u^2}{2} \tag{5-13}$$

式（5-13）即为常用的达西公式。这里，f 称为达西摩擦系数（也称沿程损失系数），而 f' 称为范宁摩擦系数。需要指出的是，达西公式适用于任何截面形状的光滑或粗糙管内充分发展的层流和湍流流动，其在工程上的重要意义就是把沿程摩擦压降的计算问题转化为确

定沿程摩擦系数的问题。实际流动中，摩擦系数与流体的流动性质（层流或湍流）、流动状态（定型流动即充分发展的流动或未定型流动）、受热状况（等温或非等温）、通道的几何形状以及表面粗糙度等因素均有关系。下面来讨论不同情况下摩擦系数的计算方法。

（1）等温流动的摩擦系数

1）圆形通道下的定型层流流动。流体在圆形通道内作定型层流流动（适用于 $Re <$ 2320）时，其摩擦系数可由速度分布通过解析法精确导出，其结果可以表示为

$$f = \frac{64}{Re} = 64 \Big/ \left(\frac{D\overline{u}\rho}{\mu} \right) \tag{5-14}$$

式中，Re 为雷诺数，D 为通道直径，单位为 m，$\overline{u}$ 为平均速度，单位为 m/s，μ 为流体的动力黏度，单位为 Pa·s。

显然，在层流状态下，摩擦系数仅仅与 Re 有关，与管壁表面粗糙度无关。

2）圆形通道下的湍流流动。流体在圆形通道内做定型湍流流动时，其速度分布较为复杂，不容易用解析法求得其摩擦系数，因此常借助于实验研究所归纳出的经验或半经验关系式进行计算，比较常用的有尼古拉兹（Nikruradse）实验曲线、相关的摩擦系数公式及对工业管道比较实用的莫迪（Moody）曲线图。

① 水力光滑与水力粗糙。在流体流动过程中，壁面湍流由于切应力和壁面表面粗糙度的存在所导致的速度尺度不同以及脉动的出现可以将壁面处的流动状况分为黏性底层和湍流核心。在湍流流体中，最靠近固体边界的地方，因流速梯度 du/dy 很大而液体质点受固体边界抑制又不能产生横向运动，这一很薄（约有几分之一毫米）的区域称为黏性底层，液流形态属于层流。若不计过渡区，其外便是发展得较为完全的湍流，称为湍流核心。

黏性底层的存在对湍流流动的能量损失有着重要影响，直径为 d 的管道黏性底层厚度 δ 可用半经验公式计算

$$\delta = \frac{30d}{Re\sqrt{f}} \tag{5-15}$$

任何管道，其管壁表面总是粗糙不平的，粗糙表面的"平均"凸出高度称为绝对表面粗糙度 Δ，其与管径 d 的比值 Δ/d 称为相对表面粗糙度。当 $\delta > \Delta$ 若干倍，Δ 完全淹没在黏性底层中，湍流流核在平直的黏性底层的表面上滑动，这时边壁对湍流的阻力主要是黏性底层的黏滞阻力，表面粗糙度对湍流不起任何作用。称此时的管道为水力光滑管（图 5-2a）。当 $\delta < \Delta$ 若干倍时，Δ 完全暴露在黏性底层之外，流体流动的冲击会在此形成漩涡。边壁对水流的阻力主要是由这些漩涡造成的，而黏性底层的黏滞力可以忽略不计，这样的管称为水力粗糙管（图 5-2b）。介于二者之间的区域称为湍流过渡区，此时黏性底层尚不足以完全掩盖住边壁表面粗糙度的影响，但表面粗糙度还没有起决定性作用。

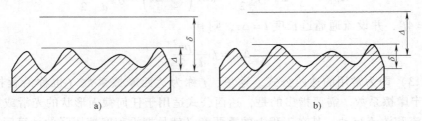

图 5-2　水力光滑与水力粗糙

上述三区的判别标准为

$$\begin{cases} \Delta < 0.4\delta \\ 0.4\delta < \Delta < 6\delta \\ \Delta > 6\delta \end{cases}$$

② 尼古拉兹实验及沿程摩擦系数计算公式。如图 5-3 所示，根据式（5-13），分别给定并测出相应的参数，即可绘出此关系曲线，可以分为五个不同的区域。

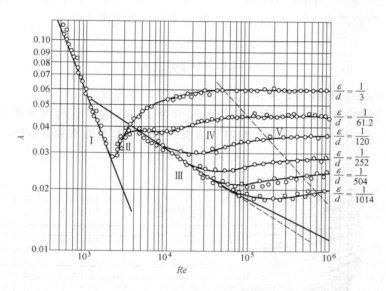

图 5-3　尼古拉兹实验曲线

a. 层流区：$Re < 2320$ 时，沿程摩擦系数的实验公式与解析解式（5-14）完全相同。

b. 层湍流过渡区：$2320 < Re < 4000$。此区为层流向湍流的转变区域，f 随 Re 的增大而增大，与相对表面粗糙度无关。该区不稳定，无实际意义，应用时可按水力光滑近似处理。

c. 湍流水力光滑区：$4000 < Re < 26.98 (d/\Delta)^{8/7}$。在此区域，各类相对表面粗糙度的实验都落在同一直线上，说明摩擦系数与相对表面粗糙度无关，仅与雷诺数有关。显然，此时对应的管道为水力光滑管。

沿程摩擦系数的计算公式有：

$4000 < Re < 10^5$ 时，有布拉休斯（Blasius）公式

$$f = \frac{0.3164}{Re^{0.25}} \tag{5-16}$$

$10^5 < Re < 3 \times 10^6$，可用尼古拉兹公式

$$f = 0.0032 + \frac{0.221}{Re^{0.237}} \tag{5-17}$$

易知，在湍流水力光滑区，摩擦压降与流速的 1.75 次方成正比。

d. 湍流水力过渡区：$26.98 (d/\Delta)^{8/7} < Re < 4160 (0.5d/\Delta)^{0.85}$。在此区域，管壁表面粗糙度对流动的影响越来越明显。对于工业管道，常用柯罗布鲁克（Colebrook）公式

$$\frac{1}{\sqrt{f}} = -2\lg\left(\frac{\Delta}{3.7d} + \frac{2.51}{Re\sqrt{f}}\right) \tag{5-18}$$

式（5-18）为隐式关系式，实际应用中不是很方便，可简化成下式

$$f = 0.11\left(\frac{\Delta}{d} + \frac{68}{Re}\right)^{0.25} \tag{5-19}$$

式（5-18）和式（5-19）实际上可适用于湍流三个阻力区的摩擦系数计算。

e. 湍流水力粗糙区：$4160\ (0.5d/\Delta)^{0.85} < Re$。在此区域（第 V 区），因表面粗糙度掩盖了黏性底层，摩擦系数只与相对表面粗糙度有关，可用下式计算

$$f = \frac{1}{\left(1.74 + 2\lg\dfrac{d}{2\Delta}\right)^2} \tag{5-20}$$

易知，在湍流水力粗糙区，摩擦压降与流速的平方成正比。

③ 工业管道用的莫迪图。应用上述的经验或半经验公式计算沿程摩擦系数较为复杂。为简化计算，以式（5-18）为基础，绘制了如图 5-4 所示的摩擦系数曲线图（莫迪图），可很方便的查取。

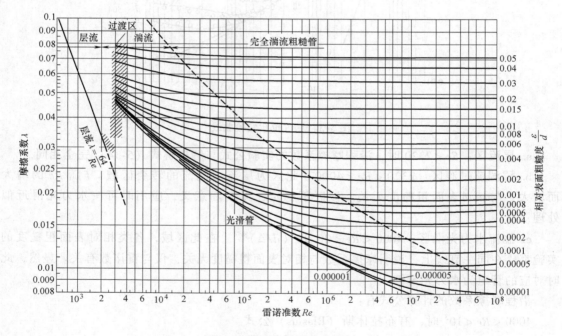

图 5-4　莫迪摩擦系数曲线图

反应堆常用的通道表面典型绝对表面粗糙度如下：

冷拉管，$\Delta = 0.0015\,\mathrm{mm}$；（动力堆燃料元件的包壳表面粗糙度类似于冷拉管）；工业用钢管，$\Delta = 0.046\,\mathrm{mm}$；镀锌铁管，$\Delta = 0.15\,\mathrm{mm}$；铸铁管，$\Delta = 0.26\,\mathrm{mm}$。

3）非圆形通道下的流动。非圆形通道中，对于层流，其摩擦系数表达式的形式和圆形通道类似

$$f = C/Re \tag{5-21}$$

非圆形通道的常数 C 和当量直径 D_e 的取值见表 5-1。

表 5-1　非圆形通道的当量直径 D_e 和常数 C 的数值

截面形状	D_e	C
正方形,每边长为 a	a	57
等边三角形,每边长为 a	$0.58a$	53
环形,宽为 a	$2a$	96
长方形,长为 a、宽为 b		
$(a/b)0.1$	$1.81a$	85
$(a/b)0.2$	$1.67a$	76
$(a/b)0.25$	$1.60a$	73
$(a/b)0.5$	$1.30a$	62

对于非圆形通道中的湍流流动，M. Sadatomi 等通过实验得出修正后的 Blasius 公式

$$f = C_t Re^{-0.25} \tag{5-22}$$

这里

$$\frac{C_t}{C_{to}} = 0.85 + \sqrt[3]{0.0154\frac{C_1}{64} - 0.012}$$

式中，C_t 是非圆管湍流时的系数；C_{to} 是圆管湍流系数，对于水力光滑管为 0.3164；C_1 是非圆管层流时的系数。

对于湍流，计算时通常采用水力直径代替圆管公式中的直径。但实验表明，D_e 不能完全消除流道截面形状的影响。对于光滑通道，当雷诺数范围在 $10^4 \sim 2 \times 10^5$ 内时，实测得到的三角形截面通道的 f 值要比莫迪曲线图给出的值约低 3%，而实测得到的正方形截面通道的 f 值比莫迪曲线图给出的值约低 10%。对于板状燃料组件等狭窄的光滑矩形通道，其 f 值与圆形通道的 f 值相同，但对于粗糙的矩形通道，试验得出的 f 值比相同的相对表面粗糙度情况下由莫迪曲线图给出的 f 值约低 20%。对于压水堆而言，沿棒状燃料元件的纵向流动，属于平行流过光滑棒束的流动，此时 f 值不仅与雷诺数和栅格的排列形式有关，还与栅距比（棒间栅距 P 与棒径 d 之比）有关。

到目前为止，对棒状燃料元件的摩擦压降做了大量的实验研究，但由于实验都是在特定条件下进行的，受到棒的数目、直径、长度、P/d 以及运行工况的限制，所得到的经验公式往往带有较大的局限性，远不能包括反应堆工程领域内可能遇到的多种多样的情况。表 5-2 列出了几个在特定条件下计算棒束摩擦系数的经验公式。在缺乏可靠数据的情况下，通常可以采用计算圆形通道摩擦系数的公式来估算棒束的摩擦系数，但必须把圆形通道的直径 D 用棒束的等效直径 D_e 替代。

表 5-2　几个在特定条件下计算棒束摩擦系数的经验公式

作者/年份	$f = CRe^{-n} + M$			适用范围
	C	n	M	
Miller/1956	0.296	0.2	0	37 根棒束三角排列,$d = 15.8\mathrm{mm}$,$P/d = 1.46$
Le TOurneau/1957	$0.163 \sim 0.184$	0.2	0	正方形排列,$P/d = 1.12 \sim 1.20$;三角形排列,$P/d = 1.12$;$Re = 3 \times 10^3 \sim 10^5$
Wantland/1957	1.76	0.39	0	100 根棒束正方形排列,$d = 4.8\mathrm{mm}$,$P/d = 1.106$,$Pr = 3 \sim 6$,$Re = 10^3 \sim 10^4$
	90	1	0.0082	102 根棒束三角形排列,$d = 4.8\mathrm{mm}$,$P/d = 1.19$,$Pr = 3 \sim 6$,$Re = 2 \times 10^3 \sim 10^4$
Trupp 和 Azad/1975	$0.287[(2\sqrt{3}/\pi)(P/d)^2 - 1.30]$	$0.368(P/d)^{-1.358}$	0	三角形排列,$P/d = 1.2 \sim 1.5$,$Re = 10^4 \sim 10^5$

（2）非等温流动的摩擦系数　严格地说，前面介绍的摩擦系数公式及莫迪曲线图，只适用于等温流动，即流体在流动过程中，其截面上各点的流体温度都保持一致，且沿程不变。但在有热交换的情况（如反应堆堆芯或蒸汽发生器）下，流体被加热或冷却。此时，流体温度不仅沿横截面改变，而且沿通道长度方向也会发生变化，即为非等温流动。随着热量的传递，在紧贴壁面的边界层内出现了较大的温度梯度。流体受热时，近壁面处的温度比主流温度高，对于水黏度变小，对于蒸汽则黏度变大；当流体被冷却时，情况恰好相反。

考虑到边界层内流体黏度的变化对摩擦压降的影响，式（5-13）在用于非等温流动计算时，需进行适当修改。修改时除摩擦系数本身需要变动外，还须考虑到流体从通道进口到出口温度变化所引起的物性变化。此时，需要用主流的平均温度来计算流体的物性参数。主流平均温度表示为

$$\bar{t}_f = \frac{t_{f,\,in} + t_{f,\,ex}}{2} \tag{5-23}$$

式中，$\bar{t}_f$ 为流体主流平均温度；$t_{f,\,in}$、$t_{f,\,ex}$ 分别为流体主流进口与出口温度。

对于液体，非等温流动湍流摩擦系数通常采用西德尔-塔特（Sieder-Tate）建议的方程计算

$$f_{no} = f_{iso} \left(\frac{\mu_w}{\mu_f} \right)^n \tag{5-24}$$

式中，f_{no} 为非等温流动的摩擦系数；f_{iso} 为用主流平均温度计算的等温流动的摩擦系数；μ_w 为按壁面温度取值的流体的黏度，单位为 Pa·s；μ_f 为按主流温度取值的流体的黏度，单位为 Pa·s。

对于油类加热流动，麦克亚当斯推荐 $n = 0.14$。对于压力为 $10.34 \sim 13.79$ MPa 的水，罗森诺（Rohsenow）和克拉克（Clark）所做的实验表明，西德尔-塔特方程中的指数应为 0.6。对于液态金属，由于其热导率高，且黏度低，在加热或冷却时其边界层内的流体温度与主流温度相差很小。对于这种情况，在计算其摩擦系数时，可按等温工况考虑。对于气体的非等温流动，目前尚未有一个普遍实用的计算关系式。当管内做定型湍流流动时，f 的值可用 Taylor 关系式来计算

$$f = 0.0028 + \frac{0.25}{Re_s^{0.32}} \left(\frac{T_f}{T_w} \right)^{0.5} \tag{5-25}$$

式中，Re_s 为修正的壁面雷诺数。

在该雷诺数中，流体的密度根据主流区温度 T_f 取值，黏度根据壁面温度 T_w 取值。当 $Re_s > 3000$、$0.35 < (T_w/T_f) < 7.35$、$L/D = 21 \sim 200$ 时，上式的计算误差在 $\pm 10\%$ 范围内。

（3）通道进出口段对摩擦系数的影响　上面所给出的摩擦系数计算公式都是对定型流动（层流和湍流）而言的。实际情况下，进入通道内的流体是不能立刻就达到定型流动的，而是要在通道内流过足够的长度之后才能够达到。这段长度称为进口长度。在进口长度内，流体流动的性质和流体速度的分布都要发生很大的变化。进口段对流速分布的影响如图 5-5 所示，流体从很大的空间以流速 V 进入通道，这时在该通道进口截面上的流体速度将保持常数。但是进入通道以后由于摩擦力的作用，靠近壁面的流体的速度将逐渐减小，并在毗邻壁面的地方形成一个层流边界层。由于流体的流量是一定的，因而通道中心部分的湍流核心的流体速度将逐渐增加，及至流体达到自进口边缘算起的某个距离 L 之后，边界层的流动也

随之过渡到湍流工况，这时只在紧靠壁面处保持一个层流底层。其后主流继续发展，直到在距离 L_e 处流体的速度分布曲线转变为稳定时的形式为止。此后流体进入定型流动过程。

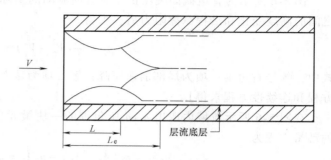

图 5-5　进口段对流速分布的影响

在进口长度内，流体的流动尚未定型，其摩擦阻力比定型流动的摩擦阻力要大一些。这是因为：①在进口处速度分布近乎是均匀的，因而在紧贴壁面的边界层内形成较大的速度梯度，由此导致大的壁面切应力；②速度自进口处的近乎均匀分布转变为稳定分布增加了流体的动量通量。因此不能用定型流动时的摩擦系数计算此处的摩擦压降。故在计算时须弄清楚此处的流动是否为定型流动。

试验表明，流体达到定型流动时的进口长度 L_e 为：湍流时，$L_e \approx 40D$；而层流时，$L_e \approx 0.0288DRe$，D 是通道的直径。

未定型流动时的摩擦压降，通常由实验给出结果。一般地，当通道长度与当量直径之比大于 100 时，可按定型流动计算通道全长的摩擦压降。

3. 加速压降

对式（5-6）进行积分，有

$$\Delta p_a = G^2 \left(\frac{1}{\rho_2} - \frac{1}{\rho_1} \right) = G^2 (v_2 - v_1) \tag{5-26}$$

式中，ρ_1 为入口密度；ρ_2 为出口密度；v_1 为入口的比体积；v_2 为出口比体积。

对于单相液体，在不沸腾时密度变化是很小的，可以忽略加速压降；在液体沸腾时，密度要发生很大的变化，不能忽略加速压降。对于闭合回路，加速压降沿整个回路的积分为零；对于由于面积改变而产生的加速压降，一般包含在局部压降中。

二、局部压降

现代压水堆一般以水作为工质，在一回路中一般不允许出现饱和沸腾，故在一回路中水多以液相的形式存在。当单相冷却剂流过有急剧变化的固体边界时，会出现集中的压力损失，这类压力损失称为局部压降。

在流体流通通道中，固体边界的变化有许多种，各类局部地段的流场情况也不尽相同。但流体在不同突变流道的流动拥有共同特征：①存在有主流和固体壁面脱离形成的漩涡区，漩涡区具有强烈的紊动性，集中耗能大，而且涡团不断被主流带向下游，加剧下游一定范围内主流的紊动强度，从而加大能量损失；②流速分布不断调整，并使某些断面上的流速梯度大大增加，从而增加了流层间的摩擦损失。概言之，流经突变流道时，流体中将产生涡流、液流变形、速度重新分布的加速或减速以及流体质点间剧烈碰撞的动量交换，由此而导致局部压降。典型的突变流道包括截面突然扩大管、截面突然缩小管、弯管和阀门、燃料组件定位件等，下面分别加以分析。

1. 管道截面突然扩大

图 5-6 所示为管道截面突然扩大时管内流动的实际状况。在忽略了截面 1-1 和截面 2-2 之间的高度变化和沿程摩擦阻力后，可得

$$p_1 - p_2 = \frac{\rho}{2}(V_2^2 - V_1^2) + \Delta p_{c,e} \tag{5-27}$$

式中，等号右边第一项为局部加速压降；第二项为截面突然扩大的形阻压降，该项可用动量方程和连续性方程求得。

在图 5-6 所示流域内取出 abcd 所包围的一块微元单元体，这块微元单元体沿流动方向的动量方程为

$$p_1 A_1 + p_1(A_2 - A_1) - p_2 A_2 = W(V_2 - V_1) \tag{5-28}$$

式中，$p_1(A_2 - A_1)$ 为环形面积 $(A_2 - A_1)$ 的通道壁对流体的反作用力，实验证明，环形面积上的流体压力接近 p_1；W 是质量流量，单位为 kg/s。

将连续性方程 $W = A_1 V_1 \rho = A_2 V_2 \rho$ 代入式（5-28）可以得到

$$p_1 - p_2 = \rho(V_2^2 - V_1 V_2) \tag{5-29}$$

联立式（5-27）和式（5-29）可以得到

$$\Delta p_{c,e} = \rho(V_2^2 - V_1 V_2) - \frac{\rho}{2}(V_2^2 - V_1^2) \tag{5-30}$$

进一步化简可得

$$\Delta p_{c,e} = \frac{\rho V_2^2}{2} - \rho V_1 V_2 + \frac{\rho V_1^2}{2} = \left[1 - 2\left(\frac{V_2}{V_1}\right) + \left(\frac{V_2}{V_1}\right)^2\right]\frac{\rho V_1^2}{2} = \left(1 - \frac{V_2}{V_1}\right)^2 \frac{\rho V_1^2}{2}$$

根据质量守恒，有 $A_1 V_1 = A_2 V_2$，故有

$$\Delta p_{c,e} = \left(1 - \frac{A_1}{A_2}\right)^2 \frac{\rho V_1^2}{2} = K_e \frac{\rho V_1^2}{2} \tag{5-31}$$

式中，$K_e = [1 - (A_1/A_2)]^2$ 称为突然扩大的形阻系数。

将 $\Delta p_{c,e}$ 代入整理后可得

$$p_1 - p_2 = \left[\left(\frac{A_1}{A_2}\right)^2 - \frac{A_1}{A_2}\right]\rho V_1^2 = \left(\frac{1}{A_2^2} - \frac{1}{A_1 A_2}\right)\frac{W^2}{\rho} \tag{5-32}$$

由于是截面突然扩大，故 $A_1 < A_2$，上式结果为负值，即 $p_1 < p_2$，也就是说流体在面积扩大的情况下将产生一个负的压降，即流体的静压力升高。

2. 管道截面突然缩小

图 5-7 所示为流体截面突然缩小的情况，可以发现图中所示的两个漩涡区。流体在小截面通道中达到一个最小断面积（0-0 处），然后再扩大到面积 A_2。流体在从截面 A_1 逐渐收缩成 A_0，然后再扩大为 A_2 的过程中，伴随着剧烈的流体质点转向、撞击和动量交换，由此产生形阻压降。

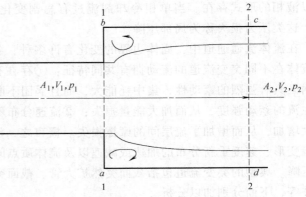

图 5-6 流体流通截面突然扩大

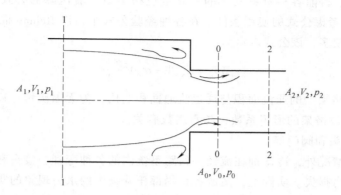

图 5-7　流体流通截面突然缩小

由动量方程可以得到流体在截面 1-1 和截面 2-2 之间的压力变化为

$$p_1 - p_2 = \frac{\rho}{2}(V_2^2 - V_1^2) + \Delta p_{c,c} \tag{5-33}$$

式中，$\Delta p_{c,c}$ 为突然缩小的形阻压降，类似于截面突然扩大的形阻压降。该压力损失项可以表示为

$$\Delta p_{c,c} = K_c \frac{\rho V_2^2}{2} \tag{5-34}$$

式中，K_c 称为突然缩小形阻系数。

一般 K_c 表示成为

$$K_c = a\left[1 - \left(\frac{A_2}{A_1}\right)^2\right] \tag{5-35}$$

式中，a 为无因次经验系数，其数值在 0.4 ~ 0.5 之间。

将式（5-35）代入式（5-33）可得

$$p_1 - p_2 = \frac{\rho}{2}(V_2^2 - V_1^2) + a\left[1 - \left(\frac{A_2}{A_1}\right)^2\right]\frac{\rho V_2^2}{2} \tag{5-36}$$

再应用连续性方程 $W = A_1 V_1 \rho = A_2 V_2 \rho$，代入式（5-36）化简后可得

$$p_1 - p_2 = \frac{(1+a)W^2}{2\rho}\left(\frac{1}{A_2^2} - \frac{1}{A_1^2}\right) \tag{5-37}$$

因为 $A_2 < A_1$，故上式右边为正值，由此可得出 $p_2 < p_1$，即在截面突然缩小时将导致流体静压力下降。

3. 定位格架

在棒状燃料元件的设计中，为了支撑燃料元件棒，确保燃料元件径向定位，以及加强元件棒的刚性，防止在反应堆运行过程中产生振动和弯曲，现代压水堆通常在相邻的燃料元件之间装有定位格架。定位格架由许多 Zr-4 合金的条带相互插配经钎焊而组成 17 × 17 的栅格，条带上带有弹簧片、支撑凸台和混流翼片。混流翼片从格架的边缘伸到冷却剂通道中，促进冷却剂交混。因此，冷却剂流经定位格架时，会由于流通截面的突然变化而造成压力损失。由于定位格架的结构较为特殊，现在多采用实验或经验公式的方法来确定流体流经定位

格架的压力损失。目前各种资料发表的计算定位格架单相流压降的公式较多，在选用计算 Δp 公式时要综合考虑公式的使用条件。在各种经验公式中，以 Rehme 推荐的经验公式应用范围广，也用得较多，该公式表示为

$$\Delta p_s = K_s (1 - \sigma_c)^2 \rho \frac{\overline{V}^2}{2} \qquad (5\text{-}38)$$

式中，σ_c 为定位格架处的通流面积与通道流通面积之比，为无因次量；$\overline{V}$ 为棒束中流体的平均流速；K_s 为定位格架的形阻系数，与雷诺数有关。

4. 弯管、接头和阀门等

除上述几种情况外，冷却剂在流经一回路系统内的各种弯管、接头和阀门等部件处时都会产生集中的压力损失。实际上，造成各种局部压降损失的水力现象的实质是一样的，可以用相同的计算公式来表示

$$\Delta p_{c,c} = K \rho \frac{V^2}{2} \qquad (5\text{-}39)$$

式中的形阻系数 K 由试验确定。

第三节　汽-水两相流动及其压降计算

一、概述

相是指具有相同成分和相同物理、化学性质的均匀物质部分，如液相、气相和固相等。两相流动则是指固体、液体、气体三个相中的任何两个相组合在一起、具有相间界面的流动，可以由气体-液体、液体-固体或固体-气体组合构成，是自然界和工业应用中一种常见的流体流动现象。例如，液体沸腾、蒸汽冷凝、血液流动及石油输送等，都是一些普通的两相或多相流动体系。

两相流动体系可以是一种物质的两个相状态，也可以是两种物质的两相状态。因此，可以分为单组分两相流动和双组分两相流动。单组分两相流动是由同一种化学成分的物质的两种相态混合在一起的流动体系。例如水及其蒸气构成的汽水两相流动体系。双组分两相流动是指化学成分不同的两种物质同处于一个系统内的流体流动。例如空气-水构成的气水两相流动体系。广义上，实际中还有一些双组分流动，是由彼此互不混合的两种液体构成，例如油-水两相流动。

两相流还可以分为绝热和非绝热两相流，即以流动过程中是否与外界有热量交换来区分。例如蒸汽发生器的上升管及沸水堆的冷却剂通道内的流动，均属于非绝热两相流。在采用液体作为冷却剂的反应堆内，当流动着的冷却剂有一部分发生相变时（液相变为气相），也会出现两相流。例如在压水堆内，正常运行工况下，通常允许燃料元件表面产生过冷沸腾甚至是局部低含汽量下的饱和沸腾；在事故工况下则有更多的冷却剂发生各种沸腾。在这些工况下，冷却剂的流动就由单相流转变成两相流了。

两相流的存在明显地改变了冷却剂的传热能力和流动特性。在冷却剂兼做慢化剂的轻水堆内，伴随着相变所产生的气泡，还会减弱慢化能力。因此，两相流的研究对水冷反应堆系统的设计及运行是非常重要的。只有熟悉和掌握两相流的变化规律和分析方法，才可以使所

设计的反应堆系统具有良好的热工和水力特性，从而避免因对两相流认识不足而带来的种种问题。

压水堆是目前动力堆的主要堆型，其用得最多的冷却剂是水。因此，本章主要讨论汽-水两相的加热流动。

二、沸腾段长度和流型

如图 5-8 所示，在垂直加热通道中，单相液体自下而上流动，形成汽-水混合物后，汽相和液相同时存在，可以形成各式各样的形态，即所谓的流动结构，这些流动结构通常就称之为流型。在两相流中，流型与系统的压力、流量、含汽量、壁面的热流密度以及通道几何形状和方位有着密切联系，流型的变更通常表征着动量传递和传热特性的改变，因而不同的流型通道内就会形成不同的流动工况，产生不同的流动压降，不同的传热方式和沸腾临界。

这里，定义从开始加热点到冷却剂液相温度达到饱和温度（对应于图 5-8 中的泡状流起始点）之间的距离为非沸腾段长度（含过冷沸腾），之后的沸腾段距离为沸腾段长度。根据在通道内传递给冷却剂的显热与冷却剂吸收的总热量之比算出此分界点。其计算式为

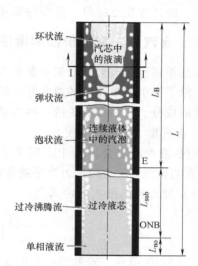

$$\frac{Q_s}{Q_t} = \frac{H_{fs} - H_{in}}{(H_{fs} + x_{e,ex}H_{fg}) - H_{in}} \tag{5-40}$$

式中，Q_s 为单位质量冷却剂储存的显热；Q_t 为单位质量冷却剂吸收的总热量；$x_{e,ex}$ 为通道出口处汽-液混合物的含汽量。

图 5-8　垂直加热通道内流型示意图

通道均匀受热时，沸腾段长度为

$$L_B = \left[1 - \frac{H_{fs} - H_{in}}{(H_{fs} + x_{e,ex}H_{fg}) - H_{in}}\right]L \tag{5-41}$$

虽然人们通过研究两相流已经积累了丰富的知识，但对流型的划分和命名，迄今没有形成统一的看法。目前，一般公认存在四种主要流型：泡状流、弹状流、环状流、滴状流。图 5-9 所示为四种典型的流型图。

1）泡状流：液相是连续相，气相以气泡的形式弥散在液相中，两相同时沿通道流动。这种流型一般发生在过冷沸腾区或饱和沸腾的低含气量区。

2）弹状流：大块儿的弹状气泡与含有弥散小气泡的块状液团在通道中心交替出现的流动，也称块状流或塞状流。这种流动实际上是泡状流向环状流的过渡阶段，属于一

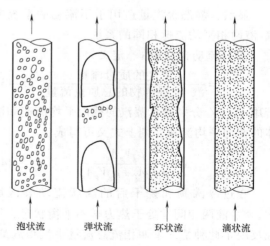

图 5-9　四种典型的流型图

种不稳定的过渡流型。它一般出现在饱和沸腾的中等含汽量区。

3）环状流：在这一阶段，液相在管壁上形成一个环形的连续流，而连续的气相则在通道的中心部分流动。同时，在液环中可能弥散着气泡，在汽相中也夹杂着液滴，其显著特点是在连续的液相和汽相之间存在一个较为明显的分界面。这种流型多出现在饱和沸腾的高含汽量区。如果汽相沿着壁面呈环形连续流，而液相在通道中心部分流动，则称这种流型为反环状流。它是环状流的一种特例，只出现在过冷的稳定膜态沸腾工况。

4）滴状流：在这种流型中，通道内的液体变成许多细小的液滴悬浮在蒸汽主流中随蒸汽流动。而且越接近出口，液滴的数量越少，液滴的尺寸也越小，直至形成单相蒸汽。

三、含汽量、空泡份额和滑速比

描述单相流体流动的最基本参数为速度、质量流量、密度和压力等。对汽-液两相流的描述，除了要引用单相流的参数外，还要利用一些两相流所特有的参数。本小节主要讨论与两相流的成分、比例等有关的一些参数。

1. 含汽量（或含汽率）

在汽-液两相混合流动中，定义了三种含汽量，分别称为静态含汽量 x_s、流动含汽量（或称真实含汽量） x 和热力学平衡含汽量 x_e。

（1）静态含汽量 x_s 定义为

$$x_s = \frac{汽\text{-}液混合物内蒸汽的质量}{汽\text{-}液混合物的总质量}$$

如图 5-10 所示，若考虑一个长度为 Δz 的体积元，则可根据上述定义写出

$$x_s = \frac{\Delta z \rho_g A_g}{\Delta z \rho_f A_f + \Delta z \rho_g A_g} = \frac{\rho_g A_g}{\rho_f A_f + \rho_g A_g} \tag{5-42}$$

式中， ρ_g、ρ_f、A_g 和 A_f 分别表示蒸汽的密度、液体的密度、蒸汽占据的截面积和液体占据的截面积。

显然，静态含汽量适用于不流动的系统或汽-液两相平均流速相同的系统。

（2）流动含汽量 x 定义为

$$x = \frac{蒸气的质量流量}{汽\text{-}液混合物的总质量流量} \tag{5-43}$$

若用 V_g、V_f 分别表示蒸汽的截面平均流速和液体的截面平均流速，则上式又可写成

$$x = \frac{\rho_g V_g A_g}{\rho_f V_f A_f + \rho_g V_g A_g} \tag{5-44}$$

在过冷沸腾和烧干后的滴状流动等区域

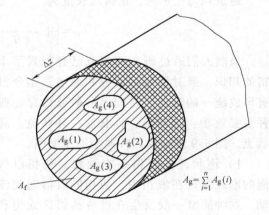

图 5-10　通道内的空泡分布

内，汽-液两相间常处于热力学不平衡状态，即两相间的温度是不相等的。流动含汽量如实地反映了此种情况下两相流总流量中汽相流量所占的真实份额，所以又称真实含汽量。

（3）平衡态含汽量 x_e 若汽-液两相处于热力学平衡状态，则 x_e 可由下式确定

$$x_e = \frac{h - h_{fs}}{h_{fg}}$$ (5-45)

式中，h 是汽-液两相混合物的比焓；h_{fs} 是饱和液体的比焓；h_{fg} 是汽化热。平衡态含汽量可以为负，也可以为正和大于 1。若 x_e 为负，则说明流体是过冷的；若 x_e 大于 1，则说明流体已为过热蒸汽。

2. 空泡份额

空泡份额 α 定义为两相混合物流内汽相的体积与汽-液混合物总体积的比值，即

$$\alpha = \frac{U_g}{U_f + U_g}$$ (5-46)

式中，U_g 为汽-液混合物内蒸汽的体积；U_f 为汽-液混合物内液体的体积。

对于长度为 Δz 的微元段（图 5-10），其数学表达式为

$$\alpha = \frac{\Delta z \iint_{A_g} dA}{\Delta z \iint_A dA} = \frac{A_g}{A_f + A_g}$$

因为 $A_f + A_g = A$，于是上式简化为

$$\alpha = \frac{A_g}{A}$$ (5-47)

式中，A_g 为时间平均空泡流通截面积；A 是通道的总流通截面积。

由此可见，α 在数值上恰好等于蒸汽所占据的通道截面积的份额。

3. 滑速比

在两相流中，汽相的平均速度和液体的平均速度之比称为滑速比 S。设汽相的平均速度是 V_g，液体的平均速度是 V_f，则有

$$S = \frac{V_g}{V_f}$$ (5-48)

若汽-液混合物的总质量流量为 W_t，则蒸汽的质量流量为 xW_t，而液体的质量流量为 $(1-x)W_t$，又由 $xW_t = A_g V_g \rho_g$，$(1-x)W_t = A_f V_f \rho_f$，所以 $V_g = xW_t / (A_g \rho_g)$，$V_f = (1-x)W_t/(A_f \rho_f)$。

由此可得

$$S = \frac{V_g}{V_f} = \frac{x}{1-x} \frac{A_f}{A_g} \frac{\rho_f}{\rho_g}$$ (5-49)

4. 含汽量、空泡份额和滑速比之间的关系

静止状态下，单位质量的汽-液混合物中，蒸汽的体积等于蒸汽量 x_s 乘上它的比体积 v_g，而汽-液混合物的体积是 $x_s v_g + (1 - x_s)v_f$，于是有

$$\alpha = \frac{x_s v_g}{x_s v_g + (1 - x_s)v_f}$$ (5-50)

或

$$\alpha = \frac{1}{1 + \left(\dfrac{1 - x_s}{x_s}\right)\dfrac{v_f}{v_g}}$$ (5-51)

式中，v_f是液体的比体积；v_g是蒸汽的比体积。

式（5-49）给出了x_s和α之间的关系。它表明，在系统压力不十分高的情况下，一个很小的x_s值就会导致一个可观的α值。但是在高压下，这个差别将缩小，在临界压力下，由于汽相和液相已不能区分，这时也就不存在α的问题了。

对于流动系统，因为$\alpha = \dfrac{A_g}{A_f + A_g}$，于是$\dfrac{A_f}{A_g} = \dfrac{1-\alpha}{\alpha}$，把$\dfrac{A_f}{A_g}$的值代入式（5-49），整理后得到包括滑移影响在内的α与x之间的关系式

$$\alpha = \cfrac{1}{1 + \dfrac{1-x}{x}\dfrac{v_f}{v_g}S} = \cfrac{1}{1 + \left(\dfrac{1-x}{x}\right)\varphi} \tag{5-52}$$

式中，$\varphi = \left(\dfrac{v_f}{v_g}\right)S$。

式（5-52）表明，在压力和含汽量保持不变的情况下，α值将随着S的增加而减小。

5. 含汽量及空泡份额的计算

图5-11所示为流体在水平通道内均匀加热时不同轴向位置处的温度、空泡份额及含汽量的分布。其中，具有一定过冷度的单相液体自左向右流动。一般情况下，可以将流场划分为四个区域：单相液体区、高过冷沸腾区、低过冷沸腾区、饱和沸腾区。$ABCDE$为真实的空泡份额分布曲线，$B'C'D'E'$为真实的含汽量分布曲线，$C''DE$和$B''C''D'E'$分别为热力学平衡状态下的空泡份额和含汽量的分布曲线。

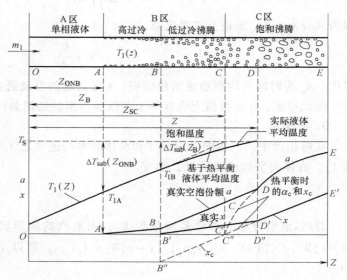

图5-11　沸腾通道内空泡份额和含汽量沿流动方向的分布

自过冷沸腾起始点A（ONB点）开始，至气泡跃离点B间的区域称为高过冷沸腾区。在此区域内，液体温度不断升高，但液体主流是高度过冷的。壁面上的气泡以起沫方式生成，逐渐增多、变大，但仍然黏附于壁面而不脱离，此时的空泡份额可称为壁面空泡份额。在许多实际分析中，该区内空泡份额和含汽率的影响一般可略去不计。

从点B至点D（真正饱和沸腾点）间的区域称为低过冷沸腾区。在这一区域，过冷沸腾充分发展，加热面上生成的气泡越来越多，气泡层越积越厚并开始脱离壁面进入主流区域。进入主流的气泡，有些在过冷液芯内会逐渐冷凝消失，也有一部分气泡还来不及完全冷凝就被带到下游饱和沸腾区，在主流中存在着明显可见的气泡流，表现出典型的两相流特性。所以低过冷沸腾区内的流体应是两相流。点D为非平衡态过冷真实空泡分布曲线与平衡态饱和沸腾空泡分布曲线的交点，该点也是过冷沸腾区的终点。过冷沸腾区的特征是在该

区内，通道任一截面处的汽-液两相处于热力学不平衡状态，液相的温度低于系统压力下的饱和温度。所加热量的一部分用于提高液体温度，一部分用于生成过冷气泡。

对于最后阶段——饱和沸腾区，若按平衡态模型，C 点对应的液体平均温度已达到对应压力下的饱和温度，故此区应该从 C 点开始。但图 5-11 是按非平衡态模型绘出的，即只有当流体到达 E 点时，液相的温度才真正达到饱和值；在 D 点以前，加热量中有一部分仍要用于生成过冷空泡，无法保证 C 点的液体温度达到饱和值；只有在 D 点以后，加热量的全部才用于生成气泡，而不需要增加液体的温度，这时汽-液两相均处于饱和（温度）状态，也就是液体发生了饱和沸腾。

综上所述，在过冷沸腾区内，确定气泡开始跃离壁面的轴向位置十分重要。因为从这一点开始不能再忽略气泡的影响，流体应作为两相流处理，之前的高过冷沸腾区则可近似归入单相液体阶段。

（1）低过冷沸腾区空泡份额及含汽量的计算　如上所述，须首先确定气泡开始跃离壁面的位置，这和其周围的热工水力状况有关。通常认为，气泡跃离壁面是当流体达到某一过冷焓时开始的。确定气泡跃离壁面起始点（或净蒸汽产生点）的方法也有多种。常用的是 Zuber 和 Saha 的方法，对应的关系式为：

当 $Pe = \dfrac{GD_e c_{p,f}}{\kappa_f} \leqslant 70000$ 时

$$h_{fs} - h_b = 0.0022 \frac{qD_e c_{p,f}}{\kappa_f} \tag{5-53}$$

当 $Pe > 70000$ 时

$$h_{fs} - h_b = 154 \frac{q}{G} \tag{5-54}$$

式中，Pe 为贝克莱数；G 为质量流密度，单位为 kg/(m²·s)；$c_{p,f}$ 为液体的比定压热容单位为 J/(kg·℃)；κ_f 为液体的热导率［W/(m·℃)］；q 为气泡跃离点的热流密度，单位为 W/m²；h_{fs} 为液体的比焓，单位为 J/kg；h_b 为气泡跃离点流体（即液体）的比焓，单位为 J/kg。

已知 h_b 后，根据流体沿加热通道得到的热量等于流体的焓升的热平衡方程，即可求得气泡跃离点 B 的轴向位置 z_b。

$$q \cdot P_h(z_b - z_{in}) = GA(h_b - h_{in}) \tag{5-55}$$

式中，P_h 为通道的加热周长；z_{in} 为进口距离；A 为通道的流通面积；h_{in} 为进口处的流体比焓。

若 $z_{in} = 0$，则式（5-55）变为

$$qP_h z_b = GA(h_b - h_{in}) \tag{5-56}$$

Zuber 和 Saha 提出的跃离点后真实含汽量的计算公式为

$$x(z) = \frac{x_e(z) - x_e(z_b) \exp\left\{\left[\dfrac{x_e(z)}{x_e(z_b)}\right] - 1\right\}}{1 - x_e(z_b) \exp\left\{\left[\dfrac{x_e(z)}{x_e(z_b)}\right] - 1\right\}} \tag{5-57}$$

式 (5-57) 的适用范围为 $0.1 \sim 13.8\text{MPa}$。

除此之外, 如下的 Levy 关系式也被广泛应用于反应堆堆芯的热工计算程序中 (如 Cobra 等)

$$x = x_e - x_{eb}\exp(x_e/x_{eb} - 1) \tag{5-58}$$

$$x_{eb} = -c_{p,f}\Delta t_b/H_{fg} \tag{5-59}$$

式中, Δt_b 为气泡跃离点处水的过冷度。

Δt_b 的表达式为
$$\Delta t_b = t_s - t_b = (t_w - t_b) - (t_w - t_s) \tag{5-60}$$

而 $t_w - t_b = q/h$。对于单相流, 其传热系数 h 可按 Dittus-Bolter 公式计算, 其中液体物性取饱和水温下的数值。壁面处气泡的过热度 $t_w - t_s$ 可用 Martinelli 提出的关系式

当 $0 \leqslant Y_b^+ < 5$ 时

$$t_w - t_s = N_g Pr Y_b^+ \tag{5-61}$$

当 $5 \leqslant Y_b^+ \leqslant 30$ 时

$$t_w - t_s = 5N_g\left\{Pr + \ln\left[1 + Pr\left(\frac{Y_b^+}{5} - 1\right)\right]\right\} \tag{5-62}$$

当 $Y_b^+ > 30$ 时

$$t_w - t_s = 5N_g\left\{Pr + \ln(1 + 5Pr) + 0.5\ln\frac{Y_b^+}{30}\right\} \tag{5-63}$$

式中, $N_g = \dfrac{q}{c_{p,f}\rho_f\left(\dfrac{\tau_w}{\rho_f}\right)^{0.5}}$。其中壁面切应力 $\tau_w = \dfrac{f}{8}\dfrac{1}{\rho_f}G^2$, Y_b^+ 是壁面到气泡端点的无因次距

离: $Y_b^+ = C_b(\sigma D_e \rho_f)^{0.5}\mu_f$。

上两式中, f 是沿程摩擦系数, 经验常数 C_b 可取 $0.01 \sim 0.015$。

关于空泡份额的计算, Thom 等在压力为 $5.17 \sim 6.89\text{MPa}$ 时, 推出了如下关系式

$$\alpha = \frac{\gamma x_m}{1 + x_m(\gamma - 1)} \tag{5-64}$$

式中, γ 是系统压力的函数, 当压力 p 为 5.17MPa 时, $\gamma = 16$; 而当压力 p 为 6.89MPa 时, $\gamma = 10$。x_m 的值由下列方程给出

$$x_m = \frac{h - h_b}{h_{gs} - h_b} \tag{5-65}$$

式中, h 为计算点处流体的比焓, 单位为 J/kg; h_{gs} 为饱和蒸汽的比焓, 单位为 J/kg。h_b 用下式计算

$$h_b = h_{fs}\left(1 - 0.232\frac{q}{G}\right) \tag{5-66}$$

式中, q 是热流密度, 单位为 W/m^2; G 是质量流密度, 单位为 $\text{kg/(m}^2 \cdot \text{h)}$; h_{fs} 是饱和液体比焓, 单位为 J/kg。

L. S. Tong 用修正的 γ 值把式 (5-58) 的使用范围外推到 13.79MPa, 所推荐的计算 γ 的关系式为

$$\gamma = \exp\left\{4.216\sqrt{\frac{[y - 8.353]^2}{8.353^2 - 1}}\right\} \tag{5-67}$$

式中，$y = \ln(p/22.1)$；p 是压力，单位为 MPa。

（2）饱和沸腾区空泡份额及含汽量的计算　除式（5-52）外，在滑速比不确定的情况下，对于泡状流，Bankoff 将两相流体视为某种密度是径向位置函数的单相流体，由此得出了如下计算式

$$\alpha = \frac{K}{1 + \dfrac{1 - x_e}{x_e} \dfrac{\rho_{gs}}{\rho_{fs}}} \tag{5-68}$$

式中，K 是量纲为 1 的量，$K = 0.71 + 1.45 \times 10^{-8} p$；$p$ 是压力，单位为 Pa；x_e 是平衡含汽量；ρ_{fs} 和 ρ_{gs} 分别是饱和液体和饱和蒸汽的密度，单位为 $\mathrm{kg/m^2}$。

对于环状流，可按 Martinelli-Nelson 提出的曲线图 5-12 获取相应的空泡份额。Thom 根据改进的数据对它进行了修正，并提出如下的关系式

$$\alpha = \frac{\gamma x_e}{1 + x_e(\gamma - 1)} \tag{5-69}$$

式中，x_e 表示平衡态含汽量；γ 是一经验常数。表 5-3 给出了 Thom 推荐的 γ 值。

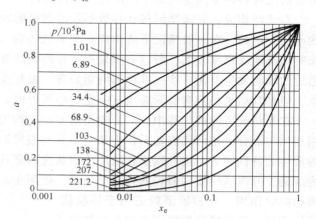

图 5-12　汽-水混合物的空泡份额

表 5-3　Thom 推荐的 γ 值

压力/MPa	0.10	1.72	4.14	8.62	14.5	20.7	22.1
γ	246	40.0	20.0	9.80	4.95	2.15	1.0

此外，Zuber 和 Findlay 由漂移流密度模型建立的空泡份额关系式为

$$\alpha = \frac{1}{C_0\left[1 - \dfrac{1 - x}{x} \dfrac{\rho_g}{\rho_f}\right] + \dfrac{V_{gj}\rho_{gs}}{x_e G}} \tag{5-70}$$

式中，V_{gj} 为漂移速度，单位为 m/s，G 为质量流密度，单位为 $\mathrm{kg/(m^2 \cdot s)}$；$C_0$ 为气泡浓集度参数。

气泡浓集参数 C_0 的表达式为

$$C_0 = \beta[1 + (\beta^{-1} - 1)^b] \tag{5-71}$$

式中，$\beta = \left(1 + \dfrac{1 - x_e}{x_e} \dfrac{\rho_{gs}}{\rho_{fs}}\right)^{-1}$；$b = \left(\dfrac{\rho_{gs}}{\rho_{fs}}\right)^{0.1}$。

漂移速度则按下式求解

$$V_{gj} = 2.9\left[\frac{(\rho_{fs} - \rho_{gs})\sigma g}{\rho_{fs}^2}\right]^{0.25} \tag{5-72}$$

式中，g 为重力加速度，单位为 $\mathrm{m/s^2}$；σ 为液体的表面张力，单位为 N/m。

式（5-70）可用于饱和沸腾泡状流及弹状流，也适用于过冷沸腾。在计算过冷沸腾区的真实空泡份额 α 时，式中的 x_e 应用式（5-57）算出的真实含汽量 x 替代。

四、两相流动压降计算

压水堆正常运行时堆的出口是不含汽的，但堆芯内最热通道却允许饱和沸腾，其含汽量可达8%。尤其在事故情况下，堆芯内冷却剂不仅可能含汽，而且可能变为过热蒸汽。因而需要研究在各种不同含汽量下的两相流压降问题。

对于两相流，其流动结构和参数不仅沿通道的轴向和横截面积都有变化，而且还是时间的函数。因而，在一般情况下将构成一个非稳态的二维或者三维的流动与换热问题。然而，求解该类问题难度较大，所以一般采用一种简便的处理方法：假设两相流体的基本参数仅沿通道的轴向发生变化，按一维稳态问题处理。虽然这种做法有一定的局限性并且有一定的误差，但是其结果仍然对实际应用有一定的参考价值。

在两相流压降的计算中，广为应用的模型有均匀流模型和分离流模型。均匀流模型假设两相均匀混合，把两相流动看作为某一个具有假想物性的单相流动，该假想物性与每一个相的流体的特性有关。这种模型较适用于泡状流和雾状流，特别是对流速大，压力高的情况更为准确。分离流模型则假设两相完全分开，把两相流动看作为各相分开的单独的流动，并考虑相间的作用。这种模型较适用于环状流。总的来说，两种模型都假定液相和汽相处于热力学平衡状态。当两相平均流速相等时，分离流模型和均匀流模型就不存在这种差别了。本章将分别利用这两种模型进行分析。

（一）沿等截面直通道的流动压降

1. 一维稳态两相流动量方程

首先以分离流为例，简化的一维两相流动量方程的建立是通过参考图 5-13 所示的通道微元体的两相流简化模型来进行的。

该分析是建立在一些假设基础上的，主要包括以下几点：

1）两相分开流动，并且两相均与通道壁面接触，两相间有一公共分界面。

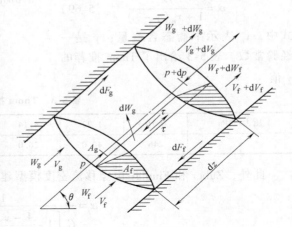

图 5-13　通道微元体的两相流简化模型

2）两相间存在质量交换。

3）流动是稳定的，在垂直于流动方向的任一截面上，两相均具有各自的平均流速和平均密度，各点的压力相同。

4）蒸汽和液体所占据的通道流通面积之和等于通道的总流通面积。

对汽相，取长度为 $\mathrm{d}z$ 的通道体积元，应用动量变化原理，即

$$pA_g - (p + \mathrm{d}p)A_g - \mathrm{d}F_g - \tau \cdot A_g \mathrm{d}z \rho_g g \sin\theta = (W_g + \mathrm{d}W_g)(V_g + \mathrm{d}V_g) - W_g V_g - V_f \mathrm{d}W_g$$

$$(5-73)$$

式中，等号左边的第一项 pA_g 是体积元在进口截面上，作用在汽相上的正压力；第二项 $-(p + \mathrm{d}p)A_g$ 是体积元在出口截面上，作用在汽相上的正压力；第三项 $-\mathrm{d}F_g$ 是汽相与通道

壁面接触的摩擦力；第四项 $-\tau$ 是在汽液分界面上，作用在汽相上的剪切力；第五项 $-A_g\mathrm{d}z\rho_g g\sin\theta$ 是体积元中汽相所受重力在流动方向上的分力；等号右边为汽相的动量变化率，其中 $-V_f\mathrm{d}W$ 是表示因液相蒸发而引起的汽相动量变化率的附加量；符号 p、A_g、ρ_g、W_g、V_g、g、θ 分别表示压力、汽相的流通截面积、汽相的密度、汽相的质量流量、汽相的流速、液相的流速、重力加速度以及通道轴线与水平面间夹角。

将式（5-73）化简得到式（5-74）

$$-A_g\mathrm{d}p - \mathrm{d}F_g - \tau - A_g\mathrm{d}z\rho_g g\sin\theta = W_g\mathrm{d}V_g + V_g\mathrm{d}W_g - V_f\mathrm{d}W_g \tag{5-74}$$

同样，对液相取长度为 $\mathrm{d}z$ 的通道体积元，应用动量变化原理，即

$$pA_f - (p + \mathrm{d}p)A_f - \mathrm{d}F_f + \tau - A_f\mathrm{d}z\rho_f g\sin\theta = (W_f + \mathrm{d}W_f)(V_f + \mathrm{d}V_f) - W_fV_f + V_f\mathrm{d}W_g \tag{5-75}$$

式中，W_f、A_f、ρ_f 分别表示液相的质量流量、液相的流通截面积、液相的密度。

将式（5-75）化简得到式（5-76）

$$-A_f\mathrm{d}p - \mathrm{d}F_f + \tau - A_f\mathrm{d}z\rho_f g\sin\theta = W_f\mathrm{d}V_f + V_f\mathrm{d}W_f + V_f\mathrm{d}W_g \tag{5-76}$$

考虑到连续性方程，由 $\mathrm{d}W_f = -\mathrm{d}W_g$，合并式（5-74）和式（5-76）得到式（5-77）

$$-A\mathrm{d}p - \mathrm{d}F_g - g\sin\theta\mathrm{d}z(A_f\rho_f + A_g\rho_g) = \mathrm{d}(W_fV_f + W_gV_g) \tag{5-77}$$

式中，A 为通道的总流通截面积

式（5-77）即为分离流模型的一维稳态两相流动量方程。

若作用在各项上的摩擦力用各相所占据的流通截面积表示，则有

$$(\mathrm{d}F_g + \tau) = -A_g\left(\frac{\mathrm{d}p}{\mathrm{d}z}\right)_{gf}\mathrm{d}z \tag{5-78}$$

$$(\mathrm{d}F_f - \tau) = -A_f\left(\frac{\mathrm{d}p}{\mathrm{d}z}\right)_{ff}\mathrm{d}z \tag{5-79}$$

$$(\mathrm{d}F_f + \mathrm{d}F_g) = -A\left(\frac{\mathrm{d}p}{\mathrm{d}z}\right)_f\mathrm{d}z \tag{5-80}$$

其中，$\left(\dfrac{\mathrm{d}p}{\mathrm{d}z}\right)_{gf}$、$\left(\dfrac{\mathrm{d}p}{\mathrm{d}z}\right)_{ff}$、$\left(\dfrac{\mathrm{d}p}{\mathrm{d}z}\right)_f$ 分别表示汽相摩擦压降梯度、液相摩擦压降梯度、总摩擦压降梯度。运用式（5-78）~式（5-80）以及以下关系式

$$W_g = xW_t$$

$$W_f = (1 - x)W_t$$

$$V_g = \frac{W_g v_g}{A_g} = \frac{xW_t v_g}{\alpha A} = \frac{xG v_g}{\alpha}$$

$$V_f = \frac{W_f v_f}{A_f} = \frac{(1 - x)W_t v_f}{A_f} = \frac{(1 - x)W_t v_f}{(1 - \alpha)A_f} = \frac{(1 - x)G v_f}{1 - \alpha}$$

将式（5-77）重新整理后，得式（5-81）

$$\frac{\mathrm{d}p}{\mathrm{d}z} = \left(\frac{\mathrm{d}p}{\mathrm{d}z}\right)_{\mathrm{f}} + \left(\frac{\mathrm{d}p}{\mathrm{d}z}\right)_{\mathrm{a}} + \left(\frac{\mathrm{d}p}{\mathrm{d}z}\right)_{\mathrm{el}} \tag{5-81}$$

其中，

$$\left(\frac{\mathrm{d}p}{\mathrm{d}z}\right)_{\mathrm{a}} = -\frac{1}{A}\frac{\mathrm{d}}{\mathrm{d}z}(W_{\mathrm{g}}V_{\mathrm{g}} + W_{\mathrm{f}}V_{\mathrm{f}}) = -G^2\frac{\mathrm{d}}{\mathrm{d}z}\left(\frac{x^2 v_{\mathrm{g}}}{\alpha} + \frac{(1-x)^2 v_{\mathrm{f}}}{1-\alpha}\right) \tag{5-82}$$

$$\left(\frac{\mathrm{d}p}{\mathrm{d}z}\right)_{\mathrm{el}} = -g\sin\theta\left(\frac{A_{\mathrm{g}}}{A}\rho_{\mathrm{g}} + \frac{A_{\mathrm{f}}}{A}\rho_{\mathrm{f}}\right) = -g\sin\theta[\alpha\rho_{\mathrm{g}} + (1-\alpha)\rho_{\mathrm{f}}] \tag{5-83}$$

式（5-81）中，等号左边表示通道内位置 z 处的总压降梯度，等号右边的各项依次表示摩擦压降梯度、加速压降梯度、提升压降梯度。

2. 均匀流模型两相压降表达式

同样，研究均匀流两相压降也需要有一定的前提：

1）汽相和液相的流速相等（$S=1$）。

2）两相间处于热力学平衡状态。

3）使用恰当的经验摩擦系数。

对于均匀流模型一维稳态流动动量方程，由式（5-77）简化得

$$-A\mathrm{d}p - \mathrm{d}\overline{F} - A\,\overline{\rho}g\sin\theta\mathrm{d}z = W\mathrm{d}\overline{V} \tag{5-84}$$

式中，$\overline{\rho}$ 和 $\overline{V}$ 分别表示流体的平均密度和平均流速；$\mathrm{d}\overline{F}$ 表示壁面摩擦阻力。

同式（5-77）一样，式（5-84）也可以写成与式（5-81）完全相同的形式。均匀流的流体密度定义为总质量流量除以总体积流量，于是得到

$$\overline{\rho} = \frac{1}{\overline{v}} = \frac{A_{\mathrm{g}}\rho_{\mathrm{g}} + A_{\mathrm{f}}\rho_{\mathrm{f}}V_{\mathrm{f}}}{A_{\mathrm{g}}V_{\mathrm{g}} + A_{\mathrm{f}}V_{\mathrm{f}}} \tag{5-85}$$

式中，$\overline{v}$ 表示流体的平均比体积。

根据均匀流两相压降的研究前提 1）、2）上式可变为

$$\overline{\rho} = \frac{1}{\overline{v}} = \frac{A_{\mathrm{g}}\rho_{\mathrm{gs}} + A_{\mathrm{f}}\rho_{\mathrm{fs}}}{A_{\mathrm{g}} + A_{\mathrm{f}}} = \alpha\rho_{\mathrm{gs}} + (1-\alpha)\rho_{\mathrm{fs}} \tag{5-86}$$

式中，ρ_{gs}、ρ_{fs} 分别表示饱和蒸汽密度和饱和液体密度。

而 $\mathrm{d}\overline{F}$ 可由作用在整个通道壁面上的切应力 $\overline{\tau}$ 表示

$$\mathrm{d}\overline{F} = \overline{\tau}U\mathrm{d}z = f_{\mathrm{tp}}'\frac{\overline{\rho}\,\overline{V}^2}{2}U\mathrm{d}z$$

式中，U 是周长。

可将摩擦系数 f_{tp}' 写成

$$\overline{\tau} = f_{\mathrm{tp}}'\frac{\overline{\rho}\,\overline{V}^2}{2}$$

联系式（5-80）便可得到

$$-\left(\frac{\mathrm{d}p}{\mathrm{d}z}\right)_{\mathrm{f}} = \frac{1}{A}\frac{\mathrm{d}\overline{F}}{\mathrm{d}z} = \frac{\overline{\tau}U}{A} = \frac{f_{\mathrm{tp}}'U}{A}\frac{\overline{\rho}\,\overline{V}^2}{2} \tag{5-87}$$

式（5-87）称为 Fanning 方程，其中 f_{tp}' 为 Fanning 摩擦系数。

对于圆形通道式（5-87）可变成

$$-\left(\frac{\mathrm{d}p}{\mathrm{d}z}\right)_{\mathrm{f}} = \frac{2f'_{\mathrm{tp}}G^2\overline{v}}{D} \tag{5-88}$$

式中，D 是通道的直径。

由式（5-82）得，对应于均匀流有

$$-\left(\frac{\mathrm{d}p}{\mathrm{d}z}\right)_{\alpha} = \frac{1}{A}\,\frac{\mathrm{d}}{\mathrm{d}z}(W_{\mathrm{g}}V_{\mathrm{g}} + W_{\mathrm{f}}V_{\mathrm{f}}) = \frac{1}{A}\,\frac{\mathrm{d}}{\mathrm{d}z}(W\overline{V}) = G\frac{\mathrm{d}\overline{V}}{\mathrm{d}z} = G^2\frac{\mathrm{d}\overline{v}}{\mathrm{d}z} \tag{5-89}$$

忽略液相的可压缩性，由式（5-86）并利用 x 和 α 之间的关系，可得式（5-90）

$$\frac{\mathrm{d}\overline{v}}{\mathrm{d}z} = v_{\mathrm{fg}}\frac{\mathrm{d}x_{\mathrm{e}}}{\mathrm{d}z} + x_{\mathrm{e}}\frac{\mathrm{d}v_{\mathrm{gs}}}{\mathrm{d}p}\frac{\mathrm{d}p}{\mathrm{d}z} \tag{5-90}$$

同样，由式（5-83）得

$$-\left(\frac{\mathrm{d}p}{\mathrm{d}z}\right)_{\mathrm{el}} = \overline{\rho}g\sin\theta = \frac{g\sin\theta}{\overline{v}} \tag{5-91}$$

将式（5-88）、式（5-89）、式（5-91）代入式（5-81），整理后即可得到由均匀流模型导得的通道内两相压降梯度表达式

$$-\frac{\mathrm{d}p}{\mathrm{d}z} = \frac{\left\{\dfrac{2f'_{\mathrm{tp}}G^2 v_{\mathrm{fs}}}{D}\left(1 + x_{\mathrm{e}}\dfrac{v_{\mathrm{fg}}}{v_{\mathrm{fs}}}\right) + G^2 v_{\mathrm{fs}}\dfrac{v_{\mathrm{fg}}}{v_{\mathrm{fs}}}\dfrac{\mathrm{d}x_{\mathrm{e}}}{\mathrm{d}z} + \dfrac{g\sin\theta}{v_{\mathrm{fs}}[1 + x_{\mathrm{e}}(v_{\mathrm{fg}}/v_{\mathrm{fs}})]}\right\}}{1 + G^2 x_{\mathrm{e}}\dfrac{\mathrm{d}v_{\mathrm{gs}}}{\mathrm{d}p}} \tag{5-92}$$

为了计算压降，必须将式（5-92）沿轴向积分。但对此式直接积分求解相当的困难，一般的处理方法是采用数值积分，按照计算要求分段逐步进行。但是我们要做一些假设，在某些情况下，式（5-92）也可以用解析法求解。假设主要包括以下几点：

1）$\left|G^2 x_{\mathrm{e}}\left(\dfrac{\mathrm{d}v_{\mathrm{gs}}}{\mathrm{d}p}\right)\right| \ll 1$，即忽略汽相的可压缩性。此假设通常是合理的。

2）$v_{\mathrm{fg}}/v_{\mathrm{fs}}$，$f'_{\mathrm{tp}}$ 在所计算的长度内保持常数。这在压降与系统压力相比是很小时是成立的。

3）在通道的进口 $x_{\mathrm{e,in}} = 0$，且在所计算的长度内 $\dfrac{\mathrm{d}x_{\mathrm{e}}}{\mathrm{d}z} = $ 常数。

根据以上假设由式（5-92）可以导出

$$\Delta p = \frac{2f'_{\mathrm{tp}}G^2 v_{\mathrm{fs}}L_{\mathrm{B}}}{D}\left(1 + \frac{x_{\mathrm{e,ex}}}{2}\frac{v_{\mathrm{fg}}}{v_{\mathrm{fs}}}\right) + G^2 v_{\mathrm{fs}}\frac{v_{\mathrm{fg}}}{v_{\mathrm{fs}}}x_{\mathrm{e,ex}} + \frac{g\sin\theta L_{\mathrm{B}}}{v_{\mathrm{fg}}x_{\mathrm{e,ex}}}\ln\left(1 + x_{\mathrm{e,ex}}\frac{v_{\mathrm{fg}}}{v_{\mathrm{fs}}}\right) \tag{5-93}$$

式中，L_{B} 是通道饱和沸腾段的长度；$x_{\mathrm{e,ex}}$ 是通道出口处的含汽量。

式（5-93）中，除两相摩擦系数 f'_{tp} 外，其余均为已知量。因此，如何计算 f'_{tp} 就成为用式（5-92）求解均匀流两相压降的关键。目前，最常用的一种方法为：首先定义一个合适的混合物的平均黏度 $\overline{\mu}$，然后再用标准的摩擦系数关系式进行求解。一般地，可在 x 和 $\overline{\mu}$ 之间在满足极限条件 $x=0$，$\overline{\mu} = u_{\mathrm{f}}$，$x=1$，$\overline{\mu} = u_{\mathrm{g}}$ 的前提下建立 $\overline{\mu}$ 的关系式。麦克亚当斯（McAdams）、西希蒂（Cicchitti）和杜可勒（Dukler）分别提出

$$\frac{1}{\overline{\mu}} = \frac{x}{\mu_{\mathrm{g}}} + \frac{1-x}{\mu_{\mathrm{f}}} \tag{5-94}$$

$$\overline{\mu} = x\mu_g + (1 - x)\mu_f \tag{5-95}$$

$$\overline{\mu} = \overline{\rho}[xv_g\mu_g + (1 - x)v_f\mu_f] \tag{5-96}$$

则由 Blausius 公式可得

$$f'_{tp} = 0.079\left(\frac{GD}{\overline{\mu}}\right)^{-0.25} \tag{5-97}$$

若用式（5-94）代入（5-88）求解，则可得

$$-\left(\frac{dp}{dz}\right)_f = \frac{2f'_0 G^2 v_{fs}}{D}\left(1 + x\frac{v_{fg}}{v_{fs}}\right)\left(1 + x\frac{v_{fg}}{v_{gs}}\right)^{-0.25} \tag{5-98}$$

由此可知

$$\phi_{f0}^2 = \left(1 + x\frac{v_{fg}}{v_{fs}}\right)\left(\frac{\overline{\mu}}{\mu_{gs}}\right)^{-0.25} \tag{5-99}$$

式中，ϕ_{f0}^2 为两相摩擦压降倍数，它和 $\overline{\mu}$ 以及全液相关系式的选择有关。

3. 分离流模型两相压降表达式

分离流模型假设：

1）汽相和液相的流速不相等。

2）两相间处于热力学平衡状态。

3）应用经验关系式或简化的概念建立两相摩擦压降倍数和空泡份额的具体表达式。

一维稳态分离流动量微分方程为

$$-\frac{dp}{dz} = -\left(\frac{dp}{dz}\right)_f + G^2\frac{d}{dz}\left[\frac{x_e^2 v_{gs}}{\alpha} + \frac{(1 - x_e)^2 v_{fs}}{1 - \alpha}\right] + g\sin\theta[\alpha\rho_{gs} + (1 - \alpha)\rho_{fs}] \tag{5-100}$$

若把流体全部看作为液体，两相摩擦压降梯度亦可用单相摩擦压降来表示，即

$$-\left(\frac{dp}{dz}\right)_f = -\left(\frac{dp}{dz}\right)_{f0}\phi_{f0}^2 = \frac{2f'_0 G^2 v_{fs}}{D}\phi_{f0}^2 \tag{5-101}$$

若忽略液相的可压缩性，则加速压降梯度项微分部分的展开式为

$$\frac{d}{dz}\left[\frac{x_e^2 v_{gs}}{\alpha} + \frac{(1 - x_e)^2 v_{fs}}{1 - \alpha}\right] = \frac{dx_e}{dz}\left\{\left[\frac{2x_e v_{gs}}{\alpha} - \frac{2(1 - x_e)v_{fs}}{1 - \alpha}\right] + \left(\frac{\partial\alpha}{\partial x_e}\right)_p\right.$$

$$\left.\left[\frac{(1 - x_e)^2 v_{fs}}{(1 - \alpha)^2} - \frac{x_e^2 v_{gs}}{\alpha^2}\right]\right\} + \frac{dp}{dz}\left\{\frac{x_e^2}{\alpha}\frac{dv_{gs}}{dp} + \left(\frac{\partial\alpha}{\partial p}\right)_{x_e}\left[\frac{(1 - x_e)^2 v_{fs}}{(1 - \alpha)^2} - \frac{x_e^2 v_{gs}}{\alpha^2}\right]\right\} \tag{5-102}$$

整理可得分离流模型两相压降梯度的表示式

$$-\frac{dp}{dz} = \left\{\frac{2f'_0 G^2 v_{fs}}{D}\phi_{f0}^2 + G^2\frac{dx_e}{dz}\left\{\left[\frac{2x_e v_{gs}}{\alpha} - \frac{2(1 - x_e)v_{fs}}{1 - \alpha}\right] + \frac{d\alpha}{dx_e}\left[\frac{(1 - x_e)^2 v_{fs}}{(1 - \alpha)^2} - \right.\right.\right.$$

$$\left.\left.\left.\frac{x_e^2 v_{gs}}{\alpha^2}\right]\right\} + g\sin\theta[\rho_{gs}\alpha + \rho_{fs}(1 - \alpha)]\right\} / \left\{1 + G^2\left\{\frac{x_e^2}{\alpha}\frac{dv_{gs}}{dp} + \frac{d\alpha}{dp}\left[\frac{(1 - x_e)^2 v_{fs}}{(1 - \alpha)^2} - \frac{x_e^2 v_{gs}}{\alpha^2}\right]\right\}\right\}$$

$$\tag{5-103}$$

式（5-103）只能用数值积分求解。考虑如下简化条件：

1）忽略汽相的可压缩性，即 $\left|G^2\left\{\frac{x_e^2}{\alpha}\frac{dv_{gs}}{dp} + \frac{d\alpha}{dp}\left[\frac{(1 - x_e)^2 v_{fs}}{(1 - \alpha)^2} - \frac{x_e^2 v_{gs}}{\alpha^2}\right]\right\}\right| \ll 1$。

2）v_{fg}、v_{fs}、f'_{tp} 在所计算的长度内保持为常数。

3）在通道的进口 $x_e = 0$，且在所计算的长度内 $dx_e/dz = $ 常数。

由此可得其解析解为

$$\Delta p = \frac{2f'_0 G^2 L_B v_{fs}}{D}\left(\frac{1}{x_{e,ex}}\int_0^{x_{e,ex}}\phi_{f0}^2 dx_e\right) + G^2 v_{fs}\left[\frac{x_{e,ex}^2}{\alpha_{ex}}\frac{v_{gs}}{v_{fs}} + \frac{(1-x_{e,ex})^2}{1-\alpha_{ex}} - 1\right] +$$

$$\frac{L_B g\sin\theta}{x_{e,ex}}\int_0^{x_{e,ex}}\left[\rho_{gs}\alpha + \rho_{fs}(1-\alpha)\right]dx_e \qquad (5\text{-}104)$$

为利用式（5-104）计算压降，仍需建立 ϕ_{f0}^2 和 α 的关系式。对于汽水加热系统，通常采用 Martinelli-Nelson 关系式来求解，其已作出了以局部含汽量 x 和压力 p 为自变量的 ϕ_{f0}^2 和 α 的函数曲线图，如图 5-14 和图 5-12 所示。为便于对比，表 5-4 同时给出了汽水加热系统和均匀流模型下的两相摩擦压降系数。同时，为便于计算，Martinelli-Nelson 利用图 5-14 中的曲线计算了积分项 $\frac{1}{x_{e,ex}}\int_0^{x_{e,ex}}\phi_{f0}^2 dx_e$，如图 5-15 所示。对于均匀加热的汽水两相流，在通道进口含汽量为零的条件下，该项的积分可由此图查知。若用 r_2 表示加速压降项中的 $\left[\frac{x_{e,ex}^2}{\alpha_{ex}}\frac{v_{gs}}{v_{fs}} + \frac{(1-x_{e,ex})^2}{1-\alpha_{ex}} - 1\right]$，则其亦可作为压力 p 和出口含汽量的函数表示，如图 5-16 所示。

Martinelli-Nelson 曲线是在水平管实验基础上发展而来的，但仍可用于垂直管的两相流压降计算。需要指出的是，Martinelli-Nelson 没有考虑质量流密度的影响。通常，在低质量流密度范围内 $[G < 1360\text{kg}/(\text{m}^2\cdot\text{s})]$，此关系式给出了比均匀流模型更准确的预测值；而在较高质量流密度范围内 $[G > 2000 \sim 5000\text{kg}/(\text{m}^2\cdot\text{s})]$，采用均匀流模型计算的结果与实验值更为符合。Baroczy 提出了一个更通用的包括质量流密度对压降影响的关系式，用两组曲线表示：

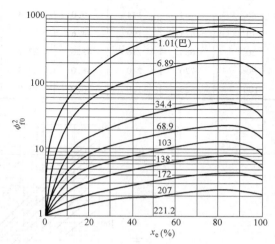

图 5-14 ϕ_{f0}^2 与 x_e 和 p 的关系

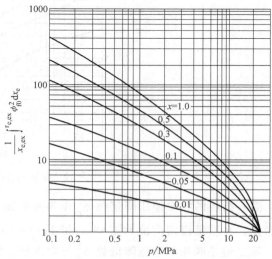

图 5-15 $\frac{1}{x_{e,ex}}\int_0^{x_{e,ex}}\phi_{f0}^2 dx_e$ 与 $x_{e,ex}$ 与 p 之间的关系

表 5-4　M-N 模型　水蒸气-水的两相摩擦压降倍数系数 ϕ_{f0}^2

$x(\%)$	p/MPa								
	0.101	0.689	3.44	6.89	10.3	13.8	17.2	20.7	22.12
1	5.6	3.5	1.8	1.6	1.35	1.2	1.1	1.05	1.00
5	30	15	5.3	3.6	2.4	1.75	1.43	1.17	1.00
10	69	28	8.9	5.4	3.4	2.45	1.75	1.30	1.00
20	150	56	16.2	8.6	5.1	3.25	2.19	1.51	1.00
30	245	83	23.0	11.6	6.8	4.04	2.62	1.68	1.00
40	350	115	29.2	14.4	8.4	4.82	3.02	1.83	1.00
50	450	145	34.9	17.0	9.9	5.59	3.38	1.97	1.00
60	545	174	40.0	19.4	11.1	6.34	3.70	2.10	1.00
70	625	199	44.6	21.4	12.1	7.05	3.96	2.23	1.00
80	685	216	48.6	22.9	12.8	7.70	4.15	2.35	1.00
90	720	210	48.0	22.3	13.0	7.95	4.20	2.38	1.00
100	525	130	30.0	15.0	8.6	5.90	3.70	2.15	1.00

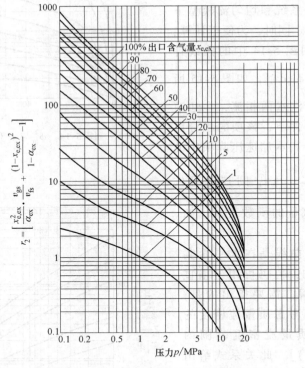

图 5-16　r_2 与 $x_{e,\text{ex}}$ 和 p 之间的关系

第一组将两相摩擦压降倍数 ϕ_{f0}^2 作为介质物性指数 $(\mu_{\text{fs}}/\mu_{\text{gs}})^{0.2}/(\rho_{\text{fs}}/\rho_{\text{gs}})$ 的函数，以 x 为参量，在质量流密度恒为 $4.88 \times 10^6 \ \text{kg}/(\text{m}^2 \cdot \text{h})$ 的情况下，得到如图 5-17 所示的曲线。

第二组是两相摩擦压降倍数 ϕ_{f0}^2 与含汽量、物性指数和质量流密度的函数关系曲线，如图 5-18 所示。图中纵坐标 Ω 为两相摩擦压降倍数的比值。若 G 不等于 $4.88 \times 10^6 \text{kg}/(\text{m}^2 \cdot \text{h})$，可用此比值乘以由图 5-17 所得的 ϕ_{f0}^2，求得对应质量流密度下的 ϕ_{f0}^2。若质量流密度不属于在图中显示的数值，则可用插值法得到。

（二）汽-液两相流的局部压降

在核反应堆一回路冷却剂系统中，常常装有各种管件，例如弯头、孔板、突缩接头、突扩接头、三通和阀门等，这些管件处局部压降变化较大，因此，对整个两相流系统的压降计算有

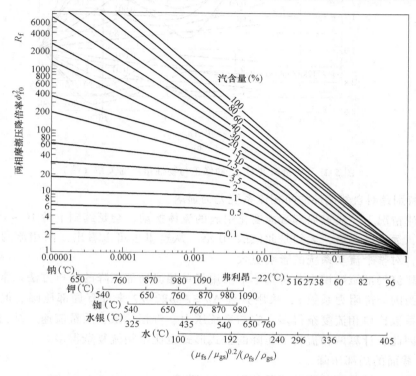

图 5-17 在 $G = 4.88 \times 10^6 \text{kg}/(\text{m}^2 \cdot \text{h})$ 时的两项摩擦压降倍数

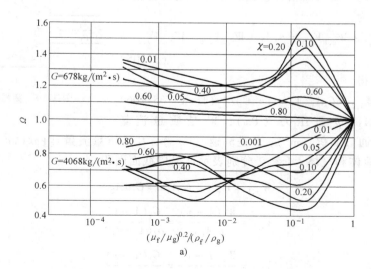

图 5-18 质量密度对 ϕ_{f0}^2 的修正与物性指数的关系

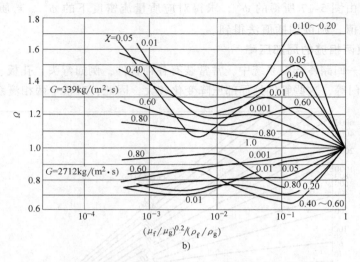

图 5-18　质量密度对 ϕ_{f0}^2 的修正与物性指数的关系（续）

很大影响，特别是对自然循环的两相流系统尤为显著。

在单相流情况下，流道局部截面变化引起的流体扰动，会延续到下游 $10\sim12D$。而在两相流系统中，远大于此值，大约是此值的 10 倍。从这里也可以看出，两相流的局部压降与单相流相比，对整个流动系统的影响更大。

目前两相流局部压降模型分析基本上沿用了单相流局部压降的分析方法。常用的处理方法是定义适当的局部阻力系数 ξ，采用方程 $\Delta p = \xi(\rho W^2)/2$ 来计算局部压降。但是，两相流的局部阻力系数比单相流复杂得多，它与系统压力、汽相含量、质量流速、结构尺寸等多种因素有关，因此，计算两相流局部压降的公式形式也比单相流复杂得多。

1. 突扩截面的局部压降

两相流通过突扩截面的流动情况如图 5-19 所示。

参照单相流动，若忽略沿程损失和重力，则两相流的动量方程可表示为

$$p_1 A_1 + W_{f,1} V_{f,1} + W_{g,1} V_{g,1} = p_2 A_2 + W_{f,2} V_{f,2} + W_{g,2} V_{g,2}$$
(5-105)

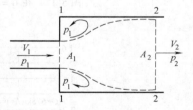

图 5-19　突然扩张截面

由连续性方程可得

$$W_{f,1} = W_{f,2} = G_t A_1 (1-x) = G_t \sigma A_2 (1-x) \quad (5\text{-}106)$$

其中，$\sigma = A_1/A_2$。p 是压力（Pa），W 是质量流量（kg/s），A 是流通截面积（m^2），V 是流速（m/s），G 是质量流量 $[kg/(m^2\cdot s)]$。下角标 f 和 g 分别表示液体和气体，1 和 2 分别表示进出口截面面积。

$$W_{g,1} = W_{g,2} = G_t A_1 x = C_t \sigma A_2 x \tag{5-107}$$

$$V_{f,1} = \frac{W_t(1-x)}{\rho_f A_{f,1}} = \frac{G_t(1-x)}{\rho_f(1-\alpha_1)} \tag{5-108}$$

$$V_{f,2} = \frac{W_t(1-x)}{\rho_f A_{f,2}} = \frac{G_t(1-x)}{\rho_f(1-\alpha_2)} \tag{5-109}$$

$$V_{g,1} = \frac{W_t x}{\rho_g A_{g,1}} = \frac{G_t x}{\rho_g \alpha_1} \tag{5-110}$$

$$V_{g,2} = \frac{W_t x}{\rho_g A_{g,2}} = \frac{G_t x}{\rho_g \alpha_2} \tag{5-111}$$

整理后可得出两截面间的静压差为

$$p_1 - p_2 = W_t^2 \left\{ \frac{(1-x)^2}{\rho_f} \left[\frac{1}{(1-\alpha_2)A_2^2} - \frac{1}{(1-\alpha_1)A_1 A_2} \right] + \frac{x^2}{\rho_g} \left(\frac{1}{\alpha_2 A_2^2} - \frac{1}{\alpha_1 A_1 A_2} \right) \right\} \tag{5-112}$$

若假设通过突扩截面时的截面含汽率保持不变，即 $\alpha_1 = \alpha_2 = \alpha$，式（5-112）可写成

$$p_1 - p_2 = \frac{W_t^2}{\rho_f} \left(\frac{1}{A_2^2} - \frac{1}{A_1 A_2} \right) \left[\frac{(1-x)^2}{1-\alpha} + \frac{\rho_f}{\rho_g} \frac{x^2}{\alpha} \right] \tag{5-113}$$

对于均相流，则有

$$p_1 - p_2 = W_t^2 v_f \left(\frac{1}{A_2^2} - \frac{1}{A_1 A_2} \right) \left(1 + \frac{v_{fg}}{v_f} x \right) \tag{5-114}$$

式（5-114）求出的仅是突扩流道上下游两个截面间的静压差，局部压力损失的求解可结合下述的能量方程进行：

$$(p_1 - p_2)\left[W_g v_g + W_f v_f \right] = W_t dE + \frac{1}{2} W_g (V_{g,2}^2 - V_{g,1}^2) + \frac{1}{2} W_f (V_{f,2}^2 - V_{f,1}^2) \tag{5-115}$$

式中，dE 表示单位质量流体机械能的耗散。设有 $\alpha_1 = \alpha_2 = \alpha$，则有

$$p_1 - p_2 = \frac{dE}{xv_g + (1-x)v_f} - \frac{W_t^2 \left(\frac{1}{A_1^2} - \frac{1}{A_1 A_2} \right) \left[\frac{x^3 v_g^2}{\alpha_2} + \frac{(1-x)^3 v_f^2}{(1-\alpha)^2} \right]}{2\left[xv_g + (1-x)v_f \right]} \tag{5-116}$$

式（5-116）等号右边第一项即代表截面突然扩大的局部压力损失项。式（5-113）及式（5-116）联立，可得两相流通过突扩截面的局部阻力损失为

$$\Delta p_{c,tp} = W_t^2 \left(\frac{1}{A_1^2} - \frac{1}{A_1 A_2} \right) \left\{ \left(1 + \frac{A_1}{A_2} \right) \left[\frac{x^3 v_g^2}{\alpha^2} + \frac{(1-x)^3 v_f^2}{(1-\alpha)^2} \right] \right.$$
$$\left. /2\left[xv_g + (1-x)v_f \right] - \frac{A_1}{A_2} \left[\frac{x^2 v_g}{\alpha} + \frac{(1-x)^2 v_f}{1-\alpha} \right] \right\} \tag{5-117}$$

对于均相流，可得

$$\Delta p_{c,tp} = \frac{W_t^2}{2A_1^2} v_f \left(1 - \frac{A_1}{A_2} \right)^2 \left(1 + \frac{v_{fg}}{v_f} x \right) \tag{5-118}$$

2. 突缩截面的局部压降

截面突然缩小时（见图 5-20），流体在最小断面之前表现为收缩的加速流动，在越过最小断面后就转变为与截面突然扩大相似的流动。通常认为压力损失集中发生在流体的扩大段内，在收缩断面前几乎没有压

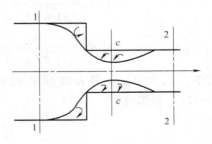

图 5-20　突然收缩截面

力损失。对于均匀流下的局部压力损失，参照式（5-118），可得

$$\Delta p_{c,tp} = \frac{W_t^2}{2A_2^2} v_f \left(\frac{A_2}{A_c} - 1 \right)^2 \left[1 + \frac{v_{fg}}{v_f} x \right] \tag{5-119}$$

式中，A_c 为最小断面的截面积。

对于均匀流情况下截面突然缩小时总的流体压力变化，可得出：

$$p_1 - p_2 = \frac{W_t^2}{2A_2^2} v_f \left\{ \left(\frac{A_2}{A_c} - 1 \right)^2 + \left(1 - \left(\frac{A_2}{A_1} \right)^2 \right) \right\} \left[1 + \frac{v_{fg}}{v_f} x \right] \tag{5-120}$$

突缩截面 c-c 截面缩颈的大小与上下游的面积比有关，可参见表 5-5。

表 5-5　σ_c 与 σ 的关系

$1/\sigma$	0	0.2	0.4	0.6	0.8	1.0
σ_c	0.568	0.598	0.625	0.686	0.790	1.0

3. 两相流经过孔板的局部压降

孔板可以用来测量两相流的流量，是由于单相流体（液体、气体或蒸汽）流经孔板时，其质量流量与此处产生的压降之间存在如下关系：

$$W_f = A' \sqrt{2\rho_f \Delta p_f} \tag{5-121}$$

$$W_g = A' \sqrt{2\rho_g \Delta p_g} \tag{5-122}$$

式中，W 是质量流量；ρ 是密度；Δp 是压降；下角标 f 和 g 分别表示液体和蒸汽（气体）。

式（5-122）中的 A' 由下式给出

$$A' = C \frac{A_0}{\sqrt{1 - (A_0/A)^2}} \tag{5-123}$$

式中，A_0 和 A 分别为孔板和通道的流通截面积（见图 5-21）；C 为流量系数。

与此类似的两相流中液相和汽相的表达式可表示为

$$W_f = A'_f \sqrt{2\rho_f \Delta p_{f,tp}} \tag{5-124}$$

$$W_g = A'_g \sqrt{2\rho_g \Delta p_{g,tp}} \tag{5-125}$$

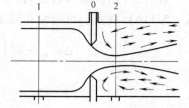

式中，$\Delta p_{f,tp}$ 和 $\Delta p_{g,tp}$ 分别表示由液相和汽相引起的两相压降；A'_f 和 A'_g 分别定义为

$$A'_f = C \frac{A_{0f}}{\sqrt{1 - (A_0/A)^2}} \tag{5-126}$$

$$A'_g = C \frac{A_{0g}}{\sqrt{1 - (A_0/A)^2}} \tag{5-127}$$

图 5-21　流体流过孔板

式中，A_{0f} 和 A_{0g} 分别为液相和汽相在孔板内所占的流通截面积。将式（5-126）和式（5-127）相加可得

$$A'_f + A'_g = C \frac{A_{0f} + A_{0g}}{\sqrt{1 - (A_0/A)^2}} \tag{5-128}$$

由于 $A_{0g} + A_{0f} = A_0$，对比式（5-123）和式（5-128）得到

$$A_f' + A_g' = A' \tag{5-129}$$

合并式（5-121）、式（5-122）、式（5-124）和式（5-125）可得

$$\frac{\sqrt{\Delta p_f}}{\sqrt{\Delta p_{f,tp}}} + \frac{\sqrt{\Delta p_g}}{\sqrt{\Delta p_{g,tp}}} = 1$$

又由 $\Delta p_{f,tp} = \Delta p_{g,tp} = \Delta p_{tp}$，上式可简化为

$$\sqrt{\Delta p_{tp}} = \sqrt{\Delta p_f} + \sqrt{\Delta p_g} \tag{5-130}$$

实验表明，孔板处两相流的实际压降要比用式（5-130）算出来的结果要大，Murdock 据此将上式修正如下：

$$\sqrt{\Delta p_{tp}} = 1.26\sqrt{\Delta p_f} + \sqrt{\Delta p_g} \tag{5-131}$$

4. 两相流经过弯头的压降

弯头的局部压降与弯头的转向角度大小有关（见图 5-22）。通常情况下，两相流通过弯头的局部压降可分为两部分：一部分是由于流经弯头时发生涡流和流场变化引起的；另一部分是由于两相流流过弯头时速滑比发生改变而引起的。Chisholm 提出了一种半理论半经验的方法来计算流过弯头的局部阻力压降。

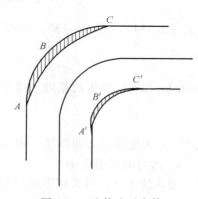

图 5-22　流体流过弯管

$$\Delta p_w = \Delta p_{wo}\Phi_{l0}^2 + \Delta(WV) \tag{5-132}$$

$$\frac{\Delta p_w}{\Delta p_{wo}} = \Phi_{l0}^2 + \frac{\Delta(MF)}{\Delta p_{wo}} \tag{5-133}$$

式中，Δp_{wo} 定义为与两相流总质量流量相同的液体流经弯头时的阻力：

$$\Delta p_{wo} = \xi_{l0}\frac{G^2}{2\rho_f} \tag{5-134}$$

Φ_{l0}^2 为两相流通过弯头时的全液相折算系数，均相流模型下可计算如下：

$$\Phi_{l0}^2 = 1 + x\left(\frac{\rho_f}{\rho_g} - 1\right) \tag{5-135}$$

$\Delta(WV)$ 是由于速滑比变化引起的动量增量，可表示为

$$(WV) = G^2 v_w = G^2\left[\frac{x^2}{\alpha}v_g + \frac{(1-x)^2}{1-\alpha}v_f\right] \tag{5-136}$$

或

$$(WV) = (WV)_{l0}\left[\frac{x^2}{\alpha}\frac{v_g}{v_f} + \frac{(1-x)^2}{1-\alpha}\right] \tag{5-137}$$

由空泡份额 α 与速滑比 s 的关系，可以得出

$$(WV) = (WV)_{l0}\left\{1 + \left(\frac{v_g}{v_f} - 1\right)\left[\frac{1}{s}x(1-x) + x^2\right] - x(1-x)\left[2 - \left(\frac{1}{s} + s\right)\right]\right\} \tag{5-138}$$

在 $1 < s < 1.5$ 时，式（5-138）最后一项可忽略，即

$$(WV) = (WV)_{l0}\left\{1 + \left(\frac{v_g}{v_f} - 1\right)\left[\frac{1}{s}x(1-x) + x^2\right]\right\} \tag{5-139}$$

无相变时，可据此把弯头进出口的两相流动量分别表示成

$$(WV)_1 = (WV)_{10}\left\{1 + \left(\frac{v_g}{v_f} - 1\right)\left[\frac{1}{s_1}x(1-x) + x^2\right]\right\} \tag{5-140}$$

$$(WV)_2 = (WV)_{10}\left\{1 + \left(\frac{v_g}{v_f} - 1\right)\left[\frac{1}{s_2}x(1-x) + x^2\right]\right\} \tag{5-141}$$

设 $\Delta\left(\dfrac{1}{s}\right) = \dfrac{1}{s_2} - \dfrac{1}{s_1}$，式（5-140）与式（5-141）相减，即得动量增量

$$\Delta(WV) = (WV)_{10}\left(\frac{v_g}{v_f} - 1\right)x(1-x)\Delta\left(\frac{1}{s}\right) \tag{5-142}$$

式中，$(WV)_{10} = G^2 v_f$，代入式（5-142）得

$$\Delta(WV) = G^2 v_f\left(\frac{v_g}{v_f} - 1\right)x(1-x)\Delta\left(\frac{1}{s}\right) \tag{5-143}$$

将式（5-134）、式（5-135）和式（5-143）代入式（5-133）中可得

$$\frac{\Delta p_w}{\Delta p_{wo}} = 1 + \left(\frac{v_g}{v_f} - 1\right)\left[\frac{2}{\xi_{10}}x(1-x)\Delta\left(\frac{1}{s}\right) + x\right] \tag{5-144}$$

Chisholm 在实验数据的基础上提出了下述的经验关系式，用于计算滑速比增量：

$$\Delta\left(\frac{1}{s}\right) = \frac{1.1}{1 + R/D} \tag{5-145}$$

式中，R 为弯头的弯曲半径。式（5-145）的适用条件：①90°弯头；②$R/D = 1 \sim 5.02$。

5. 阀门的局部压降

通常情况下，可采用下面的公式进行计算

$$\Delta p_s = \xi_s \frac{G^2}{2\rho_f}\left[1 + x\left(\frac{v_g}{v_f} - 1\right)\right] \tag{5-146}$$

式中，ξ_s 为两相流体通过阀门时的局部阻力系数，可按下式计算

$$\xi_s = C_s \xi_0 \tag{5-147}$$

式中，ξ_0 为单相流通过阀门的局部阻力系数；C_s 为校正系数：

$$C_s = 1 + C\left[\frac{x(1-x)\left(1 + \dfrac{\rho_f}{\rho_g}\right)\sqrt{1 - \dfrac{\rho_g}{\rho_f}}}{1 + x\left(\dfrac{\rho_f}{\rho_g} - 1\right)}\right] \tag{5-148}$$

式中，C 为系数。对于闸阀，取 $C = 0.5$；对于截止阀，取 $C = 1.3$。

第四节 自然循环计算

一、自然循环的基本概念

自然循环是指在闭合回路里，利用冷热流体之间的密度差产生的驱动压力，克服沿程管道的局部阻力、摩擦阻力等之后，形成的一种循环流动。

自然循环在核动力工业中有重要应用，它不仅可以作为反应堆发生事故后的重要冷却手段，还可以作为压水反应堆的一种主要循环冷却方式，减少系统对外界电源的依赖，提高反

应堆的固有安全性。2011 年 3 月，日本福岛核事故之后，自然循环作为一种非能动安全措施，在提高反应堆固有安全性及缓解核事故方面，受到了更多的重视。

二、自然循环水流量的确定

自然循环能够发生，是因为冷热流体的密度差所产生的驱动力能够克服流体在闭合回路管道内流动时的各种阻力。其中驱动力是由堆芯的释热能力决定的，而阻力主要是指单相冷却剂水的（压水堆，可以忽略汽相）提升压降、摩擦压降、加速压降及局部压降。

在确定自然循环的能力时需确定总压降的数值。总压降的数学表达式为

$$\Delta p_{t} = \Delta p_{el} + \Delta p_{a} + \Delta p_{f} + \Delta p_{c} \tag{5-149}$$

对于闭合回路来说，系统中所产生的加速压降之和为零。

显然，在自然循环情况下，$\Delta p_{t} = 0$，忽略加速压降，于是式（5-149）变成

$$- \Delta p_{el} = \Delta p_{f} + \Delta p_{c} \tag{5-150}$$

若用 Δp_{d} 表示驱动压力，$\Delta p_{d} = - \Delta p_{el}$，用 Δp_{up} 和 Δp_{dc} 分别表示上升段内和下降段内的压力损失之和，则式（5-150）可以改写为式

$$\Delta p_{d} = \Delta p_{up} + \Delta p_{dc} \tag{5-151}$$

式（5-151）表明，在自然循环回路中，由流体的提升压降所提供的压力，完全用于克服回路中的流动阻力。如果驱动压力比给定流量下的系统压力损失小，流量就自动降低，直到建立起另一个新的平衡工况为止。通常把克服上升段压力损失后的剩余驱动压力称为有效压力，用 Δp_{e} 表示，这样就可以得到以下方程

$$\Delta p_{e} = \Delta p_{d} - \Delta p_{up} \tag{5-152}$$

比较式（5-151）和式（5-152）得到

$$\Delta p_{e} = \Delta p_{dc} \tag{5-153}$$

式（5-153）称为水循环基本方程式。

自然循环水流量可以用差分法或图解法求解式（5-153）得到。图 5-23 所示为自然循环水流量的图解法。当上升段内的释热量及其分布以及系统的结构尺寸确定后，根据式（5-152）用改变系统水流量的办法可以得到不同流量下的有效压力 Δp_{e}；选定坐标后，可以画出 Δp_{e} 随 W_{in} 的变化曲线。

因为上升段和下降段的压力损失都随着 W_{in} 的增加而增加，从而使有效压力随 W_{in} 的增加而下降。这两条曲线的交点就是式（5-153）的解。在相交点处，有效压力全部用于克服下降段的压力损失。交点的横坐标 W_{in} 就是所要求的系统的自然循环水流量。

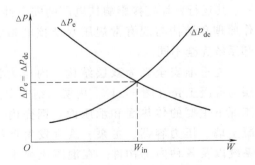

图 5-23　自然循环水流量的图解法

图解法给出的解虽有其近似性，但由于快速、简便，这种求解方法在某些场合有其实际应用价值。

三、自然循环在反应堆内的应用

1. 缓解失流事故及在船用压水堆内的应用

核电厂反应堆是借助于主冷却剂泵驱动冷却剂实现强迫循环来冷却的。如果反应堆功率运行时，主泵因动力电源故障或机械故障被迫停转，使冷却剂流量下降，冷却剂流量与功率适配，导致堆芯燃料包壳温度迅速上升，这种现象称为失流事故。

发生失流事故后，反应堆必须紧急停堆，以防止冷却剂温度线性上升，造成堆芯损坏。停堆后，当水泵的惯性流量降为零时，冷却剂通过堆芯的动力只是水的重力压头，堆芯的发热也只是停堆后的衰变热。此时，为避免堆芯过热，堆芯衰变所产生的热量就全靠堆内形成的稳态自然循环的流量带走。

压水堆内，失流事故后建立稳定的自然循环的前提是蒸汽发生器中心标高高于堆芯中心标高，且位差越大，自然循环的流量越大，堆内冷却剂的温升越小。因此，为保证失流事故后期堆芯不过热，主回路系统中必须有足够大的蒸汽发生器与堆芯的位差和足够小的阻力系数。在水冷堆系统里，有可能发生自然对流沸腾，使冷却剂密度和系统阻力显著变化，但一般它将增加自然对流换热能力。

压水反应堆除广泛用于核电站外，另一个重要的用途就是船舶。海上航行的核动力船只由于海洋条件和自身航行的影响，其一回路自然循环有特殊性。潜艇由于特殊要求，需要频繁作水平和垂直方向的机动，包括水平方向的起动、加速、减速、停机、转弯和竖直方向的下潜、上浮以及轴向纵倾。对于强迫循环，这种加速度和倾斜不会对回路的流量和热工水力特性带来很大的影响；而对于自然循环，潜艇这些机动动作会引起冷却剂的波动，导致冷却剂竖直方向加速度和有效高位差的变化，对回路自然循环能力影响显著，从而直接影响了回路的热工水力特性和载热能力。

2. 应用于非能动安全壳

非能动安全壳冷却系统热工水力单项试验研究是先进压水堆关键技术研究项目之一。非能动安全壳冷却系统是先进压水堆非能动安全系统重要组成部分，也是先进压水堆的重要特征之一，其运行好坏直接影响核电厂的安全性，而其工作原理和结构与现有常规压水堆核电站安全壳冷却系统完全不同。

先进堆安全壳为双层结构。内层为钢壳，外层为混凝土壳（图5-24）。内层的钢安全壳为事故工况下主要的传热面和承压面。钢壳内布置有混凝土墙、压力容器、主泵、蒸汽发生器等设备和系统以及各种内部构件。在混凝土壳上方布置有贮水箱，其作用是在钢壳外表面形成喷淋液膜。先进堆的混凝土壳与钢壳之间有一环形空气通道，空气在该通道中借助于导流叶片的导向作用形成自然循环。

先进堆钢安全壳与混凝土壳之间的环形空气

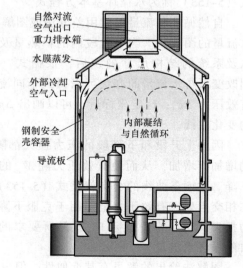

图 5-24　非能动安全壳冷却系统

（图中标注：自然对流空气出口；重力排水箱；水膜蒸发；外部冷却空气入口；钢制安全壳容器；导流板；内部凝结与自然循环）

流道中，空气的流动对钢安全壳的冷却能力不够。为此，先进堆在钢安全壳上方设置了一个大的冷却贮水箱，用于非能动钢安全壳的外喷淋。钢壳外喷淋液膜在流动过程中，一方面通过冷却钢安全壳外表面来不断地吸收钢安全壳的热量，另一方面通过钢安全壳外环形流道自然循环的空气对流和蒸发传热传质来降低本身的温度。在两方面传热与传质的共同作用下，最终达到降低钢安全壳内混合气体温度和压力的目的。

第五节　通道断裂时的临界流

一、概述

任一流动系统的放空速率，取决于流体从出口（或破口）处流出的速率。当流体自系统中流出的速率不再受下游压力下降的影响时，这种流动就称为临界流或阻塞流，对于单相流也称声速流，对应的流量称为临界流量。

在图 5-25 所示的流动系统中，如果上游容器的压力 p_0 恒定不变，并且假设容器中的流体温度和比体积也都是定值 t_0、v_0。若外部压力 p_b 下降到低于容器中的流体压力时（图 5-25 中所示的曲线 1），流体即向外流出，并形成一个由 p_0 至通道出口压力 p_{ex} 的压力梯度。此时，$p_{ex} = p_b$。当 p_b 进一步降低时，p_{ex} 也随之下降，并且其值等于变化后的 p_b，出口流速跟着相应增大（曲线 2）。但是，当 p_b 降低到足够低，即该 p_b 值下通道出口处流体的速度等于该处温度和压力的声速 a 时（曲线 3），出口流速达到最大值。此后，p_b 进一步下降，出口流速不会再加大，p_{ex} 也不会再降低（曲线 4 和曲线 5）。这时的流动就叫做临界流。

出门截面上的压力之所以不会继续下降可以用压力变化在流体中传播的特性来

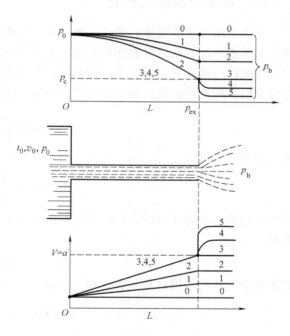

图 5-25　临界流现象

解释。一般地，在不流动的介质中某处所产生的任何压力变化不会立刻就传播到全部介质，而是以该介质内的声速在介质中传播。也就是说，给定介质中的声速就是该介质中压力变化的传播速度。而在流动着的流体中，压力波的传播速度则可分为绝对传播速度和相对传播速度。流体所流入的外部介质中如有压力下降，则所形成的压力波在流体中的传播速度是以声速推进的，而对上游静止的通道来说，压力波的传播的绝对速度等于声速与流体的流出速度两者之差。随着 p_b 的下降，流体的流出速度逐渐增加，这个差值就会越来越小，直到背压降低到使出口速度等于声速时，这个差值便等于零。这时通道出口截面上的压力就是临界压力 p_c。如果再进一步降低背压 p_b 使之低于临界值，则由于出口截面上的流出速度已等于声速，因而以声速推进的压力波就传播不到通道的出口截面了。这时出口截面上的压力仍将是 p_c，它高于外部压力。由通道流出的流体到了低压的外部再进行膨胀。临界流不仅发生在通道断裂的破口处，也可能在破口上游的某一截面发生，只要那里的流速足够高。例如在沸水堆的喷射泵中就可能发生。

临界流对反应堆冷却剂丧失事故的安全考虑非常重要。当一回路管道出现破口时，破口处的临界流量决定了冷却剂丧失的速度和一回路卸压的速度。它的大小不仅直接影响到堆芯的冷却能力，而且还决定各种安全和应急系统开始工作的时间。此时，如果不能及时地对堆芯提供有效的冷却，就有可能导致燃料元件的烧毁。因此，研究临界流，计算临界流量，对确定事故的危害程度以及设计有效的事故冷却系统，都是十分重要的。

一般地，在单相流和两相流中都可能发生临界流。在单相流，特别是在气流中，对临界流的研究较为充分。在两相流方面，对此所进行的理论探索和实验工作都还远远不够，仍需要作更深入的研究。

二、单相流体的临界流

对于单相可压缩流体的流动，确定某一截面发生临界流的两个等价条件是：①临界截面的流速等于声速；②临界截面的上游流动不受下游压力下降的影响。

首先以一维水平流动为例进行分析，假设系统与外界既无热量交换也无功量交换。同时忽略摩擦，则流体的流动即可视为等熵流动，则有如下能量微分方程

$$\mathrm{d}h + \mathrm{d}\left(\frac{V^2}{2}\right) = 0 \tag{5-154}$$

积分后得

$$h_0 - h_{\mathrm{ex}} = \frac{V_{\mathrm{ex}}^2}{2} - \frac{V_0^2}{2} \tag{5-155}$$

式中，h_0 是上游流体的滞止比焓（$V_0 = 0$）；h_0、V_{ex} 是通道出口处液体的比焓和流速。
则有

$$V_{\mathrm{ex}} = \sqrt{2\left(h_0 - h_{\mathrm{ex}}\right)} \tag{5-156}$$

对于理想气体的等熵过程，存在如下关系

$$pv = RT, \quad T^{\kappa}p^{1-\kappa} = 常数, \quad h = c_p T, \quad c_p = \frac{\kappa R}{\kappa - 1}, \quad \kappa = \frac{c_p}{c_V}$$

式中，T 是温度，单位为 K；p 是压力，单位为 Pa；v 是比体积，单位为 m^3/kg；R 是气体常数，单位为 $J/(kg \cdot K)$。

若把比定压热容 c_p、比定容热容 c_V 视为常数，则式（5-156）变为

$$V_{\mathrm{ex}} = \sqrt{2\frac{\kappa R}{\kappa - 1}p_0 v_0 \left[1 - \left(\frac{p_{\mathrm{ex}}}{p_0}\right)^{\frac{\kappa-1}{\kappa}}\right]} \tag{5-157}$$

式中，p_0 为上游滞止压力，单位为 Pa；p_{ex} 为通道出口处的压力，单位为 Pa；v_0 为滞止温度 t_0、滞止压力 p_0 下的比体积，单位为 m^3/kg。

结合连续性方程，即可得到气体在通道出口处的质量流量

$$W_{ex} = A_{ex} V_{ex} / v_{ex} \tag{5-158}$$

式中，W_{ex} 为气体在通道出口处的质量流量，单位为 kg/s；A_{ex} 为通道出口处的截面积，单位为 m^2；v_{ex} 为通道出口处气体的比体积，单位为 m^3/kg。

因为 $p_0 v_0^\kappa = p_{ex} v_{ex}^\kappa$，$1/v_{ex} = (1/v_0)(p_{ex}/p_0)^{1/\kappa}$。式（5-158）整理后可得

$$W_{ex} = A_{ex} \sqrt{2 \frac{\kappa}{\kappa-1} \frac{p_0}{v_0} \left[\left(\frac{p_{ex}}{p_0}\right)^{\frac{2}{\kappa}} - \left(\frac{p_{ex}}{p_0}\right)^{\frac{\kappa+1}{\kappa}} \right]} \tag{5-159}$$

令 $\dfrac{p_{ex}}{p_0} = \beta$，即为出口压力和上游滞止压力的比值。则有

$$W_{ex} = A_{ex} \sqrt{2 \frac{\kappa}{\kappa-1} \frac{p_0}{v_0} \left[\beta^{\frac{2}{\kappa}} - \beta^{\frac{\kappa+1}{\kappa}} \right]} \tag{5-160}$$

可以看出 W_{ex} 的大小取决于压力比的变化。如果 W_{ex} 是 β 的连续函数，其中必有一 β 值使 W_{ex} 为最大，对应的压力比称为临界压力比，以 β_c 表示。将式（5-160）对 β 求导，并令 $dW_{ex}/d\beta = 0$，得到

$$\beta_c = \left(\frac{2}{\kappa+1}\right)^{\frac{\kappa}{\kappa-1}} \tag{5-161}$$

与 β_c 相对应的值 p_{ex} 和 W_{ex} 就是临界压力（p_c）和临界流（W_c）。

图 5-26 给出了 W 与 β 的关系曲线。当 β 由 1.0 变化到 β_c 时，W 由零增加到 W_c（图 5-26 中曲线 ab）。当 β 由 β_c 减到零时，W 将始终保持不变（图 5-26 中的水平直线 bd），b、d 两点之间的流动就是临界流。

当压力比取临界值时，得到临界流速即声速为

$$a = \sqrt{2 \frac{\kappa}{\kappa+1} p_0 v_0} \tag{5-162}$$

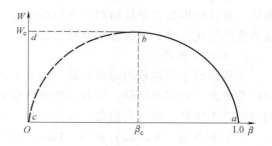

图 5-26　质量流量与压力比的关系

临界流量为

$$W_e = A_{ex} \sqrt{2 \frac{\kappa}{\kappa+1} \left(\frac{2}{\kappa+1}\right)^{\frac{2}{\kappa-1}} \frac{p_0}{v_0}} \tag{5-163}$$

对于低温空气，$\kappa = 1.4$；对于过热蒸汽可取 $\kappa = 1.3$。对于干饱和蒸汽可取 $\kappa = 1.35$。由此求得的各个 β_c 分别为 0.528、0.546 和 0.577。

三、长通道中的两相流体的临界流

两相临界流的流动非常复杂。这是因为在汽-液两相系统中，流体的压力沿通道下降的同时，还将发生相间的质量、动量和能量交换。而在压力下降的过程中会发生相变，导致含汽量等的不断变化，继而可能出现不同的流型。特别是当快速膨胀时还会出现相间的不平衡。这些因素的存在，都使得两相临界流的研究难度加大。

通常，影响临界流的主要因素包括：①上游参数（p_0、h_0 或 T_0）；②通道的几何形状（长管、短管、孔板、喷嘴等）；③壁面材料性质（影响气泡的形成）及流体中不凝结气体

含量；④进口方式（圆弧进口或直段进口）。

在分析汽-液两相流体在长通道中的临界流时，采用不同的假设就会得出不同的临界流计算模型。理论模型中最早采用的是"均匀平衡"模型，这个模型比较适用于长通道和含汽量较高的情况。而工程设计中普遍采用的模型是"滑移平衡"模型。这种模型考虑到了相间的滑移。

1. 均匀平衡模型

均匀平衡模型假设相间达到动力学、热力学平衡，即两相速度相等，相间无滑移，两相混合物可看作具有某种平均物性的单相流体，流动是等熵的。并由于相间传热系数无限大，有足够的时间使相间达到热力学平衡而使得相间温度相等。基于以上假设，该模型采用类似单相流体的方法处理两相流动。临界流量仅取决于上游滞止参数（p_0、h_0），临界发生的条件被描述为，选择出口截面压力 p_e，使质量流速最大，此质量流速被定义为临界质量流速。该模型没有考虑几何形状及其他因素对临界流量的影响。而且，在长通道临界流系统试验中发现临界流量实测值明显高于模型计算值，尤其是低含气量和短通道情况。在低压下，该模型计算的偏差也较大。所以，均匀平衡模型仅适用于长通道、高含气量以及较高压力的情况。

均匀平衡模型的特点是两相流体的物性在饱和线上产生不连续性，Collins（1987）用这一点来解释预测值和实测值间的差异。如果单相流体速度足够高，起泡点可能产生于通道的界面。在反应堆失水事故初期，冷却剂具有一定过冷度，破口处将发生从单相临界流到两相临界流的转化，这必须引起足够的注意。

2. 滑移平衡模型

工程设计中普遍采用的模型是"滑移平衡"模型、Fauske 模型、F. J. Moody 模型等。这种模型考虑了相间的滑移，所有这些模型都是基于一定的假设条件下获得的，所以彼此之间吻合的并不很好，且与实验数据也存在着一定的差异。下面介绍两种常用的滑移平衡模型。

（1）福斯克（Fauske）模型　Fauske 模型的基本假设是：

1）两相流动为环状流，各相的平均流速不相同（即汽相和液相之间存在滑移）。

2）汽-液两相间在整个通道内处于热力学平衡状态。

3）当质量流量不再随背压降低而增加时，即达到了临界流状态。

4）对于一个给定的质量流量和含汽量，压力梯度达到一个有限最大值。

5）汽-液两相混合物的比焓不随压力变化。

仍考虑一维水平流动的两相流，由于每一相的压降都等于两相流的压降，因此可分别写出如下动量方程

$$d(pA_f) + d(W_f V_f) = 0 \tag{5-164}$$

$$d(pA_g) + d(W_g V_g) = 0 \tag{5-165}$$

将式（5-164）和式（5-165）相加后可得

$$dp = -\frac{1}{A}d(W_f V_f + W_g V_g) \tag{5-166}$$

由连续性方程

$$\begin{cases} W_f = (1-x)W_t = (1-\alpha)\rho_f A V_f \\ W_g = xW_t = \alpha\rho A V_g \end{cases} \tag{5-167}$$

将式（5-167）代入式（5-165）得

$$dp = -\frac{W_t^2}{A^2}d\left[\frac{v_{fs}(1-x_e)^2}{1-\alpha}+\frac{v_{gs}x_e^2}{\alpha}\right]$$ (5-168)

这里，W_t 是两相流的总质量流量；A 是流通截面积；x_e 和 α 分别是含汽量和空泡份额。

式（5-174）中方括号中的量是按分离流模型导得的汽-水混合物的平均比体积，即

$$v_{tp} = \frac{v_{fs}(1-x_e)^2}{1-\alpha}+\frac{v_{gs}x_e^2}{\alpha}$$ (5-169)

于是式（5-168）简化为

$$W_t^2 = -A^2\frac{dp}{dv_{tp}}$$ (5-170)

由于 v_{tp} 是 x_e 和 α 的函数，可通过 x_e、α、S 间的关系，把 v_{tp} 表示成 S 的函数，消去 α。由式（5-169）给出 v_{tp} 和 S 的关系为

$$v_{tp} = \frac{1}{S}[v_{fs}(1-x_e)S+v_{gs}x_e][1+x_e(S-1)]$$ (5-171)

将式（5-171）对 S 求导：

$$\frac{\partial v_{tp}}{\partial S} = (x_e-x_e^2)\left(v_{fs}-\frac{v_{gs}}{S^2}\right)$$ (5-172)

令式（5-178）右侧等于零，就可以求得达到临界流量时的滑速比

$$S_c = (v_{gs}/v_{fs})^{1/2}$$ (5-173)

合并（5-170）、式（5-171）得

$$W_t^2 = \frac{-A^2}{\dfrac{d}{dp}\left\{\dfrac{1}{S}[v_{fs}(1-x_e)S+v_{gs}x_e][1+x_e(S-1)]\right\}}$$ (5-174)

忽略不重要的相 $dv_{fs}/dp(dv_{fs}/dp\approx0)$，并用 S_c 值替代 S，可得到

$$W_c^2 = -A^2S_c\left/\left\{\begin{array}{l}[(1-x_e+S_cx_e)x_e]\dfrac{dv_{gs}}{dp}+\\[2mm][v_{gs}(1+2S_cx_e-2x_e)+v_{fs}(2S_cx_e-2S_c-2x_eS_c^2+S_c^2)]\dfrac{dx_e}{dp}\end{array}\right.\right\}$$ (5-175)

式（5-175）中，等号右边的 dv_{fs}/dp、dx_e/dp 的值仍需进一步化简求解。对于汽-水混合物 dv_{fs}/dp 的值可从饱和水与饱和蒸汽的热力学性质图（图5-27）对应查得。若压力变化与系统压力相比很小时，则 dv_{fs}/dp 之值可以用 $\Delta v_{fs}/\Delta p$ 近似代替。dx_e/dp 可按等焓计算由

$$x_e = (h-h_{fs})/h_{fg}$$ (5-176)

式中，h 为汽-水混合物的比焓；h_{fs} 为饱和水比焓；h_{fg} 为汽化热。
所以

$$dx_e/dp = d(h/h_{fg})/dp - d(h_{fs}/h_{fg})/dp = \frac{1}{h_{fg}^2}\left[\left(h_{fg}\frac{dh}{dp}-h\frac{dh_{fg}}{dp}\right)-\left(h_{fg}\frac{dh_{fs}}{dp}-h_{fs}\frac{dh_{fg}}{dp}\right)\right]$$

(5-177)

因为 h 不随压力变化，所以 $dh/dp=0$。又因为 $h_{fg}=h_{gs}-h_{fs}$，从而 $h_{fg}=h_{gs}-h_{fs}$，于是式（5-177）也可以写成

$$\frac{\mathrm{d}x_e}{\mathrm{d}p} = -\left(\frac{1-x_e}{h_{fg}}\frac{\mathrm{d}h_{fs}}{\mathrm{d}p}\right) - \left(\frac{x_e}{h_{fg}}\frac{\mathrm{d}h_{gs}}{\mathrm{d}p}\right) \tag{5-178}$$

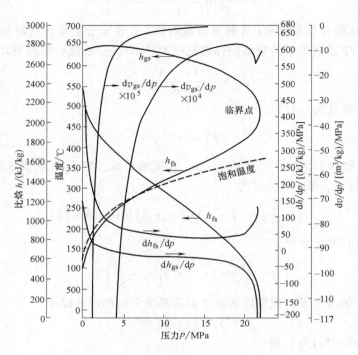

图 5-27 饱和水与饱和蒸汽的热力学性质

对于汽-水混合物来说，式（5-178）中 $\mathrm{d}h_{fs}/\mathrm{d}p$ 和 $\mathrm{d}h_{gs}/\mathrm{d}p$ 只是压力的函数，它们的值也可以从图 5-27 查得。含汽量 x_e 可借助下面的能量方程求得

$$h_0 = (1-x_e)\left(h_{fs} + \frac{V_{fs}^2}{2}\right) + x_e\left(h_{gs} + \frac{V_{gs}^2}{2}\right) \tag{5-179}$$

代入质量流量 W_t 和滑速比 S 后，式（5-179）变成

$$h_0 = (1-x_e)h_{fs} + x_e h_{gs} + \frac{W_t^2}{2A^2}[(1-x_e)Sv_{fs} + x_e v_{gs}]^2\left[x_e + \frac{1-x_e}{S^2}\right] \tag{5-180}$$

式（5-180）中 W_t 也应为破口处的临界流量 W_c。临界压力 p_c 可以由 Fauske 所提供的实验数据（图 5-28）确定，其实验条件为：具有直角边缘进口的通道，内径为 6.35mm，长度为 $L/D = 0 \sim 40$。从图 5-28 可以看出，临界压力比（p_c/p_t）只随通道长度与直径比 L/D 变化，而与初始压力 p_0 的大小和通道直径的数值没有关系。对于 $L/D > 12$ 的通道，（p_c/p_0）值趋近于某一常数，其值大约是 0.55。通常可以把 $L/D > 12$ 的通道当作长通道。图 5-29 给出了根据福斯克滑移平衡模型算出的汽-水混合物的临界质量流密度。可以看出，临界质量流密度随出口临界压力的上升而增加，随着出口含汽量的增加而减少。

（2）Moody 模型 Moody 从能量方程出发，导出了临界流量的表达式。Moody 模型假设两相流体为环状流；气相的平均流速和液相的平均流速不同；两相之间处于热力学平衡状态。若既不做功也没有传热，则上游滞止点与下游出口处的能量方程为

$$h_0 = h + x_e\frac{V_g^2}{2} + \frac{V_f^2}{2} \tag{5-181}$$

式中，h_0、h 分别为上游滞止比焓和出口处汽-水混合物的比焓。

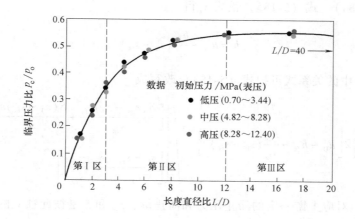

图 5-28 临界压力比随长度直径比变化的实验数据

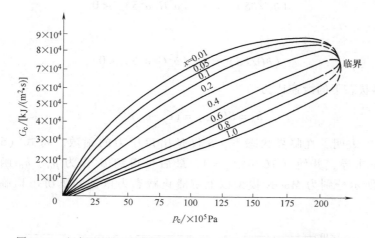

图 5-29 根据滑移平衡模型算出的汽-水混合物的临界质量流密度

对每一相应用连续性方程 $V_g = G x_e / \alpha$，$V_f = G(1 - x_e)/(1 - \alpha)$，再引入滑速比，则式（5-181）重新整理后得

$$h_0 = h + \frac{G^2}{2} [S(1 - x_e)v_{fs} + x_e v_{gs}]^2 [x_e + (1 - x_e)/S^2] \tag{5-182}$$

可得质量流密度为

$$G = [2(h - h_0)]^{1/2} / \{[S(1 - x_e)v_{fs} + x_e v_{gs}][x_e + (1 - x_e)/S^2]^{1/2}\} \tag{5-183}$$

因为

$$h = h_{fs} + x_e h_{gs} \tag{5-184}$$

设流动等熵，则

$$s_0 = s_{fs} + x_e s_{fg} \tag{5-185}$$

式中，s 表示比熵，下标 0、fs、fg 分别表示滞止状态、饱和液体以及饱和蒸汽与饱和液体的差。合并式（5-184）、式（5-185）消去 x_e 得

$$h = h_{fs} + \frac{h_{fg}}{s_{fg}}(s_0 - s_{fs})$$ （5-186）

应用式（5-186）中的关系式可把式（5-183）改写成

$$G = \left\{ 2\left[h_0 - h_{fs} - \frac{h_{fg}}{s_{fg}}(s_0 - s_{fs}) \right] \right\}^{1/2} \middle/ \left\{ \frac{\left[\dfrac{S(s_{gs} - s_0)v_{fs}}{s_{fg}} + \dfrac{S(s_0 - s_{fs})v_{gs}}{s_{fg}} \right]}{\left[\dfrac{s_0 - s_{fs}}{s_{fg}} + \dfrac{s_{gs} - s_0}{S^2 s_{fg}} \right]^{1/2}} \right\}$$ （5-187）

Moody 认为，对应上游一定的滞止压力和滞止焓，p_{ex} 和 S 是彼此独立的，因此在达到临界流量时应满足条件

$$(\partial G/\partial S)_{p_{ex}} = 0 \quad (\partial^2 G/\partial^2 S)_{p_{ex}} < 0$$ （5-188）

和

$$(\partial G/\partial S)_s = 0 \quad (\partial^2 G/\partial^2 S)_s < 0$$ （5-189）

可得在临界状态下的滑速比为

$$S_c = S(p_{ex}) = (v_{gs}/v_{fs})^{1/2}$$ （5-190）

式（5-190）表明，在临界状态下，S 仅是出口压力的函数。将式（5-190）代入式（5-187）再对 p 求导，并使 $(\partial G/\partial S)_s = 0$，最后可得到 G_c 作为 p_0、h_0 函数表达式。图 5-30 和图 5-31 所示分别为 Moody 模型以上游滞止状态为依据的下游出口临界流量和出口临界压力。

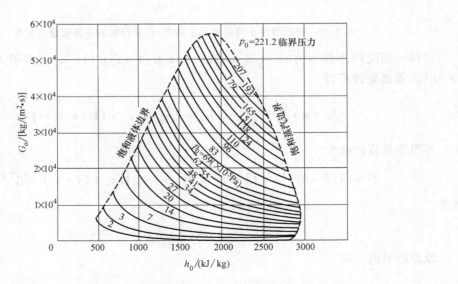

图 5-30　由 Moody 模型算出的汽-水混合物的临界质量流密度

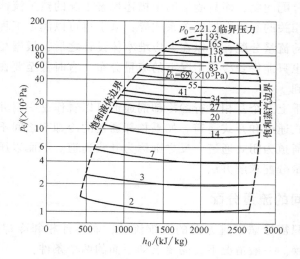

图 5-31　最大汽-水混合物流量下的出口临界压力和滞止性质

第六节　堆芯冷却剂流量分配

一、概述

反应堆热工设计时，为在安全可靠的前提下尽可能提高反应堆输出功率，必须预先知道堆芯的布置方式、功率分布以及相关的几何结构等，并确定各冷却剂通道内的冷却剂流量。然后再通过热工计算获取整个堆芯内流场的压力、温度、焓升以及临界热流密度等参数，并对反应堆的安全性和经济性进行分析。第四章中已详细讨论了堆芯释热率的分布，本节将讨论冷却剂在堆芯内各冷却剂通道内的流量分配问题。

在实际运行过程中，进入堆芯的冷却剂并不是均匀分配的。而且，不同类型反应堆造成流量分配不均的主要因素也有所不同，因此必须针对具体堆型进行具体分析。就压水堆而言，导致流量分配不均的主要原因有：

1）由于堆芯下腔室的结构复杂，导致进入其内的冷却剂不可避免地会形成大小不同的涡流区，这就可能会造成各冷却剂通道进口处的静压力不相同。

2）各冷却剂通道在堆芯或燃料组件内所处的位置不同，而且其流通截面的几何形状和面积大小也不可能完全一样，比如在燃料组件边、角位置或堆芯外围处的冷却剂通道，其流通截面和中心处的就可能存在差异。

3）燃料元件和燃料组件的加工制造和安装的偏差，会引起冷却剂通道截面的几何形状和大小偏离名义设计值。

4）各冷却剂通道内的释热量不同，造成各通道内冷却剂的温度差异（进而会引起热物性参数和含汽量等的变化），从而使得通道内的流动阻力产生明显的差别，这是造成流入各冷却剂通道内流量大小不同的一个重要原因。

反应堆所需的冷却剂的总流量可由其总的热功率比较容易地计算得到，而获取冷却剂在堆芯内各通道内的具体流量分配则比较困难。基于上述因素，目前还不可能单纯依靠理论分析来解决堆芯的流量分配问题，而只能借助于描述稳态工况的热工流体力学基本方程和已知参量或边界条件以及相关的经验数据或关系式等，来求得可以满足工程需要的堆芯流量分配的近似解。比较准确的流量分配，可以在反应堆本体设计之后，根据相似理论，通过水力模拟实验测量得出。但也只能得到冷态工况下的流量分布，有时甚至要在反应堆建成后进行实际的堆内测量才能得到。

压水堆堆芯的成千上万个互相平行的冷却剂通道可以看作是一组并联通道。计算时，一般将此通道划分为闭式通道和开式通道。如果相邻通道的冷却剂之间不存在质量、动量和热量的交换，就称这些通道为闭式通道，反之则称为开式通道。下面以压水堆为例，分别讨论两种计算模型下的流量分配求解方法。

二、闭式通道间的流量分配

对于闭式通道，只需考虑竖直方向的一维流动，而不计相邻冷却剂通道间的冷却剂质量、动量和热量的交换。一般情况下，需要已知下面的两个条件：

1）下腔室出口处的压力分布，即各冷却剂通道进口压力 $p_{1,\mathrm{in}}$、$p_{2,\mathrm{in}}$、$\cdots$、$p_{n,\mathrm{in}}$。此压力分布一般由水力模拟实验得出或根据经验数据给出。

2）上腔室进口处的压力分布，即各冷却剂通道的出口压力 $p_{1,\mathrm{ex}}$、$p_{2,\mathrm{ex}}$、$\cdots$、$p_{n,\mathrm{ex}}$。初步设计中，可认为上腔室进口面是一等压面（均为 p_{ex}），即

$$p_{1,\mathrm{ex}} = p_{2,\mathrm{ex}} = \cdots = p_{n,\mathrm{ex}} = p_{\mathrm{ex}}$$

在进行计算时，仍需根据三大守恒方程进行分析：

1. 质量守恒方程

如图 5-32 所示，设堆芯由 n 个并联闭式冷却剂通道组成，总循环流量为 W_{t}，各并联通道流量分别为 W_1、W_2、$\cdots$、W_i、$\cdots$、W_n，则有质量守恒方程

$$(1 - \xi_{\mathrm{s}})W_{\mathrm{t}} = \sum_{i=1}^{n} W_i \qquad (5\text{-}191)$$

式中，ξ_{s} 称为旁流系数，表示旁流的冷却剂份额。对于大亚湾核电厂，约有 6.04% 的旁路流量没有用来冷却燃料元件。热工设计时，为安全起见，可取 6.5% 总流量作为旁路流量。

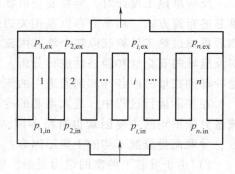

图 5-32　堆芯并联通道示意图

2. 动量守恒方程

对第 i 个冷却剂通道，有

$$p_{i,\mathrm{in}} - p_{i,\mathrm{ex}} = f(L_i, p_{e,i}, A_i, W_i, \mu_i, \rho_i, x_i, \alpha_i) \qquad (5\text{-}192)$$

式中，$p_{i,\mathrm{in}}$、$p_{i,\mathrm{ex}}$ 分别表示第 i 个冷却剂通道的进、出口压力，等号右边括弧中的 L_i、$D_{e,i}$、A 分别表示通道的长度、当量直径和流通截面积；W、μ、ρ、x、α 分别表示质量流量、黏度、密度、含汽量和空泡份额；下标 i 表示通道序号。显然，可以列出 n 个类似的方程对应于 n 个冷却剂通道。

3. 能量守恒方程

对于稳态工况，第 i 个冷却剂通道在微元长度 Δz 内的热平衡方程可表示为

$$\frac{W_i \Delta h_i(z)}{\Delta z} = q_1(z) \tag{5-193}$$

式中，i 为通道序号，$\Delta h_i(z)$ 为冷却剂流过微元长度 Δz 时的焓升，W_i 为冷却剂质量流量，$q_1(z)$ 为对应轴向高度位置处燃料元件的线功率。

由于闭式通道内流量恒定，因此对式（5-193）积分可得

$$W_i[h_{i,ex} - h_{i,in}] = \int_0^L q_{1,i}(z)\,\mathrm{d}z \tag{5-194}$$

式中，$h_{i,ex}$ 为第 i 个通道冷却剂的出口比焓，单位为 J/kg；$h_{i,in}$ 为第 i 个通道冷却剂的进口比焓，单位为 J/kg；$q_{1,i}(z)$ 为第 i 个通道轴向高度之处的燃料元件的线功率，单位为 W/m；L 为通道长度，单位为 m。

综上所述，对于 n 个冷却剂通道，需求解的未知量有 $2n+1$ 个，包括各通道冷却剂质量流量 W_1、W_2、$\cdots$、W_n，上腔室进口压力 p_{ex}；冷却剂比焓 $h_{1,ex}$、$h_{2,ex}$、$\cdots$、$h_{n,ex}$。对应的方程亦有 $2n+1$ 个，包括 n 个动量守恒方程，n 个能量守恒方程和一个质量守恒方程。联立求解此 $2n+1$ 个方程即可得到包括各通道冷却剂流量在内的 $2n+1$ 个未知数的解。

三、开式通道间的流量分配

开式通道的相邻通道冷却剂间存在质量、动量和能量的交换，这种横向的交换称为交混。冷却剂流量交混使得各通道内的冷却剂的质量密度沿轴向不断发生变化，这样就使热通道内冷却剂的比焓和温度比没有交混时的要有所降低，对应的热通道内燃料元件温度也会有所下降。显然，这种横向交混可以提高燃料元件表面的临界热流密度，有助于反应堆的安全性。

（一）横向流动机理

对相邻平行通道间冷却剂的横向流动交混机理的研究具有重要的意义，可应用于先进研究堆堆芯流量分配计算。其机理如下：

（1）质量交换　通过流体粒子（分子和原子）的扩散、通道中机械装置引起的湍流扩散、压力梯度引起的强迫对流、温差引起的自然对流及相变等来实现。质量交换必然伴随着动量和能量的交换。

（2）动量交换　通过径向压力梯度、流体流动时相邻冷却剂通道流体间的湍流效应来实现。径向压力梯度起因于通道尺寸形状的偏差、功率分布的差异以及流道进口处压力分布的不均匀，会造成定向的净横流（转向叉流）。流体运动时的湍流交混又可分为自然湍流交混和强迫湍流交混两种。自然湍流交混是由流体脉动时的自然涡团扩散引起的。在一段时间内平均看来，这种自然湍流交混并无横向的净质量转移，只有动量与能量的交换。而强迫湍流交混则由流道中的机械装置引起，一般没有横向的净质量转移，但动量和能量的转换。

（3）能量交换　通过流体粒子的扩散、流体粒子间直接接触时的导热以及不同温度流体间的对流与辐射来进行。

需要指出的是，在燃料棒组件轴向存在定位架的情况下，横向交混可以分为四种形式：光棒区段的交混，包括自然湍流交混与转向叉流交混两种，均属于自然交混类型；定位架处的交混，包括流动散射（无定向的流动交混）与流动后掠（定向的流动交混）两种，均属于强迫交混类型。

由于流动交混效应非常复杂，相邻平行通道定位架附近的横向净质量转换值需由实验测定，或由实验整理出的经验公式计算得到；只有光棒处的转向叉流时净质量转移可由相邻通道间的压力梯度计算而得。下面分别讨论在单相与两相流情况下光棒段的相邻通道流体间湍流能量交换和湍流动量交换的计算方法。

（二）单相流

1. 湍流热交混

相邻平行通道间的湍流热交换量为

$$Q_{tb} = W_{jk}(h_j - h_k)\Delta z \tag{5-195}$$

式中，Q_{tb} 为相邻通道流体间湍流交换的热量；h_j、h_k 分别为通道 j 与 k 的流体比焓，单位为 J/kg；Δz 为冷却通道轴向步长；W_{jk} 为通道轴向单位长度内的湍流交换流量。

$$W_{jk} = \beta_{jk} P_g G_{jk} \tag{5-196}$$

式中，β_{jk} 为相邻通道 j 与 k 间流体的湍流交混系数；P_g 为相邻通道 j 与 k 间燃料棒间间隙；G_{jk} 为通道 j 与 k 的冷却剂轴向质量流密度的算术平均值。

湍流交混系数 β_{jk} 中需要考虑棒束几何尺寸、定位件类型的影响以及交混的各向异性，因此需由实验测定。

2. 湍流动量交混

距中心 r 处的流体所受的切应力 τ_r 可以表示为

$$\tau_r = -\mu \frac{\partial u}{\partial r} + \rho u u_r \tag{5-197}$$

式中，μ 为流体的黏度；u 为流体的轴向速度；u_r 为流体径向速度。

式（5-197）中等号右边的第一项表示由于流体的黏性而产生的摩擦力；第二项表示由湍流作用而产生的切应力。其中 $u u_r$ 项表示为

$$u u_r = -\varepsilon \frac{\partial u}{\partial r} \tag{5-198}$$

式中，ε 为湍流动量扩散系数；r 为从流道中心线算起的径向距离。

若已知 ε，便可计算出湍流动量交混值。但 ε 受多种因素影响，比如棒束通道的几何形状、尺寸及其与壁面的间距等。若将其分别处理，沿棒的径向分量可表示为 ε_r，沿周向的分量可表示为 ε_p；对于矩形通道，垂直于轴向方向的分量可表示为 ε_{my}。

一般可以把 ε_r 表示为

$$\varepsilon_r = C_r r_0 \left(\frac{\tau}{\rho}\right)^{\frac{1}{2}} \tag{5-199}$$

式中，r_0 为管道半径；τ 为管壁上的切应力；C_r 为实验常数。

ε_{my} 可以表示为

$$\varepsilon_{my} = C_y Y_0 \left(\frac{\tau}{\rho}\right)^{\frac{1}{2}} \tag{5-200}$$

式中，C_y 为实验常数；Y_0 为流道中心线至壁面的距离。

ε_p 可以表示为

$$\varepsilon_p = C_p S \left(\frac{\tau}{\rho}\right)^{\frac{1}{2}} \tag{5-201}$$

式中，C_p 为实验常数；S 为待定特征长度，它可以是通道的当量直径 D_e 也可以是从棒的表面至流道中切应力为零的位置的距离 S。

（三）汽-水两相流

汽-水两相流的湍流交混还不很成熟，本节仅作简单的介绍。若假设相邻通道中汽-液每一相均具有相同的饱和焓值，则有：

（1）湍流质量交混　除汽-汽、液-液之间相互等质量交换而无净质量转移外，还由于汽-液间交换的结果发生净质量转移，这是由于汽-液两相等体积交换而非等质量交换而引起的；而在单相流时湍流交混是无净质量转移的。

（2）湍流动量交混　气-气、液-液、气-液三种交混都必须考虑。

（3）湍流能量交混　根据上述假设，只考虑能量交混在汽-液之间进行。

汽-水两相湍流交混系数与流型密切相关，特别是当流动由泡状流型转为弹状流，交混系数将发生较大的变化；并且交混系数还与空泡份额、系统压力和质量密度等因素有关。

在并联开式通道中，不但在通道入口存在流量分配不均的问题，而且由于存在相邻通道冷却剂间的相互交混，就包括若干需要直接由实验确定的量，如相邻通道冷却剂之间的交混系数、横流阻力系数等，使得求解并联通道流量分配较为困难。求解开式通道流量分配的方法和闭式通道的大体类似，但是又有其不同之处：

1）不能一次取整根通道来计算。应该把通道沿轴向分为很多足够小的步长，每次对一个步长进行计算。由于步长较小，一般可以把方程写成差分或微分的形式。

2）无论是湍流交混还是横流混合均对流体的轴向动量产生影响。横流混合对于流体轴向动量的影响比较大，一个是加速了流体进入通道的流速，另一个是对流体所流出通道起了阻滞作用。

横流引起主通道产生的附加加速压降 Δp_1 可以表示为

$$\Delta p_1 = -\frac{\Delta w_{ji}}{2A_i}\left\{(1-x_j)\left[\frac{G_{j,\text{in}}(1-x_{j,\text{in}})}{\rho_{j,\text{in}}(1-\alpha_{j,\text{in}})} + \frac{G_{j,\text{out}}(1-x_{j,\text{out}})}{\rho_{j,\text{out}}(1-\alpha_{j,\text{out}})}\right] + \frac{x_j}{\rho_g}\left(\frac{G_{j,\text{in}}x_{j,\text{in}}}{\alpha_{j,\text{in}}} + \frac{G_{j,\text{out}}x_{j,\text{out}}}{\alpha_{j,\text{in}}}\right)\right\} \tag{5-202}$$

式中，Δw_{ji} 为通道 j 到通道 i 的横流速度增量；$\rho_{j,\text{in}}$、$\rho_{j,\text{out}}$ 为 j 通道中在入口和出口处的液体密度；ρ_g 为汽相平均密度；x 为出入口含汽量平均值；x_{in}、x_{out} 为入口和出口含汽量；

横流对 i 通道产生的阻滞压降为

$$\Delta p_2 = \frac{-F\Delta z}{A_i}\left[w_{ji} + \frac{|\Delta w_{ji}| - \Delta w_{ji}}{2\Delta z}\right]\left[\frac{G_j}{\rho_j} - \frac{G_i}{\rho_i}\right] \tag{5-203}$$

式中，w_{ji} 为通道 j 到通道 i 的横向流速；F 为横流动量修正系数；G 为入口和出口的平均轴向质量流密度。

计算并联开式通道流量时，可对每一个通道采用轴向动量方程，而且须包括上述 Δp_1 和 Δp_2，以及一个质量平衡方程和一个动量方程。在通道 i 中某步长内的质量平衡方程可表示为

$$\frac{\Delta W_i}{\Delta z} = -\sum w_{ij} \tag{5-204}$$

式中，n_i 为与 i 通道相邻的开式通道数；ΔW 为出入口流量的差值。

横向动量方程可用下式表示

$$p_i - p_j = K_{ij}\mu_{ij}^2 \tag{5-205}$$

式中，μ_{ij} 为从通道 j 进入通道 i 的横流线速度；K_{ij} 为横流系数。

对于湍流交混，尽管在并联开式通道中由于流速不同，当通道间发生湍流交混时，高速的流体会使低速的流体动量增加。但是实验结果表明，这种湍流交混对流体轴向动量的影响很小，可以忽略。

对于开式通道每一个步长流量分配的方法，与闭式通道中方法基本一样。若共有 n 个通道和 n_i 对相邻通道，可以写出 n 个轴向动量方程，n 个质量平衡方程和 n_i 个横流动量方程。整个计算应从通道入口第一个步长开始。可预先拟定一个通道第一个步长入口流量，按上述介绍的方法一个步长一个步长地算到通道出口，当算出的最后一个步长的出口压力不能满足给定的边界条件时，则重新拟定一个各通道的入口流量，重复上述计算过程，直到满足给定的出口边界条件为止。

需要指出的是，上述计算方法只适用于绝热的通道，否则还要利用 n 个热平衡方程求出步长的出口温度及相应的物性参数。

第七节 流动不稳定性

一、概述

在一个加热的流动系统中，若流体发生相变，即出现汽-液两相流动时，其体积可能会出现较大的变化，可能导致流动的不稳定性。此处的流动不稳定性，是指在一个质量流密度、流动压降和空泡份额之间存在着耦合关系的两相系统中，当流体受到一个微小扰动后所产生的流量漂移或者以某一频率的恒定振幅或变振幅进行的流量振荡。这种现象类似于机械系统中的振动效应。质量流密度、流动压降和空泡份额对应于机械系统中的质量、激发力和弹簧，而质量流密度和流动压降之间的关系起着重要作用。需要说明的是，流动不稳定性不仅在热源有变化的情况下会发生，在热源保持恒定的情况下也会发生。

在反应堆堆芯、蒸汽发生器和其他存在两相流的设备中一般都不允许出现流动不稳定性，主要原因如下：

1）流动振荡所引发的机械力会使部件产生有害的机械振动，而持续的机械振动会导致部件的疲劳破坏。

2）流动振荡会干扰控制系统。在压水堆内，冷却剂同时兼作慢化剂，故此问题尤为重要。

3）流动振荡会使部件的局部热应力产生周期性变化，从而造成部件的热疲劳破坏。

4）流动振荡会使系统的传热性能变坏，极大降低系统的临界热流密度，可能会更早地造成沸腾危机。试验证明，当出现流动振荡时，临界热流密度的数值会降低40%之多。

总的来说，两相流动不稳定性可分为两大类：静力学不稳定性和动力学不稳定性。静力学不稳定性主要表现为非周期性地改变系统的稳态工作运行点，即系统在经受一个微小扰动后，会从原来的稳态工作点转变到另一个不相同的稳态工作点运行。此类不稳定性主要是由于系统的流量与压降之间的变化、流型转换或传热机理的变化所引起的。动力学不稳定性则表现为周期性地改变系统的稳态工作状况，即当系统受到某一瞬时扰动时，流动发生周期性的振荡。一般地，惯性和反馈效应是制约流动过程的主要因素。下面分别予以介绍。

二、静力学不稳定性

根据不同的形成机理及特征，静力学不稳定性可分为流量漂移、沸腾危机、流型不稳定性及蒸汽爆发不稳定性。

（一）流量漂移

系统在某些稳态运行工况下，由于受到某种干扰，发生非周期性的流量变化，即为漂移，又称水动力不稳定性。其特征是受到扰动的流体流动偏离原来的流体动力平衡点，在新的流量值下重新稳定运行。由于 Ledinegg 在 1983 年最早对此进行了研究，所以又叫 Ledinegg 不稳定性。

1. 流量漂移的机理

在如图 5-33 所示加热通道内的水动力特性曲线图中，假定在恒定热源输入的情况下，当通道内的水的质量流量很大时，外加热量不足以使水产生沸腾，此时通道内的流体为单相水。若流量降低，则通道内的压降亦单调下降（图 5-33 中曲线 Ⅱ 的 cb 段）。当流量下降到一定程度后，开始出现沸腾段，此时压降随流量的变化趋势由两个因素决定：①由于流量的降低，压降有下降的趋势；②由于产生沸腾，气水混合区体积膨胀而使流速增加，从而使得压降反而随着流量的降低而增大。两种因素导致的变化趋势相反，所以压降随流量的变化就取决于何种因素起主导作用。当第一种因素起主导作用时，压降随流量的减少而降低，如图5-33所示的曲线 Ⅰ；当第二种因素起主导作用时，压降随流量的减少而增加，如图 5-33 所示

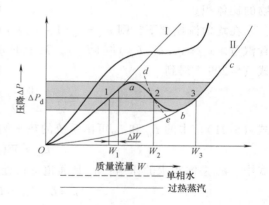

图 5-33 加热通道内的水动力特性曲线

的 ba 段曲线。在 a 点之后，若继续减少流量，通道出口处的含汽量继续增大，甚至出现过热段，且其所占比例随着流量的减少而加大。此时，由于体积膨胀而使压降增大的影响已经很小，所以压降基本随流量减少而单调下降（图中的 aO 段）。显然，在 ab 段内，压降和流量之间并不是一一对应的关系。也就是说，可能会出现一个压降对应于三个不同流量的情况。特别是对于类似压水堆堆芯的多个并联冷却剂通道，在两端压降相同、总流量不变的情况下，一个通道内的流量发生或大或小的变化，其他通道内的流量也会发生相应的非周期性变化，从而形成流动不稳定性。下面通过一均匀加热的水平圆形通道内的流动情况来推导出压降和流量的关系式。

如图 5-34 所示，假设通道由非沸腾段 L_{n0} 和饱和沸腾段 L_B 组成。为简化起见，不考虑过冷沸腾段，并忽略加速压降，则沿流道全长的压降可以表示为

$$\Delta p_t = \Delta p_f + \Delta p_{f,tp} \tag{5-206}$$

式中，Δp_f 为非沸腾段的摩擦压降。

$$\Delta p_\mathrm{t} = f \frac{W^2 \overline{v_\mathrm{f}}}{2A^2} \frac{L_\mathrm{n0}}{D} \qquad (5\text{-}207)$$

其中，f 为非沸腾段的摩擦系数；W 为质量流量；A 是通道的流通截面积，$A = \pi D^2 / 4$；D 是通道的直径；$\overline{v_\mathrm{f}}$ 是不沸腾段内水的平均比体积。

因为 $\overline{v_\mathrm{f}} \approx v_\mathrm{fs}$，$v_\mathrm{fs}$ 是饱和水的比体积，则式（5-207）也可以写成

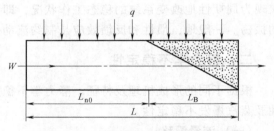

图 5-34　均匀加热水平圆形通道内的流动

$$\Delta p_\mathrm{f} = f \frac{W^2 v_\mathrm{fs}}{2A^2} \frac{L_\mathrm{n0}}{D} \qquad (5\text{-}208)$$

与此相似，饱和沸腾段内的摩擦压降表示为

$$\Delta p_\mathrm{f,tp} = f_\mathrm{tp} \frac{W^2 \overline{v_\mathrm{tp}}}{2A^2} \frac{L_\mathrm{B}}{D} \qquad (5\text{-}209)$$

式中，f_tp 是饱和沸腾段内的摩擦系数；$\overline{v_\mathrm{tp}} = (v_\mathrm{fs} + v_\mathrm{ex})/2$。$v_\mathrm{ex}$ 是饱和沸腾段出口处汽-水混合物的比体积。

在均匀流模型下，则 $v_\mathrm{ex} = v_\mathrm{fs}(1 - x_\mathrm{ex}) + v_\mathrm{gs} x_\mathrm{ex}$，其中 v_gs 是饱和蒸汽的比体积，x_ex 是出口含汽量。$x_\mathrm{ex} = q_1 (L - L_\mathrm{n0})/(W h_\mathrm{fg})$，其中的 q_1 是线功率，h_fg 是汽化热。合并式（5-208）和式（5-209）得到

$$\Delta p_\mathrm{t} = \frac{W^2}{2A^2 D}(f L_\mathrm{n0} v_\mathrm{fs} + f_\mathrm{tp} L_\mathrm{B} \overline{v_\mathrm{tp}}) \qquad (5\text{-}210)$$

式（5-210）中的 L_n0 和 L_B 可由系统的热平衡求得

$$L_\mathrm{n0} = W(h_\mathrm{fs} - h_\mathrm{in})/q_1 \qquad (5\text{-}211)$$

式中，h_fs 是饱和水的比焓；h_in 是通道进口处水的比焓。

$$L_\mathrm{B} = L - L_\mathrm{n0} = L - W(h_\mathrm{fs} - h_\mathrm{in})/q_1 \qquad (5\text{-}212)$$

把 L_n0 和 L_B 值代入式（5-210），并应用 $v_\mathrm{fg} = v_\mathrm{gs} - v_\mathrm{fs}$，以及 $\Delta h_\mathrm{in} = h_\mathrm{fs} - h_\mathrm{in}$ 的关系，整理后得

$$\Delta p_\mathrm{t} = a \frac{W^3}{q_1} + b W^2 + c q_1 W \qquad (5\text{-}213)$$

因为 f 和 f_tp 与 W 的关系很弱，故式（5-213）中的 a、b、c 可视为与 W 和 q_1 无关的三个常数，其中

$$a = \frac{8}{\pi^2 D^5}\left[v_\mathrm{fs} \Delta h_\mathrm{in}(f - f_\mathrm{tp}) + \frac{1}{2} f_\mathrm{tp} \frac{\Delta h_\mathrm{in}^2}{h_\mathrm{fg}} v_\mathrm{fg} \right]$$

$$b = \frac{8}{\pi^2 D^5} f_\mathrm{tp} L \left(v_\mathrm{fs} - \frac{\Delta h_\mathrm{in}}{h_\mathrm{fg}} v_\mathrm{fg} \right)$$

$$c = \frac{4}{\pi^2 D^5} f_\mathrm{tp} L^2 \frac{v_\mathrm{fg}}{h_\mathrm{fg}}$$

式（5-213）即为沸腾通道内的水动力特性方程。它是一个三次方程，其解可能是三个实根，即在同一个压降下可能有三个不同的流量。如果情况是这样，流动就是不稳定的。若方程的解是一个实根两个虚根，则流动就是稳定的。同理，对垂直沸腾通道也可以导出与式（5-213）相同形式的水动力特性方程，只不过其中的系数 a、b、c 不相同。

2. 稳定性准则

由图 5-33 可知，若系统运行在负斜率段（ba 段），不管是增大还是减小流量，系统均不能够保持在原来的工作运行点，即会发生流量漂移。而在其他的正斜率段则可保持稳定。由此可见，若能消除此负斜率段，则系统可在整个流量范围内保持稳定。考虑一驱动压力随流量而变化的水泵作为动力源，使其斜率的负值比水动力曲线的负值斜率更小，即可使此阶段的流量稳定。此时若流量增加，则由于驱动压降低于系统压降，使得流动减速，从而使流量重新回到原来的稳态工作运行点。若流量减少，则驱动压降大于系统压降，使得流动加速，从而使流量仍然重新返回原稳态工作运行点。则有水动力稳定性准则为

$$[\partial(\Delta p_d)/\partial W] - [\partial(\Delta p_t)/\partial W] < 0 \tag{5-214}$$

3. 流量漂移的影响因素分析

（1）系统压力对流量漂移的影响　系统压力是影响流动不稳定性的重要参数。系统压力增加，流体饱和温度升高。同时，汽-液两相的密度差减小，流道内的平均含汽率减小，从而使流道内的单相液体区间增加。如热负荷变化相同，高压比低压下引起的压差扰动小，因而扰动的幅度减小，系统的稳定性提高，可抑制流量漂移的发生。图 5-35 所示为系统压力对流动不稳定性的影响。

图 5-35 表明，在相同入口欠热度条件下，随着系统压力的升高，发生流动不稳定性的极限热负荷升高，系统的稳定性提高，流量漂移不稳定得到抑制。

（2）入口过冷度对流量漂移的影响

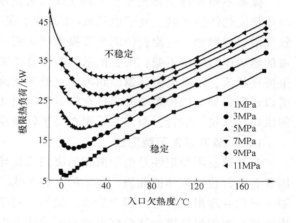

图 5-35　系统压力对流动不稳定性的影响

随着入口过冷度的增加，临界热负荷增大，系统的稳定性增强。控制其他参数的变化，过冷度的改变将引起加热管道液相与两相区长度的改变。入口过冷度对系统极限热负荷的影响如图 5-36 所示（图中 k 为入口阻力系数）。

图 5-36 表明，在某一临界值内增加入口欠热度会降低系统的稳定性，超过此临界值继续增大过冷度，则系统的稳定性提高。加热功率不变，入口过冷度的增加对系统稳定性的影响表现在两个方面，一是两相流区含汽率降低，单相区的长度增加，同时使汽-液两相混合物的密度增加。在相同质量流速条件下，汽-液两相的平均流速减小。因此，入口过冷度的增加可提高系统的稳定性。若这一影响占主导地位，则入口过冷度的影响将是单值的；二是汽相形成周期将增大，平均含汽量下降，压降扰动对入口流量的响应加强，脉动易于发生。若这一

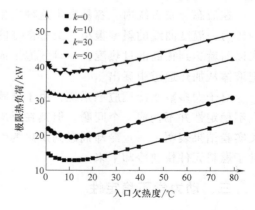

图 5-36　入口过冷度对系统极限热负荷的影响

方面的影响占主导地位，则入口过冷度的增大使系统的稳定性减弱。两者综合作用使系统极限热负荷随入口过冷度的增加呈现非单值性。

（3）进出口节流对流量漂移的影响 增加加热段的进口节流，可以提高系统的稳定性。图 5-37 表明，增加入口节流等于是增加了单相区的流动阻力，等效于驱动力与阻力的压差减小，流量降低。随着进口节流的增加，流量进一步降低。当进口节流系数增加到一定程度时，功率对应的流量变为单值，流量漂移消失，系统稳定性提高。

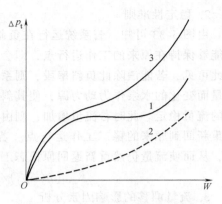

图 5-37　进口节流对流量漂移的影响

（二）流型不稳定性

流型不稳定性主要发生在流动工况接近泡状流与环状流的转换区域。处于泡状流-弹状流工况下的流动，若遇扰动引起流量减少，则会导致气泡数目增加，可能会使流型转换成环状流。一般情况下，环状流的流动压降较小。若通道的驱动压力保持不变，则会使系统的流量增加，而流量增加后所产生的气体量已不足以再维持环状流，于是流型又返回到泡状流或弹状流。如此不断循环，便发生了流量振荡。通常可以通过合理地选择系统的出口含汽量来避免此类不稳定性。一般地，压水堆在低于转换点的出口含汽量下运行，而沸水堆则在高于转换点的出口含汽量下运行。

（三）蒸汽爆发不稳定性

蒸汽爆发不稳定性是由于液相的突然汽化导致混合物密度急速下降而引起的。它与很多因素有关，包括流体的性质、通道的几何形状、加热面的状况等。一般地，会出现典型的升温－核化－逐出－再进入四个阶段。例如，对于非常清洁光滑的加热面，为激活汽化核心，需要相当大的过热度，这会使近壁面的液体高度过热。一旦汽化核心被激活，产生的气泡就会在高度过热液体的加热下突然长大，产生大量蒸汽形成爆发式沸腾。不断长大的气泡占据了大量的空间，将液体从加热通道中逐出。气泡的快速蒸发又反过来降低了周围液体和加热面的温度，在气泡脱离壁面后，温度较低的加热面重新被液体覆盖，汽化核心暂时被抑制，直到加热面重新建立起大的过热度，如此周而复始。

在液态金属系统内，容易发生这种类型的不稳定性。这是因为其两相密度差很大，蒸汽的压力－温度曲线的斜率很小，又有良好的浸润性，这些特性就使得液态金属在气泡开始长大以前就达到很高的过热度，一旦气泡生成，在高过热度液体的加热下就会很快长大，同时把液体从加热通道中逐出。

对于大多数水冷反应堆系统，由于沸腾所需要的过热度不大，在正常运行工况下蒸汽爆发不稳定性并不构成一个问题。但其在反应堆事故工况的再淹没阶段却是一个有利因素。相关实验结果表明，一旦冷却剂碰到炽热的燃料元件，蒸汽爆发所引起的两相混合物飞溅将有助于燃料元件快速冷却下来。

三、动力学不稳定性

两相流动力学不稳定性是周期性地改变稳态工作情况，惯性和其他反馈效应在流动过程中起主导作用，整个系统类似于一个伺服机构。基本特点是两相流系统在以声速传播的压力扰动和以流动速度传播的流量扰动之间的滞后和反馈作用下，流量发生振幅可观的周期性脉动。动力学不稳定性现象十分复杂，它的产生包括密度波和压力波的传播，热力学的不稳定性以及流型变化等四种机理。

（一）　动力学不稳定性分类形式及形成机理

动力学不稳定性包括密度波型脉动、压降型脉动、声速脉动、热力脉动和管间脉动。动力学不稳定性的机理可解释为任何两相流系统中都有的传播时间滞后和反馈现象。瞬间的扰动需要一些时间沿系统到达另外一点，这个时间的长短和传播波速成正比，这些滞后的扰动经反射回到扰动的初始点时，又会产生一个新的扰动，并继续下去。满足一定条件下，这个过程能由其本身自持而无限的进行下去，这样便引起了持续的脉动，表5-6为动力学不稳定性的分类。

表 5-6　动力学不稳定性的分类

分　　类	形　　式	机　　理
基本的动力学不稳定性	声波脉动	压力波的共振
	密度波脉动	流率、密度及压降之间关系的延迟与反馈效应
复合的热力学不稳定性	热力型脉动	不同的传热系数与流体动力学的相互作用
	沸水堆的不稳定性	空泡份额反应与流动及传热的相互作用
	管间脉动	在并联通道中少数通道之间的相互作用引起
	凝结脉动	凝结界面与池对流的相互作用
二次复合的动力学不稳定性	压降型脉动	流量偏移通道与压缩容积之间动态的相互作用

（二）　动力学不稳定性的特性

当系统在流量-压降特性曲线的负斜率区工作，同时在加热段上游存在可压缩容积时，可能发生压降型脉动，这种脉动的频率很低，周期很长，可能引起沸腾传热恶化的提前发生。声速脉动有很高的频率，Bergles 等研究了在过冷沸腾情况下由气泡的产生与破灭所引起的声速脉动。热力脉动通常在膜态沸腾情况下发生，伴随着不稳定气膜的形成过程，可以观察到金属壁面温度发生大幅度的波动。管间脉动发生在并联通道间，其总流量以及上下腔室的压降无显著变化，其中某些通道的进口流量周期性变化。管间脉动的频率一般为 $1 \sim 10$ 次/min，频率的高低取决于受热情况、结构形式及流体的热力参数等。密度波型脉动是最常见的，它的典型特征是随着流量的周期性变化，高密度流体和低密度流体交替通过系统，与压力波在系统中传播需要的时间有关，在低频率下与连续波的通过时间有关，密度波型脉动通常发生在流量-压降特性曲线的正斜率区。

（三）　动力学不稳定性的分析及其消除方法

1. 声波型脉动

在所有的系统中，压力扰动可通过管道传递，并在其端部反射回来。这种压力扰动以混合物的声速传播，因此与压力波的反馈的效果及时间滞后有关的脉动必然是很高的频率（$10 \sim 100 \mathrm{Hz}$），并且在大多数情况下伴随有尖锐的声音，因此又称之为声波振动。

压力扰动可以是有规则的（由水泵引起或由气泡的长大和破灭引起的），或者仅仅是偶然（如阀门的启闭引起的），这些声学效应通常在它们的推移过程中逐渐衰减。只要没有形成冲击波，一般不会造成损坏，当压力变化为另一现象所反馈，该现象可以为维持或增大脉动提供能量时，其潜在的危险不稳定性成为可能。纯水动力学方式的不稳定性频率通常为 1Hz 或更低数量级，而声学脉动的频率则高很多。与稳态流动相比，发生声波型脉动时压降幅度很大，进口压力的波动值和正常工作压力之比也是相当高的，在试验中，脉动都是在管路的压降-流量曲线的负斜率区段上发生，脉动频率大于 35Hz。

发生声波型脉动的条件为

$$\frac{q}{GR} = 0.005 \frac{v_L}{v_G - v_L} \tag{5-215}$$

式中，q 为热流密度；R 为汽化热；G 为质量流速；v_G、v_L 分别为汽体和液体的比体积。

2. 密度波型脉动

在受热通道中，进口流量的微量减少，将使流体的出口焓值增加，空泡份额上升，因而引起流体的出口密度下降。在通道中由于不沸腾段长度与沸腾段长度的改变，这一扰动必将导致摩擦压降、加速压降、提升压降和传热性能的变化。在一定的通道几何特性、运行工况和边界条件下，扰动使压力脉动在出口处有 180° 的相位差。多次的反馈作用，形成系统流量、密度和压降的周期性振荡。

密度波型脉动是工程中最常见的脉动，在过去 20 年中已对核反应堆中密度波型脉动进行过不少研究工作，例如液态金属快中子增殖反应堆的蒸发器流动问题。研究表明，这一蒸汽发生器也存在密度波型脉动。对于密度波型脉动的影响因素可分为：

1）平行连接管的影响。Veziroglu 等研究了具有多根横向联通管道中的密度波脉动问题，研究表明这种管子系统比单管或无横向连通管的平行直管系统不易发生脉动。

2）管道长度的影响。对管内强制流动进行的研究表明，减少管子的受热长度能增加流动的稳定性，不易发生脉动。在自然循环时，管子长度对脉动也会产生类似的影响。

3）管子节流的影响。当进入管子的流体为单相流体时，在管子进口处节流将增加流动阻力，所以进口处节流能使流动不易发生脉动，在沸腾管出口段节流使两相流的流动阻力变大，若出口处节流使进口流量进一步降低，将增加流体脉动的可能性。相关研究表明，核反应堆的直流蒸汽发生器在某些运行条件下将发生密度波型脉动，周期为 4~5s，如在给水加热箱中增加流动阻力能使脉动消失。

4）质量流速和热流密度的影响。当质量流速超过相应于发生脉动时的质量流速时，就不会发生脉动，所以质量流速越高越不容易脉动，加热功率高则易发生脉动，在自然循环的单回路中，压力大于 6.02MPa 后，传热恶化和脉动同时发生。

5）压力的影响。当热流密度不变时，增加压力将使界面含汽率减小，因而将使两相流动压降减少，能降低管中发生脉动的可能性。

6）进口处工质过冷的影响。在自然循环回路中，增加进口工质过冷度能降低两相流截面含气率，增加管子不沸腾长度，不易发生脉动流动，但是这也增加了蒸发时间，对于发生脉动有利。因而随着过冷度的增加，发生脉动的加热功率下降。当其增加到某个值时，其增加流体不发生脉动的作用大，因而随着工质过冷度增大，发生脉动热功率增加。

7）余弦型热流密度的影响。呈余弦分布的热流密度对于两相流的稳定流动是否有利尚没有定论。

8）管壁的影响。当管壁的厚度较大时，其蓄热影响显著，在计算中应予以考虑。

3. 热力型脉动

在给定点上，流体在过度沸腾和膜态沸腾之间脉动，于是管壁就发生过热的缓慢波动，这些缓慢的高温度的脉动被称为热力脉动。高压汽-水混合物发生蒸干工况时的一个特点就是会发生热力型脉动。

热力型脉动会使管壁金属因温度经常变化而疲劳并使腐蚀速度加快。热力型脉动是一种复合脉动，发生在压差-流量曲线的正斜率段。研究表明，进口质量流速、进口过冷度以及系统压力对热力型脉动影响不大。影响热力型脉动的主要因素是出口节流度，出口节流度越大，系统就越容易发生热力型脉动。

4. 压降型脉动

压降型脉动是动态不稳定与静态不稳定性复合产生的。其发生在加热段上游或加热段中部有足够可压缩容积的系统中。发生压降型脉动的静态运行点均在流量-压差特性曲线的负斜率段，压降型脉动的频率为 $1/10 \sim 1/30\,\text{Hz}$。另外，在脉动过程中，当满足发生密度波型脉动的流量和压差相位关系时，压降型脉动中还叠加密度波型脉动。在实际设备中，由于加热段很长，加热段内部压缩性可能大到足以产生压降型脉动。

在压力脉动中，压力、壁温和工质温度发生同相脉动，其相位不大，流量和压降同相位脉动而与压力脉动接近 $180°$，流量和压降的增加与压力和温度的降低同时发生。压降型脉动周期随系统压力、进口过冷度和上游可压缩容积增加而增大，随质量流量、热负荷和出口干度的增加而减少。压降型脉动界限热负荷随系统压力、质量流速和进口阻力系数而增大，随出口阻力系数的增加而减少。流量振幅随质量流速和上游可压缩容积的增加而增加，随进口过冷度的减小而衰弱。

防止和消除压降型脉动的有效措施为：取出管路中的可压缩容积，或在可压可缩容积和管路之间装设节流阀。

5. 管间脉动

发生管间脉动时，当一部分通道的水流量增大时，与之并联工作的另一部分通道的水流量则减少，两者之间的流量脉动恰好成 $180°$ 的相位差。与此同时，这些通道出口的蒸汽量也相应发生周期性变化，这样一来，一部分通道进水口水流量的脉动与其出口蒸汽量的脉动恰成 $180°$ 相位差，即当水流量最大时，蒸汽量最小；而当水流量最小时，蒸汽量最大。

影响管间脉动的主要因素是：

1）压力。压力越高，蒸汽和水的比体积相差越少，局部压力升高等现象越不易发生，因而脉动的可能性也就越小。

2）出口含汽量。出口含汽量越小，汽-水混合物体积的变化也越小，流动也越稳定。

3）热流密度。热流密度越小，汽-水混合物的体积由热流密度的波动而引起的变化也就越小，脉动的可能性也就越小。

4）流速。进口流速越大，阻滞流体流动的水蒸气容积增大现象就越不容易发生，因而可以减轻或避免管间脉动。

防止管间脉动的方法是在管子进口加装节流圈或使管中质量流速大于一界线值。通过加装节流圈，可以使沸腾起始点附近产生的局部压力升高远远低于进口压力，从而使流量波动减少，直至消除。前苏联 xaoehck 等应用单相流体和两相流体的能量守恒、质量和动量守恒方程以及描述金属储热热量过程的能量方程建立了流量脉动时的数学模型，求解了微分方程组，分析了各参数对脉动的作用。结果表明，在所分析的很宽广的结构和运行工况参数变化范围内，在其他条件不变时，不产生脉动的极限质量流速与沿管长均匀分布的热负荷和受热管长度的变化成正比，而与管子的内径的变化成反比。实验表明，要防止脉动必须满足下列准则

$$\frac{\Delta p_{n0} + \Delta p_{j}}{\Delta p_{B}} \geqslant a \qquad (5\text{-}216)$$

式中，Δp_{n0}为加热段的压降，单位为 Pa；Δp_{j}为节流部件产生的压降，单位为 Pa；Δp_{B}为沸腾段的压降，单位为 Pa；a 为常数，取决于系统的工作压力和通道中的流体的质量流密度 G。

第六章　反应堆稳态热工设计原理

反应堆热工设计所要解决的具体问题，就是在堆型和为进行热工设计所必需的条件已经确定的前提下，通过一系列的热工水力计算和一、二回路热工参数的最优选择，确定在额定功率下为满足反应堆安全要求所必需的堆芯燃料元件的总传热面积、燃料元件的几何尺寸以及冷却剂的流速、温度和压力等参数，使堆芯在热工方面具有较高的技术经济指标。

热工设计必须和反应堆物理设计、结构设计以及制造工艺水平密切结合。热工设计必须以热工水力实验结果为依据，验证各种数据、公式以及所采用的计算模型的正确性。

通过前面章节的学习可知，通过分析处于额定功率下运行的反应堆的热工水力学参数有两方面的作用：一方面通过对不同的参数分析、选择来保证在正常运行期间把裂变能传到热力系统进行能量转换，在停堆后把衰变热传出来；另一方面通过参数的分析、选择来确定核电厂的设计准则，并对核物理设计、机械设计、测量仪表和控制系统等的设计提出设计的具体要求，从而设计一个既安全可靠而又经济的堆芯输热系统。反应堆稳态热工设计的任务是要设计一个既安全可靠而又经济的堆芯输热系统。

如前所述，核电厂的发电量并不完全取决于反应堆中所产生热能的多少，而是取决于有多少热能转化成电能量。功率一定的堆芯要具有可靠的输热系统（冷却系统），其燃料与所有包壳温度必须保证在安全值范围。另外，其燃料元件的损毁有可能造成大量放射性物质进入冷却剂，甚至造成新燃料危机，核电站的热力性能的这种限制对核电站的经济性的影响是非常明显的。近年来各类核电站发展迅速，人们对核电的认识不断深入，也积累了大量经验。另外，应用了很多堆芯内设备仪器来评估不同的核电站设计，包括不同的加工、不同的燃耗状况下堆芯及燃料的工作工况。

堆芯一般受到安全温度的限制，在水冷反应堆中为保证包壳温度，要受到燃尽热通量的限制；在气冷堆中为保证燃料的线性和包壳的温度不超过极限温度，要受到传热系数的限制。本章首先讨论传热系数和热条件对燃料及包壳的影响。

本章在前五章的基础上，探讨核反应堆稳态热工设计原理，包括反应堆稳态热工设计准则、热管（点）因子及临界热流量等。最后介绍两种常用的设计计算模型：单通道模型和子通道模型。

第一节　热工设计准则

一、反应堆热工设计前提

通过对核反应堆热工水力参数的稳态热工分析之后才能进行反应堆热工设计。在进行反应堆热工设计之前，由各专业讨论并初步确定一些参数，称为反应堆稳态热工设计的必需条件，包括：

1）选型。根据所设计的堆的用途和特殊要求选定堆型，确定核燃料、慢化剂、冷却剂和结构材料的种类。

2）反应堆热功率、堆芯功率分布不均匀系数和水铀比的允许变化范围。

3）燃料元件的形状、布置方式以及栅距允许变化范围。

4）二回路对一回路冷却剂热工参数的要求。

5）冷却剂流过堆芯的流程和堆芯进口处的流量分配情况。

在上述五个条件均确定的前提下，通过一系列的热工水力计算和一、二回路热工参数的最优选择，确定在额定功率下为满足反应堆安全要求所必需的堆芯燃料元件的总传热面积、燃料元件的几何尺寸以及冷却剂的流速、温度和压力等，其目的就是使所设计出的堆芯在热工方面具有较高的技术经济指标。核反应堆堆芯分析的一个重要方面是确定最佳的冷却剂流量分布和核心压降。一方面，较高的冷却剂流率将导致更好的热传递系数和更高的临界热流密度（CHF）限制。另一方面，更高的流速也将导致整个核心较大的压降，因此需要更大的泵功率和能够承受更大动态负载的核心部件。因此，核心的流体动力学和热工水力分析的作用就是要找到适当的工作条件，以确保核电厂安全、经济运行。

二、设计准则

在整个运行过程，反应堆无论是处于稳态工况还是处于预期事故工况时，都必须保持安全运行状态。所谓的热工设计准则就是为了保证这一安全可靠性，在设计反应堆冷却系统时必定要受到一些条件的限制，其热工参数值必须在某一范围之内，即设计必须遵循的一批参数限值，通常也是安全极限值。但是这些设计准则并非一成不变，它不但随堆型的不同而不同，而且还随着技术的发展、堆设计与运行经验的积累以及材料性能和加工工艺等的改进而不断变化着。以压水堆的热工设计准则为例。首先，压水堆中燃料芯块内最高温度应低于其相应燃耗下的熔化温度，这一点对燃料和包壳材料尤为重要。在通常所达到的燃耗下，熔点将降低到 2650℃ 左右。在稳态热工设计中，目前选取的最高温度限值为 2200 ~ 2450℃，这样可以为运行过程中可能发生的动态工况留有一定裕量。对于二氧化铀为燃料的压水堆，该限值大多介于 2200 ~ 2450℃ 之间（<2800℃）；并且，燃料元件外表面不允许发生沸腾临界。这个设计准则常用临界热流密度（DNBR）来表示。DNBR 定义为

$$DNBR = \frac{利用专门公式计算得到的堆内某处的临界热流密度}{该处的实际热流密度} \quad (6-1)$$

为保证燃料元件的完整性，在设计超功率及在可预计到的动态运行过程中，MDNBR（最小烧毁比）均不应低于规定的允许值，在额定功率下（DNBR≥1.8），预期最大功率为（118%）DNBR≥1.3；还须保证正常运行工况下燃料元件和堆内构件能得到充分冷却；在事故工况下能提供足够冷却剂以排出堆芯余热；在稳态和可预计的动态运行过程中，不允许发生流动不稳定性。对于压水堆而言，只要堆芯最热通道出口附近冷却剂中的含气量小于某一数值，就不会出现流动不稳定性现象。

高温气冷堆的设计准则主要为温度极限问题，它包括燃料元件表面最高温度小于限值、燃料元件中心最高温度小于限值、燃料元件和结构材料的热应力小于限值三个准则。这是由于气冷堆以气体为冷却介质，不存在液态工质的流动不稳定性和沸腾临界问题。

第二节　热管（点）因子

一、基本概念

从第四章的学习中我们知道，堆芯内的热功率是与中子通量有着定量关系的，由于反应堆中中子通量的不均匀分布，所以堆芯内的热功率的分布也是不均匀的。为了分析比较堆芯的整体工况与局部工况之间的关系，首先定义几个基本概念。

1）平均管：具有设计的名义尺寸、平均的冷却剂流量和平均释热率的假想通道。反映整个堆芯的平均特性。

2）热管：当堆芯内存在着某一积分功率输出最大，冷却剂的焓升最高的燃料元件冷却剂通道，它是假想的堆芯内温度最高的燃料元件冷却剂通道，集中反映堆芯内最不利于传热的特性。

3）热点：某一燃料元件表面热流密度最大的点称为热点，它是假想的堆芯内最热的点。

从对于整体堆芯来讲，当堆的功率、传热面积以及流量等条件已知时，容易确定堆芯内热工参数的平均值。但是堆芯输出功率是受到堆芯中最恶劣的局部热工参数值的限制，而不是受热工参数平均值的限制。因此，热管和热点对确定堆芯功率的输出量起着决定性的作用。然而得到这样一个局部极限的热工参数并非易事。为了衡量各有关的热工参数的最大值偏离平均值的程度，引进了一个修正因子，这个修正因子就称为热管因子或热点因子。热管因子为热管某一参数与相应的平均管参数的比值。

由于影响热管因子的因素不同，可分为热流密度热点因子和比焓升热管因子；如果按产生原因可分为核热管因子和工程热管因子。热管因子有些可用解析方法计算，多数需要由实验确定。

二、核热管（点）因子

通常按照产生原因把热管因子分为两大类，一类是核热管因子，一类是工程热管因子。核热管因子是当不考虑在堆芯进口处冷却剂流量分配的不均匀，以及不考虑燃料元件的尺寸、性能等在加工、安装、运行中的工程因素造成的偏差时，单纯考虑核方面的原因造成堆芯内形成热管的因素。造成堆芯功率分布的不均匀程度的因素，常用热流密度核热管因子来表示；而由核因素引起的热管和平均管中的冷却剂焓升的偏差，引入比焓升核热管因子来进行定量描述。

（一）热流密度核热管因子

为了定量地表征热管和热点的工作条件，如果不考虑堆芯中控制棒、水隙、空泡和堆芯周围反射层的影响，堆芯功率分布（有时称为堆芯功率整体分布）的不均匀程度常用热流量核热管因子 F_q^N 来表示。即堆芯最大热流量与名义值（平均值）之间的比值来表示。它包括径向核热管因子和轴向核热管因子。它们定义如下

$$F_R^N = 径向核热管因子 = \frac{热管的平均热流量}{堆芯平均管的平均热流量}$$

$$= \frac{热管的平均热流密度}{堆芯平均管的平均热流密度} \tag{6-2}$$

$$F_Z^N = 轴向核热管因子 = \frac{热管的最大热流量}{热管的平均热流量}$$

$$= \frac{热管的最大热流密度}{热管的平均热流密度} \tag{6-3}$$

因此有

$$F_q^N = F_R^N F_Z^N = \frac{堆芯最大热流量}{堆芯平均热流量} = \frac{堆芯最大热流密度}{堆芯平均热流密度} = \frac{q_{max}}{q} \tag{6-4}$$

在均匀装载的堆芯中堆芯的热流量与中子通量成正比，所以式（6-4）可以改写成

$$F_q^N = \frac{堆芯最大热中子通量}{堆芯平均热中子通量} = \frac{\Phi}{\Phi_0} \tag{6-5}$$

必须指出的是，当反应堆中的局部峰值明显的时候，必须考虑到局部峰值的影响，这一影响可以用局部峰核热管因子 F_L^N 来表示。这时核热管因子由径向核热管因子 F_R^N，轴向核热管因子 F_Z^N 以及局部峰核热管因子 F_L^N 共同作用而成，其中局部峰核热管因子与堆的具体结构有关，此值随着经验的积累和技术的改进也不断变化，其具体计算方法可在相关文献中查找。

圆柱形核燃料均匀装载的非均匀堆，如不考虑局部峰 F_L^N 的影响，其核热管因子由中子通量公式决定，其计算如下

$$\Phi(r,z) = \Phi_0 J_0(2.405 r/R_e)\cos\left(\frac{\pi z}{L_{Re}}\right)$$

$$\overline{\Phi} = \frac{1}{\pi R^2 L_R}\int_0^R \int_{-\frac{L_R}{2}}^{\frac{L_R}{2}} \Phi(r,z)(2\pi r)\mathrm{d}r\mathrm{d}z$$

$$F_R^N F_Z^N F_L^N = \frac{\Phi_0}{\overline{\Phi}} = \frac{2.405 R}{2R_e J_1\left(\dfrac{2.405R}{R_e}\right)} \frac{\pi L_R}{2L_{Re}\sin\left(\dfrac{\pi L_R}{2L_{Re}}\right)}$$

$$\xrightarrow{R \approx R_e, L_R \approx L_{Re}} \frac{2.405}{2J_1(2.405)} \frac{\pi}{2} = 3.64$$

可以看到，核热管因子近似等于热中子通量分布或功率分布的不均匀系数。表6-1 给出了各种堆形的核热管因子。

表 6-1　各种堆形的核热管因子

堆芯的几何形状	核热管因子	堆芯的几何形状	核热管因子
球形	3.29	圆柱形（裸，径向通量展平）	1.57
直角长方形	3.87	圆柱形（有反射层）	2.4
圆柱形	3.64	游泳池式堆（水做反射层）	2.6

在实际计算中，除了要考虑控制棒、水隙、空泡等局部因素对功率分布的影响，还应考虑到在堆芯核设计中如应用 r-z 坐标计算时的方位角影响，以及核计算不准确性所造成的误差，故 F_q^N 计算应改写为

$$F_q^N = F_R^N F_L^N F_\theta^N F_Z^N F_U^N \tag{6-6}$$

式中，F_θ^N 为方位角修正系数；F_U^N 为核计算误差修正系数。

（二）（比）焓升核热管因子

核因素引起的热管和平均管中的冷却剂（比）焓升的比值，称为（比）焓升核热管

因子。

$$F_{\Delta H}^{N} = \frac{\text{热管冷却剂焓升}}{\text{平均管冷却剂焓升}} \qquad (6\text{-}7)$$

假设热管和平均管内冷却剂的流量相等，如果整个堆芯装载完全相同的燃料元件，并忽略其他工程因素的影响，则堆芯冷却剂的（比）焓升核热管因子就等于热流密度径向核热管因子，即

$$F_{\Delta H}^{N} = F_{R}^{N} \qquad (6\text{-}8)$$

因为

$$F_{\Delta H}^{N} = \frac{\int_{0}^{L} \overline{q}_1 F_{R}^{N} \varphi(z)\,\mathrm{d}z}{\overline{q}_1 L} = \frac{F_{R}^{N} \int_{0}^{L} \varphi(z)\,\mathrm{d}z}{L} = F_{R}^{N} \qquad (6\text{-}9)$$

三、工程热管（点）因子

上述热管因子和热点因子都是单纯从核方面考虑的，所有涉及燃料元件热流密度及冷却剂通道流量的参数都应为设计依据。但实际工程上不可避免地会出现可能引起参数偏离设计值的各种误差，如燃料芯块的富集度及密度偏差，燃料元件的加工的尺寸误差，安装过程中的定位偏差，运行过程中燃料元件的弯曲变形等。这些误差的存在使得实际的热流量和冷却剂通道中的冷却剂焓升都将偏离上述按核物理计算出来的值。为了与工程计算得到的数值区别开来，把在不考虑工程影响因素只根据堆物理所计算出来的热工参数称为名义值。因此将单纯由核方面确定的热流密度核热点因子 F_{q}^{N} 和焓升核热管因子 $F_{\Delta H}^{N}$ 改写成

$$F_{q}^{N} = \frac{\text{堆芯名义最大热流量}}{\text{堆芯平均热流量}} = \frac{q_{n,\max}}{\overline{q}}$$

$$F_{\Delta H}^{N} = \frac{\text{堆芯名义最大焓升}}{\text{堆芯平均焓升}} = \frac{\Delta H_{n,\max}}{\overline{\Delta H}}$$

反应堆热工设计应考虑偏离名义值后是否还满足热工设计准则的要求，因此还要引入考虑了工程偏差的工程热管因子。

所谓工程热管因子，就是由于工程因素引起的热流密度最大点的参数与名义值之间的比值；工程热管因子就是由于工程因素引起的冷却剂通道内的最大焓升与名义值之间的比值。乘积法和混合法是实际中计算工程热管因子的两种主要方法。

（一）乘积法

在反应堆的热工计算中可以看到，影响燃料元件表面热流密度和冷却剂比焓升的工程因素是多方面的，例如加工、安装所产生的误差以及运行中可能产生的燃料棒的弯曲变形等。在反应堆发展的早期，由于缺乏经验，为了确保反应堆的安全，通常把所有的工程偏差都看作是非随机性的，因而在综合计算影响热流密度的各个工程偏差的时候，保守地采用了将各个工程偏差相乘的办法，这就是乘积法。

1. 热流密度工程热管因子

燃料元件外表面的热流密度的影响因素包括燃料元件芯块的直径、密度的加工误差，核燃料的富集度和包壳外径加工误差等。这些误差彼此是互相独立的，若把这些误差全都看作是非随机误差，所有误差均按对安全最不利的方向选取。就是指把所有最不利的工程偏差都同时集中作用在热管或热点上。那么当知道各项最大误差之后，就可以得到热流密度工程热

管因子。

根据乘积法，热流密度工程热点因子表示为

$$F_q^E = \frac{\frac{\pi}{4} d_{u,h}^2}{\frac{\pi}{4} d_{u,n}^2} \frac{e_h}{e_n} \frac{\rho_h}{\rho_n} \frac{d_{cs,h}}{d_{cs,n}} \tag{6-10}$$

式中，d_u 为芯块横截面；e 为浓缩度；ρ 为密度；d_{cs} 为表面积；下标 n 表示的是名义值；下标 h 表示的是具有最不利误差的值。因此，$d_{cs,h}$ 取的是最小值，而其他取的都是最大值。

2. 焓升工程热管因子

由于反应堆类型的不同，影响冷却剂焓升的工程偏差因素也不相同，对于压水堆来说，其焓升工程热管因子由以下 5 个分因子组成分别为：①燃料芯块加工误差；②燃料元件和冷却剂通道尺寸误差；③堆芯下腔室流量分配不均匀；④热管内冷却剂流量再分配；⑤相邻通道间冷却剂交混。下面分别进行讨论。

（1）燃料芯块加工误差引起的焓升工程热管分因子　燃料芯块在经过加工之后，裂变物质浓度、直径和密度的真实值与单纯堆物理计算出来的名义值存在一定偏差，从而使得其释热率亦偏离名义值，为了表示此方面的误差造成的影响，用热管最大焓升与名义焓升的比值 $F_{\Delta H,1}^E$ 来表示

$$F_{\Delta H,1}^E = \frac{\Delta H_{h,max,1}}{\Delta H_{n,max}} = \frac{\frac{\pi}{4} \bar{d}_{u,h}^2}{\frac{\pi}{4} \bar{d}_{u,n}^2} \frac{\bar{e}_h}{e_n} \frac{\bar{\rho}_h}{\rho_n} \tag{6-11}$$

式中，$\bar{d}_u$ 为芯块横截面；$\bar{e}$ 为浓缩度；$\bar{\rho}$ 为密度。

加工后的值，要取一批元件全长上平均误差中对安全不利方向的最大值。正误差使热管冷却剂焓升增加，负误差使热管焓升减小，正负误差互相抵消，因此式（6-11）取全长上的平均值。

（2）燃料元件和冷却剂通道尺寸误差引起的工程核热管分因子　燃料元件包壳外径的加工误差、材料原件栅距的安装误差以及堆运行后的元件弯曲变形，使得元件冷却通道实际值偏离名义值。由此产生的误差因子用 $F_{\Delta H,2}^E$ 来表示

$$F_{\Delta H,2}^E = \frac{\Delta H_{h,max,2}}{\Delta H_{n,max}} = \frac{Q_{n,max}/W_{h,min,2}}{Q_{n,max}/\bar{W}} = \frac{\bar{W}}{W_{h,min,2}} \tag{6-12}$$

式中，$W_{h,min,2}$ 为考虑通道尺寸存在工程误差后的热管冷却剂最小流量。

也可以把流量比转化为通道的尺寸比来表示，即

$$\Delta p_f = f \frac{\rho V^2 L}{2 D_e} \propto \frac{W^{2-b}}{D_e^{1+b} A^{2-b}}$$

$$\Rightarrow W \propto A D_e^{\frac{1+b}{2-b}} \tag{6-13}$$

（3）堆芯下腔室流量分配不均匀性引起的工程核热管分因子 $F_{\Delta H,3}^E$　由于堆芯的下腔室各部分的结构不尽相同，所以分配到堆芯各个元件冷却剂通道的实际流量与名义值有着偏差，这一影响因素用 $F_{\Delta H,3}^E$ 来表示

$$F_{\Delta H,3}^E = \frac{Q_{n,max}/W_{h,min,3}}{Q_{n,max}/\bar{W}} = \frac{\bar{W}}{W_{h,min,3}} \tag{6-14}$$

式中，$W_{h,min,3}$ 为由堆芯下腔室分配到热管的冷却剂流量。一般来说，$W_{h,min,3}$ 要小于平均管的流量。其不均匀程度从理论上难于得出，一般需要从堆本体的水力模拟装置中实验测出。

（4）热管内冷却剂流量再分配引起的工程核热管分因子 $F_{\Delta H,4}^E$ 　目前在水反应堆设计当中是允许热管内的冷却剂发生过冷沸腾和饱和沸腾的。热管内的冷却剂流量再分配指的是由于热管内产生气泡而增大流动压降，导致热管冷却剂流量减少，而多出的这一部分冷却剂就要流到堆芯其他冷却剂通道上去。由于这一因素产生的误差因子用 $F_{\Delta H,4}^E$ 表示

$$F_{\Delta H,4}^E = \frac{\Delta H_{h,max,4}}{\Delta H_{n,max,3}} = \frac{Q_{n,max}/W_{h,min,4}}{Q_{n,max}/W_{h,min,3}} = \frac{W_{h,min,3}}{W_{h,min,4}} \qquad (6-15)$$

式中，$W_{h,min,3}$ 为由堆芯下腔室分配到热管的冷却剂流量，$W_{h,min,4}$ 为发生流量再分配后的热管冷却剂流量。$W_{h,min,4}$ 可以通过使热管压降与驱动压力相等来求得。

一般假设堆芯出口处是一个等压面，由于热管处的进口压力小于平均管的进口压力，因此，热管的驱动压力要比平均管的小一些。求解热管流量的关键就是确定热管的驱动压力。热管的有效驱动压力可以由平均管的各个压降乘以相应的修正因子而求得

$$\Delta p_{h,e} = K_{f,h}\Delta p_{f,m} + K_{a,h}(\Delta p_{in,m} + \Delta p_{a,m} + \Delta p_{gd,m} + \Delta p_{ex,m}) + \Delta p_{el,m} \qquad (6-16)$$

$$K_{f,h} = (1-\delta)^{2-b} \quad K_{a,h} = (1-\delta)^2 \quad \delta = \frac{\overline{W} - W_{h,min,3}}{\overline{W}} \qquad (6-17)$$

（5）相邻通道间冷却剂交混引起的工程核热管分因子 $F_{\Delta H,5}^E$ 　在相邻冷却剂通道内的冷却剂相互之间进行着横向的动量、质量和热量的交换。热管中较热的冷却剂与相邻通道中较冷的冷却剂的相互交混，使热管中的冷却剂焓升降低。考虑横向交混后，热管冷却剂的实际最大焓升就不同于热管冷却剂名义最大焓升，这一影响用 $F_{\Delta H,5}^E$ 来表示

$$F_{\Delta H,5}^E = \frac{\Delta H_{h,max,5}}{\Delta H_{n,max}} \qquad (6-18)$$

这种误差属于非随机性误差，也很难从理论上分析得到，而只能通过实验或者经验关系式确定。

综合上述五个因素，综合各分因子求得的总焓升工程热管因子为

$$F_{\Delta H}^E = F_{\Delta H,1}^E F_{\Delta H,2}^E F_{\Delta H,3}^E F_{\Delta H,4}^E F_{\Delta H,5}^E \qquad (6-19)$$

表 6-2 给出了几个反应堆的比焓升工程热管分因子。

表 6-2　几个反应堆的比焓升工程热管分因子

	特里卡斯坦	塞尔尼圣诺	国内某反应堆
$F_{\Delta H,1}^E$	1.05	1.14	1.042
$F_{\Delta H,2}^E$	—		1.04
$F_{\Delta H,3}^E$	1.08	1.07	1.03
$F_{\Delta H,4}^E$	—	1.05	1.10
$F_{\Delta H,5}^E$	0.89	0.95	0.90

乘积法将所有的有关的最不利的因素都同时集中在热点处，并在综合计算时取对安全不利的方向的最大工程偏差。虽然可以满足堆内燃料元件的热工设计安全要求，但却降低了反应堆的经济性，且所确定的工程热管因子数值大。而为了确保安全，相应地就必须降低燃料元件的平均释热率，从而限制了堆芯功率的输出。

（二）混合法

在乘积法中所有工程偏差看成是非随机的，然后将全部有关的最不利的工程偏差相应地集中在由核计算所确定的热点或热管上，毫无疑问，这样算得的结果偏大，使设计过分保守。目前广泛应用的方法是将工程因素引起的误差按实际情况分为两大类：一类是随机误差，也称统计误差，例如燃料芯块、包壳的加工和装配误差，和其他产品一样，误差都属于随机变量的性质，误差的大小、正负都服从正态分布，可用概率统计方法进行计算；另一类是非随机误差，也称系统误差，例如下腔室流量分配不均匀，流量再分配和流动交混等因素造成的误差。如果对于非随机误差用前面介绍的乘积法，而对于随机误差，则用误差分布规律的相应公式计算，将在保证反应堆安全运行的基础上，大大提高经济效益。由于这种方法结合了乘积法和统计法，所以称为混合法。与乘积法相比较，首先，混合法取不利的工程因素而不是最不利的工程因素；其次，混合法按一定的概率作用在热管和热点上，而不是必然同时集中作用在热管和热点上；最后，混合法有一定的可信度而不是绝对安全可靠。

混合法中将随机变量与非随机变量按不同的方法进行计算，其中随机误差满足正态分布，小误差比大误差出现的概率多，大小相等、符号相反的正负误差出现的概率近似相等，极大的误差值，不论正负，其出现的概率都非常小。在设计反应堆时，常取极限误差 3σ 为容许误差范围，这样可信度为 99.7%，如图 6-1 所示。

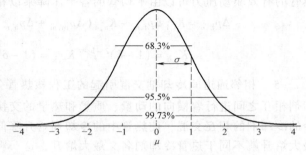

图 6-1　正态函数分布图

1. 热流量工程热点因子

由于其燃料芯块、包壳的加工和装配误差都属于随机误差，可以按照随机误差计算。其误差计算公式如下

$$3\left[\frac{\sigma_q^E}{q_{n,max}}\right] = 3\sqrt{\left(\frac{2\sigma_{du}}{d_{u,n}}\right)^2 + \left(\frac{\sigma_\rho}{\rho_n}\right)^2 + \left(\frac{\sigma_e}{e_n}\right)^2 + \left(\frac{\sigma_{dcs}}{d_{cs,n}}\right)^2} \tag{6-20}$$

得到

$$\sigma_{du} = \sqrt{\frac{\Delta d_{u,1}^2 + \Delta d_{u,2}^2 + \cdots + \Delta d_{u,N}^2}{N}} \tag{6-21}$$

热流量工程热点因子为

$$F_q^E = \frac{q_{h,max}}{q_{n,max}} = \frac{q_{n,max} + \Delta q}{q_{n,max}} = 1 + \frac{\Delta q}{q_{n,max}} = 1 + 3\left[\frac{\sigma_q^E}{q_{n,max}}\right] \tag{6-22}$$

式中，$q_{n,max}$ 为燃料元件表面热流量名义最大值；$d_{u,n}$、σ_{du} 分别为燃料元件芯块直径的名义值和均方误差；ρ_n、σ_ρ 分别为芯块密度的名义值和均方误差；e_n、σ_e 分别为浓缩度的名义值和均方误差；$d_{cs,n}$、σ_{dcs} 分别为包壳外直径的名义值和均方误差。

2. 焓升工程热管因子

在计算焓升工程热管因子时，对于其中随机误差按统计法计算可以得到。

（1）燃料芯块加工误差的分因子

$$F_{\Delta H,1}^{E} = 1 + 3\left[\frac{\sigma_{\Delta H,1}^{E}}{\Delta H_{n,max}}\right] \tag{6-23}$$

（2）燃料元件和冷却剂通道尺寸误差分因子 包壳外径的加工误差，栅距的安装误差属随机误差，而元件的弯曲变形，作非随机误差处理。则相应的熵升工程热管分因子为：

包壳外径的加工误差

$$F_{\Delta H,dcs}^{E} = 1 + 3\left[\frac{\sigma_{dcs,hc}}{d_{cs,n}}\right] \tag{6-24}$$

元件的弯曲变形

$$F_{\Delta H,sb}^{E} = \frac{P_{min,b}}{P_{n}} \tag{6-25}$$

栅距的安装误差相应的熵升工程热管分因子为

$$F_{\Delta H,sP}^{E} = 1 - 3\left[\frac{\sigma_{s,P}}{P_{n}}\right] \tag{6-26}$$

得到

$$F_{\Delta H,2}^{E} = \frac{\Delta H_{h,max,2}}{\Delta H_{n,max}} = \frac{Q_{n,max}/W_{h,min,2}}{Q_{n,max}/\overline{W}} = \frac{\overline{W}}{W_{h,min,2}} = \frac{[AD_{e}^{\frac{1+b}{2-b}}]_{m}}{[AD_{e}^{\frac{1+b}{2-b}}]_{h}} \tag{6-27}$$

由于其他工程热管分因子都是由非随机误差所产生，所以其公式同乘积法。而总熵升工程热管因子为式（6-19）。

综上所述，热管因子和热点因子综合核与工程两个方面的因素影响，可以表示为

$$F_{\Delta H} = F_{\Delta H}^{N} F_{\Delta H}^{E} \tag{6-28}$$

$$F_{q} = F_{q}^{N} F_{q}^{E} \tag{6-29}$$

四、降低热管因子的途径

从核方面考虑降低核热管（点）因子，主要通过功率展平这一手段。为了改善堆芯的功率分布不均匀性，首先燃料装载时要分区进行，沿堆芯径向装载不同浓缩度的核燃料；对于堆芯应在周围设置反射层，并且合理布置控制棒和可燃毒物棒，加硼水及长短控制棒结合等方法。在工程方面，考虑降低核热管（点）因子，要尽可能合理地确定有关部件的加工和安装误差，既要尽可能降低工程热管（点）因子，又不致过分增加加工费用；进行精细的堆本体水力模拟实验，以改善下腔室流量分配不均匀性；增加流体横向交混，使热管内的冷却剂熵升降低。

第三节 临界热流量与最小 DNBR

在压水堆最初的热工设计中是不允许出现沸腾的，但是随着对反应堆研究的不断深入不但允许堆芯冷却剂发生过冷沸腾，而且还允许在少量冷却剂通道中发生饱和沸腾，其目的在于在一定的系统压力下，提高堆芯出口处的冷却剂温度，从而改善整个核电站的热效率。

但是，由于沸腾时气泡的存在，燃料元件表面与冷却剂间的放热强度并不随气泡的增加而单调上升，有时可能发生燃料元件表面的沸腾临界，此时燃料元件表面与冷却剂间的传热

急剧恶化，导致燃料元件包壳烧毁。因此对于水堆中的沸腾工况进行研究极为重要。下面首先回顾一下沸腾的知识。

一、沸腾临界

流体在受热表面上的沸腾过程可以分为两大类：池内沸腾和流动沸腾。池内沸腾是指受热面浸没在一个无宏观流速的液体表面下，这时从加热表面产生的气泡能够脱离表面，自由浮升。液体的流动是靠自然对流和气泡扰动。液体在压差作用下以一定速度流过加热管和其他流道时，在管内表面上发生的沸腾叫流动沸腾。此时液体的流速对沸腾过程产生影响，而且在加热面上产生的气泡不能自由浮升，被迫与流体一起流动。

把一个加热器浸没在饱和水中，使之温度逐步增加，并观察加热器表面上的沸腾过程，同时得出加热热流密度 q 与过热度 $\Delta t_s = t_w - t_s$ 的关系曲线，这就是饱和水大容器沸腾曲线，如图 6-2 所示。

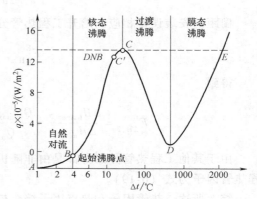

图 6-2 大容器沸腾曲线

AB：沸腾温差较小，热流通量较低，看不到沸腾景象，热量靠自由流动传递给液体，蒸发在液体表面进行，称自然对流沸腾。这里加热面的温度较低，壁面附近的液体的过热度较小，而液体的总体温度低于饱和温度，壁面上能产生的气泡的地方很少，处于较低强度的过冷沸腾状态。流体的运动主要是自然对流造成的，因而壁面与流体之间的热交换也以自然对流换热为主。由于存在一定程度的沸腾现象，在该区段的换热强度要比单纯的自然对流换热强。

BC：壁上产生大量气泡，并随 Δt 的增加，产生的气泡越来越多。液体此时有一定的过热度，故可继续加热通过液体层的气泡，使之膨胀，直到逸出水面，由于大量气泡的迅速生成和它的激烈运动，使传热系数和热流通量急剧增大，此过程称核态沸腾。在此区段中随着液体过热度的增加，液体的总体温度也不断地升高而达到或大于饱和温度。加热壁面上产生气泡的地点逐步增多，气泡不断产生、长大、跃离，并在液体浮升力作用下运动，最后上升到液体的自由面。在此阶段开始，汽化核心产生的气泡彼此互不干扰，但随着 Δt 进一步增加，汽化核心增加，气泡互相影响，并会合成气块及气柱。此时气泡的扰动剧烈，传热系数和热流密度都急剧增大。由于具有传热温差小，换热热流密度大的特征，核态沸腾区是工程乐于采用的过程。

CD：此过程由于生成的气泡太多，以致在加热面上产生气膜，但气膜还不稳定，会突然裂开，变成大气泡离开壁。由于气膜阻碍了传热，故换热强度急剧下降至 D 点，壁面完全被气膜覆盖，此时换热强度最小，此过程称过渡沸腾区。

DE：此过程区域内局部气膜相互结合，最终加热面全部被气膜覆盖，形成稳定的膜态沸腾。这时随着 t_w 的提高，辐射换热量占据的比例越来越大，所以 q 随 Δt 的增加而增加。

对控制热流的加热方式，增大热流密度达到 C 点的热流密度时，只要热流密度略有增加，将使得工况从 C 点迅速跳跃到 E 点，加热壁面温度就会出现飞升，有可能超过设备材料的安全限度而导致加热设备的破坏。在反应堆中，如果燃料元件包壳被烧毁，就会有大量放射性物质泄漏到冷却剂中。C 点是热流密度的峰值 q_{max}，对于传热有重大意义，称为临界热流密度，亦称烧毁点。一般用核态沸腾转折点即 DNB 即作为监视接近 q_{max} 的警戒。这一点对热流密度可控和温度可控的两种情况都非常重要。为了保证安全，堆热工设计中常把临界热流密度称为烧毁热流密度。

在堆内水流动沸腾存在过冷沸腾和饱和沸腾的两种不同工况，过程与发展情况和池内相似，但由于管内流动沸腾不仅与压力和热流密度有关，而且与流速及含气量有关。流动沸腾时的临界热负荷与池沸腾一样是与沸腾临界或烧毁相联系的。即当热负荷超过临界热负荷时，由于传热机理发生变化，使传热系数急剧下降，从而导致受热面壁温急剧升高，甚至烧毁。

从流体动力学看，在气泡脱离壁面向上运动的同时，存在着与气泡运动方向相反的液流去补充避免液体的蒸发。随着沸腾强度增加，气化核心数及气泡产生的频率均增加，因而气液间的相对速度增大；而各相邻气泡间的通道却越来越窄，当到达一定程度时，就会出现液体流动的不稳定现象，受热面得不到液体供应而产生沸腾临界。

流动沸腾的危机与两相流流型密切相关。此时流动沸腾临界可粗略地分成两类：一类为过冷沸腾与低含气量下的沸腾临界，另一类为高含气量（环状流动）下的沸腾临界。

（一）过冷沸腾及低干度下的沸腾临界

过冷沸腾临界发生在高热流密度下，它常常会引起管壁金属的烧毁。发生此种危机主要与表面参数有关，如表面条件、局部含气率、边界层的过热等，而和主流过冷度的关系却不大。

在过冷沸腾和低干度条件下引起沸腾临界的原因有以下三种：

1）蒸汽块下的干涸，即在受热面上形成大气泡，受热面的再润湿受阻，在其下产生干燥斑点。

2）近壁处气泡拥挤，从而阻碍液体顺利的通向受热面，最后会导致在受热面上形成蒸汽层。

3）弹状流时，管壁上液膜的干涸速度大于相邻液体再润湿该处管壁的速度。

（二）高干度（环状流）下的沸腾临界

高干度时发生沸腾临界的热负荷较过冷沸腾时低。和过冷沸腾临界不同，它主要取决于流型参数，包括截面的含气率、滑动比、蒸汽流速、液膜厚度等，而和表面参数的关系不大。

高干度下的沸腾临界是由以下原因引起的：

1）液膜下形成蒸汽膜，这与低干度的膜态沸腾情况类似。由于液滴质量交换受限制引起的沸腾临界。当受热面液滴的蒸发速率超过该处由于中心气流的湍流扩散通过质量交换而返回受热面的液滴的速率时，就会发生沸腾临界。

2）液膜的突然破裂。由于液膜不稳定，形成高速波，这种高速液膜的突然破裂就会引起沸腾临界。

3）形成干燥斑点。在液膜内形成高速斑点，干燥斑点处，受热面不能被液体润湿而局部过热，引起沸腾临界。

4）液膜干涸。液膜由于卷吸、蒸发而干涸，当所有液膜全部消失时，就会出现沸腾临界。

因此沸腾的临界热流密度对水冷堆设计非常重要。国内外做了大量的实验研究和理论分析，但仍没有一个完善的理论计算公式，在反应堆初步设计中可以根据参数不同而选择不同公式，仍需依靠类似于反应堆运行工况下得到的实验数据所整理出来的经验公式。

二、典型临界热流量公式

在文献上已发表了许多计算临界热流密度的公式。这些公式在形式上差别很大，选用时必须注意它们的适用范围。虽然近期设计的压水动力堆，都允许有过冷沸腾和饱和沸腾，不过在堆芯的出口处，混合后的冷却剂仍为过冷水。

沿加热通道轴向高度，冷却剂由过冷状态，到过冷沸腾，再到低含气量的饱和沸腾段，含气量逐渐增加，而且连续变化。在堆热工设计时，希望能有一个从液体的过冷状态到产生蒸汽，即含气量由负值连续变化到正值这样一个宽的范围内都适用的临界热流密度计算公式。

下面介绍几个典型的公式。

（一）W-3 公式

国外在设计压水动力堆时使用的临界热流密度公式之一为 W-3 公式，它是计算加热通道内流动沸腾时的 q_{DNB} 公式，适用于压水堆的额定工况稳态热工设计，可在初步设计时使用。但最终的设计依据还必须是模拟所设计的反应堆的具体结构和热工参数进行实验所得到的精确的临界热流密度数据。q_{DNB} 表达式为

$$q_{DNB,eu} = f(p, x_e, G, D_e, H_{fin})$$
$$= 3.154 \times 10^6 \xi(p, x_e) \zeta(G, x_e) \psi(D_e, H_{fin})$$

$$\xi(p, x_e) = (2.022 - 0.06238p) + (0.1722 - 1.43 \times 10^{-8}p)\exp[(18.177 - 5.987 \times 10^{-7}p)x_e]$$

$$\zeta(G, x_e) = [(0.1484 - 1.596x_e + 0.1729x_e|x_e|) \times 0.2049 \times 10^{-6}G + 1.037] \times (1.157 - 0.869x_e)$$

$$\psi(D_e, H_{fin}) = [0.2664 + 0.8357\exp(-124D_e)] \times [0.8258 + 0.341 \times 10^{-6}(H_{fs} - H_{f,in})]$$

$$(6-30)$$

式中，$q_{DNB,eu}$ 为轴向均匀加热的临界热流密度，其适用范围为 $(0.3466 \sim 1.9226) \times 10^6 \text{W/m}^2$；$p$ 为冷却剂工作压力，其适用范围为 $(6.895 \sim 16.55) \times 10^6 \text{Pa}$；$G$ 为冷却剂质量流速，其适用范围为 $(4.9 \sim 24.5) \times 10^6 \text{kg/}(\text{m}^2\text{h})$；$L = 0.254 \sim 3.668\text{m}$；$x_e = -0.15 \sim 0.15$；$H_{fin} \geqslant 930\text{kJ/kg}$；$\dfrac{\text{加热周长}}{\text{湿润周长}} = 0.88 \sim 1.0$；适用于圆形，矩形和棒束的几何形状的通道。

该公式主要是根据轴向热流量均匀分布的单通道实验所得到的临界热流量数据整理而成。当然也可以用于轴向热流量非均匀分布的棒束元件冷却剂通道的临界热流量计算，只是要采用冷却剂通道的局部参数，而不是整个棒束组件内的平均参数。

轴向热流的不均匀分布还要采用不均匀因子来修正。如果存在非加热的壁面，则还要用一个冷壁因子来修正。对于堆芯内的定位件及混流片，由于加强交混强化了传热，可用定位件修正因子进行修正，下面分别进行讨论。

1. 不均匀因子修正

从上游表面来的流体特别是从边界区域来的流体，当接触到下游表面时，会将过热液体和气泡带到下游边界层，从而将上游热流分布的影响传递到发生烧毁的下游边界层，即烧毁

的记忆效应，因此需进行热流分布不均匀因子修正，对其修正为

$$q_{DNB,N} = \frac{q_{DNB,eu}}{F_s} \tag{6-31}$$

其中轴向热流不均匀分布的修正因子 F_s 的计算式为

$$F_s = \frac{C\int_0^{z_{DNB,N}} q(z)\exp[-C(z_{DNB,N}-z)]dz}{q_{loc}[1-\exp(-Cz_{DNB,eu})]} \tag{6-32}$$

式中，C 为系数，其值可由经验公式 $C = 12.64\dfrac{(1-x_{DNB})^{4.31}}{(G/10^6)^{0.478}}$ 确定；$q(z)$ 为轴向坐标 z 处元件表面热流密度；q_{loc} 为轴向计算点处元件表面热流密度；$z_{DNB,N}$ 为非均匀热流时堆芯进口至计算点的距离；$z_{DNB,eu}$ 为均匀热流时堆芯进口至计算点的距离。

2. 冷壁因子修正

在流道中由于贴近非加热的壁面（即冷壁）的一部分流体不参与加热面的冷却，则还要用一个冷壁因子来修正，在 W-3 公式中需要引入冷壁修正因子 F_c

$$F_c = 1 - \left(1 - \frac{D_e}{D_h}\right)\xi(x_e,G,p,D_h)$$

其中
$$\xi(x_e,G,p,D_h) = 13.76 - 1.372\exp(1.78x_e) - \tag{6-33}$$
$$5.15\left(\frac{G}{10^6}\right)^{-0.0535} - 0.01796\left(\frac{p}{10^3}\right)^{0.14} - 12.6D_h^{0.107}$$

式（6-33）适用范围为 $L \geqslant 0.254m$，元件棒间隙 $b \geqslant 2.54mm$，$P = 6.86 \sim 15.87MPa$，$x_e \leqslant 0.1$，$G = (4.86 \sim 24) \times 10^6 kg/(m^2 \cdot h)$。

存在冷壁时计算时除了引入冷壁修正因子 F_c 之外，在计算 $q_{DNB,eu}$ 时的 D_e 要用 D_h 代替，即

$$D_h = \frac{4 \times 截面积}{热周长度} $$

3. 定位件修正因子修正

对于堆芯内有定位件及混流片时，流体顺着混流片冲刷着包壳表面，把气泡冲走了，使元件表面不易形成气膜，同时使燃料元件表面流体与周围流体加强交混，强化了元件表面的放热，从而使 q_{DNB} 得到提高，此时引入定位件修正因子 F_g 进行修正

$$F_g = \frac{有定位架的 \ q_{DNB}}{无定位架的 \ q_{DNB}} \tag{6-34}$$

$$F_g = 1.0 + 0.6144 \times 10^{-2}\left(\frac{G}{10^6}\right)\left(\frac{C_{TD}}{0.019}\right)^{0.35} \tag{6-35}$$

式中，C_{TD} 为冷却剂热扩散系数，对单箍型定位架可取 0.019。

定位格架设计得好坏对 q_{DNB} 的影响很大，因此采用不同的定位格架时对 q_{DNB} 的影响应由实验测定。最后得到

$$q_{DNB} = \frac{q_{DNB,eu}}{F_s}F_c F_g \tag{6-36}$$

采用上述修正后，计算得到的值和实验测得的值之间还有差别，还须结合具体结构乘上

修正系数。理论值和实验值之间的偏差是随机性的。造成偏差的原因及所占份额一般为：流体流动的湍流特性以及传热表面的表面粗糙度所产生的误差约占 ±3%，试验段的加工误差（例如壁厚、通道截面尺寸等）约占 ±5% 左右，处理参数的计算公式不完善所引起的误差约为 ±5%，测量误差约为 ±10%。上述四项误差总计约为 ±23%。由 W-3 公式的计算值与实验所得的下限值之比为 $1/(1-0.23)=1.3$。因此，为了保证安全，应该把由 W-3 公式计算所得的数值除以 1.3，即

$$q_{DNB} = \frac{q_{DNB,W-3}}{1.3} \qquad (6-37)$$

在众多公式当中，W-3 公式应用最为广泛，但是某些热工参数超过其使用范围时就必须选用其他公式进行计算。下面对其他几种公式进行简要介绍。

（二）W-2 公式

由于 W-3 公式的适用范围为当含气量 $x_e \leqslant 0.1$，当含气量超出此范围时可以采用 W-2 公式。该公式有两个表达式：在 $x_e < 0$ 时，用 q_{DNB} 表达式，这一表达式在设计中用得不多，这里不作介绍；$x_e > 0$ 时，用烧毁焓升表示，即用气-水混合物的焓升来计算烧毁热流量，如下式

$$\Delta H_{B0} = H_f(z) - H_{fin}$$
$$= 2216.51\left(\frac{H_{fs} - H_{fin}}{4190}\right) + H_{fg}\xi(D_e, G, z)$$

$$\xi(D_e, G, z) = [0.825 + 2.3\exp(-670D_e)]\exp\left(\frac{-0.308G}{10^6}\right) - 0.41\exp\left(-\frac{0.0048z}{D_e}\right) - 1.12\frac{\rho_{gs}}{\rho_{fs}} + 0.548$$

$$(6-38)$$

W-2 公式适用范围为：局部热流密度 q 的应用范围为 $(0.315 \sim 5.560) \times 10^6 \text{W/m}^2$，工作压力 p 的应用范围为 $(5.488 \sim 18.914) \times 10^6 \text{Pa}$，流体质量流密度 G 的应用范围为 $(2 \sim 12.5) \times 10^6 \text{kg/(m}^2\text{h)}$，通道长度 L 的应用范围为 $0.228 \sim 1.93\text{m}$，进口比焓的应用范围为 $h_{f,in} \geqslant 930\text{kJ/kg}$，出口含气量 x_e 的应用范围为 $0 \sim 0.9$，$\frac{\text{加热周长}}{\text{湿润周长}} = 0.88 \sim 1.0$。

值得注意的是，W-2 公式适用于几何形状为圆形、矩形和棒束的通道，对于均匀加热和非均匀加热都可适用。

（三）B&W 公式

B&W 公式是美国 Babcock&Wilcox 公司发表的计算临界热流密度的公式，其适用的范围与现在的压水动力堆参数相近，表达式为

$$q_{DNB,eu} = 3.154 \times 10^6(1.155 - 16.02D_e) \times \frac{0.37 \times 10^8\left(\frac{0.1218G}{10^6}\right)^{0.83 + 0.685\left(\frac{145.05p}{10^3} - 2\right)} - 0.01346Gx_{DNB}H_{fg}}{12.71\left(\frac{0.6297G}{10^6}\right)^{0.712 + 0.2073\left(\frac{145.05p}{10^3} - 2\right)}}$$

$$(6-39)$$

式（6-39）的适用范围为：$D_e = 0.00508 \sim 0.0127\text{m}$，$L = 1.828\text{m}$，$x_e = -0.03 \sim 0.20$，$P = (13.789 \sim 16.547) \times 10^6 \text{Pa}$，定位架的间距为 0.3m，$G = (0.1546 \sim 0.8247) \times 10^6 \text{kg/(m}^2\text{h)}$。

B&W 公式非均匀加热修正

$$F_s = \frac{q_{DNB,eu}}{q_{DNB,N}}$$

$$= \frac{1.025C\int_0^{l_{DNB}} q(z)\exp[-C(l_{DNB}-z)]dz}{q_{local}[1-\exp(-Cl_{DNB})]}$$

$$C = \frac{0.249(1-x_{DNB})^{7.82}}{\left(\frac{0.20618G}{10^6}\right)^{0.457}}$$

(6-40)

（四）WRB-1 公式

WRB-1 公式比 W-3 公式更符合棒束试验数据，该表达式如下

$$q_{DNB,eu} = 3.154\left[PF + A_1 + B_3\left(\frac{G}{10^6}\right) - B_4\left(\frac{G}{10^6}\right)x_e\right]$$

(6-41)

式（6-41）的适用范围为：工作压力 p 的应用范围为 $(9.9\sim17.2)\times10^6Pa$，流体质量流密度 G 的应用范围为 $(2.8\sim11.7)\times10^6kg/(m^2h)$，加热长度 L 的应用范围为 $L\leqslant4.27m$，加热间隙 s 的应用范围为 $0.33\sim0.81m$；含气量 x_e 的应用范围为 $-0.20\sim0.3$，当量直径 D_e 的应用范围为 $0.0094\sim0.0152m$，热周当量直径 D_h 的应用范围为 $0.0117\sim0.0147m$。

三、影响临界热流密度的因素

q_{DNB} 是水堆设计的重要参数，因此分析影响 q_{DNB} 的各种因素，从而找到提高 q_{DNB} 的各种途径，是一个十分重要的课题。除前面已经讨论的热流分布不均匀、冷壁和定位架等因素外，q_{DNB} 还与以下因素有关。

1. 冷却剂质量流速

对过冷沸腾和低含气量的饱和沸腾，当冷却剂的质量流速增大时，流体的扰动增加，气泡容易脱离加热面，从而 q_{DNB} 增大。流速增大到一定数值后，在继续增加流速对提高 q_{DNB} 的贡献就小了。在高含气量饱和沸腾的情况下，如果冷却剂的流型是环状流，这时增加冷却剂流速反而会使加热面上的液膜变薄，从而加速烧干。

2. 进口处冷却剂过冷度

进口处的冷却剂过冷度越大，则加热面上形成稳定的气膜所需的热量越多，q_{DNB} 增大。但是当过冷度增大到某一数值时，会发生两相流动不稳定性，导致热管内冷却剂流量减小，从而 q_{DNB} 下降。

过冷度小到某一数值时，也会发生两相流动不稳定性。究竟如何确定进口冷却剂的过冷度，要根据系统具体的热工和结构参数确定。

3. 工作压力

对于加热的流动沸腾系统，压力对 q_{DNB} 的影响，不同研究人员的观点还不太一致。有些研究人员认为，压力升高，q_{DNB} 会稍有下降。单从 W-3 公式来看，当系统的加热量一定时，压力增加，冷却剂的含气量也在变化，因而 q_{DNB} 有可能增大。对于池式沸腾，当压力小于 6.68MPa 时，q_{DNB} 随压力的增加而增大；当压力大于 6.68MPa 时，压力增大，q_{DNB} 反

而减小。

4. 冷却剂焓

沸腾临界发生处的冷却剂焓值的大小，主要反映在含气量的大小上，冷却剂焓值越高，含气量越大，从而临界热流量也就越小。

5. 通道进口段长度

进口段长度的影响通常用 L/d 的值来表示，L/d 的值越小，受进口局部扰动的影响越大，因而 q_{DNB} 增大。当 L/d 的值小于 50 时，L/d 的值的改变对 q_{DNB} 影响较大。此外，随着进口过冷度和质量流量的增加，L/d 的值对 q_{DNB} 影响相对减小。

6. 加热表面粗糙度

加热表面粗糙度的影响，只是对新堆才比较明显。表面粗糙度一方面可以增加汽化核心的数目，另一方面又可以增强流体的湍流扰动，在过冷沸腾和低含气量饱和沸腾的情况下，会使 q_{DNB} 增大。但是在高含气量的饱和沸腾的环状流情况下，粗糙的表面会加强流体的湍流扰动，使加热面上的一薄层液膜变得更薄，从而加速沸腾临界的到来。运行一段时间后，加热面的表面粗糙度因受流体冲刷而变小了，对 q_{DNB} 的影响也就小了。

四、最小 DNBR

为了保证反应堆的安全，在水堆的设计中，总是要求燃料元件表面的最大热流量小于临界热流量。为了定量地表达这个安全要求，引入了临界热流密度比，它是指用合适的关系式计算得到的冷却剂通道中燃料元件表面某一点的临界热流密度与该点的实际热流密度 q 的比值，通常用符号 DNBR 来表示。如式（6-1）所示，也可写成

$$\text{DNBR}(z) = \frac{q_{DNB,c}(z)}{q_{DNB}} \qquad (6-42)$$

DNBR（z）的值沿冷却剂通道长度是变化的，其最小值称为最小临界热流密度比或最小偏离核态沸腾比或最小 DNB 比，记为 MDNBR 或 DNBR_{min}，如果临界热流量的计算公式没有误差，则当 MDNBR = 1 时，表示燃料元件发生烧毁，因此 MDNBR 通常是水堆的一个设计准则。

燃料元件释热率沿轴向分布不均匀，而冷却剂的焓又沿着通道轴向越来越高，由于这两者的共同作用，因而最小 DNBR 既不是发生在燃料元件最大表面热流密度处，也不是发生在燃料元件冷却剂通道出口处，而是发生在最大热流密度后面某个位置上。

对于稳态工况和预计的事故工况，都要分别定出 MDNBR 的值，其具体值和所选用的计算公式有关。例如，选 W-3 公式，压水堆稳态额定工况时一般可取 MDNBR = 1.8～2.2；而对预计的常见事故工况，则要求 MDNBR > 1.3。

对于堆运行的不同寿期，会有不同的 MDNBR，在设计时要考虑这一点，以保证在堆的整个运行寿期内，在稳态额定工况下的 MDNBR 仍然在设计准则规定的范围内。

第四节　单通道模型的反应堆稳态热工设计

随着对反应堆的研究不断深入，在实践中不断积累大量经验，压水堆稳态热工水力学计算模型也不断发展，其设计模型有两种：单通道模型和子通道模型。

一、单通道模型

单通道模型把所要求计算的热管看成是孤立的、封闭的，它在整个堆芯高度上与相邻通道之间没有冷却剂的动量、质量和能量的交换。单通道模型最适合于分析闭式通道，但是对于开式通道，有时为了简化计算，例如作初步设计时，也可用此模型。由于存在横向交混单通道模型就显得粗糙，需要用横向交混工程热管因子来修正焓升。

对于不同的核电站设计，由于设计的已知条件不同，设计的要求不同，使得设计的步骤也不尽相同。

二、单通道模型反应堆热工设计的一般步骤

核电厂设计的一般步骤如图 6-3 所示。在进行计算之前，必须确定有关热工参数。在设计开始前应已知的有关数据是：

1）主参数。核电厂电功率、电厂效率、系统压力、流量、温度（入口温度、出口温度或平均温度者中之一）等。

2）结构参数。燃料元件的直径、元件排列形式、栅距等。

3）物性参数。燃料、包壳材料、冷却剂、慢化剂、堆内结构材料的密度、热导率、比热容等。

4）核参数。径向功率分布、方位角及局部峰因子、轴向功率分布、核参数不确定因子等。

5）其他参数。某些需由实验确定的系数，例如旁流系数，形阻压降系数等。

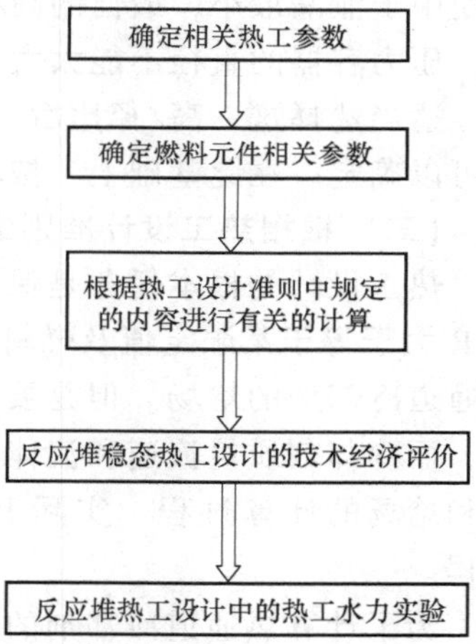

图 6-3　核电厂设计的一般步骤

三、单通道模型反应堆热工设计所需计算的内容

（一）反应堆输出的热功率 N_t

根据任务书提出的动力堆总功率要求，堆热工设计方面应该与一、二回路系统设计方面初步商定有关的热工参数。其中二回路系统的热工参数主要有蒸汽发生器出口参数和给水温度。一回路系统的热工参数为堆内冷却剂的工作压力、温度和流量，由此可以估算出电站总效率和需要反应堆输出的热功率为

$$N_t = N_e / \eta_T \qquad (6\text{-}43)$$

式中，N_t 为反应堆输出的热功率；N_e 为电站生产的毛电功率；η_T 为电站总毛效率。

（二）燃料元件的传热面积 S 及堆芯布置

在计算前，首先应根据实验或参照同类型相近功率的反应堆初步确定燃料元件表面平均热流密度 $\bar{q}$。并参照同类型堆选定燃料内释热量占堆芯总发热量的份额 F_u。（在大型压水堆设计中通常取 $F_u = 97.4\%$），则

$$S = \frac{N_t F_u}{\bar{q}} \qquad (6\text{-}44)$$

若堆芯燃料元件总根数为 N，则有

$$N = \frac{S}{\pi d_{cs} L} = \frac{N_t}{\pi d_{cs} L \bar{q}} F_u \tag{6-45}$$

式中，d_{cs} 为燃料元件棒外径，单位为 m；L 为堆芯高度，单位为 m。

在电厂压水堆中，燃料元件通常按正方形排列，因此燃料组件的横截面也成正方形。设每个燃料组件共有 n 根燃料元件棒，燃料组件每边长度 l（包括组件间的水隙宽度 δ, m），堆芯等效直径 D_{eff}（m）。则有

$$\frac{N}{n} l^2 = \frac{\pi}{4} D_{eff} \tag{6-46}$$

由式（6-45）与式（6-46）可得

$$\frac{\pi^2}{4 l^2} d_w n L D_{eff}^2 = \frac{N_t F_u}{\bar{q}} \tag{6-47}$$

式（6-47）中 n 及 l 都是已知值。这样该式还有两个未知数，即 L 和 D_{eff}。按物理计算，为使中子泄漏最小，最佳的高/径之比为 1.08。但考虑到压力容器加工及铁路运输尺寸的限制，压力容器的直径不能太大。因此目前设计的反应堆高/径比一般为 0.9~1.3。

适当选择这一高/径比后，式中 L 及 D_{eff} 也随之确定。于是燃料棒总数及燃料组件数 N/n 都可以确定。在此基础上，按堆芯横截面接近圆柱及四个象限对称的原则布置燃料组件。

（三）根据热工设计准则进行有关的计算

热工设计的根本任务是保证满足堆功率的要求并有效地导出热量。设计准则主要是 MD-NBR 大于等于某限定值及燃料芯块最高中心温度低于熔点。要进行这些计算，首先要知道热通道冷却剂的焓场。但是要计算冷却剂的焓场，又要先知道冷却剂的质量流速和物性参数，而冷却剂质量流速和流体的物性参数又与流体焓场有关。因此，整个冷却剂的质量流速场和焓场的计算过程，实际上是冷却剂的动量守恒方程和能量守恒方程之间的相互迭代过程。

为了计算热通道冷却剂的焓场和质量流速，下面先计算平均通道的相应参数。

1. 计算平均管冷却剂流速

$$G_m = \frac{(1 - \xi) W_t}{N A_b} \tag{6-48}$$

式中，A_b 为相应于一根燃料元件栅元的冷却剂流通截面；W_t 为冷却剂总流量；N 为燃料元件总根数；ξ 为堆芯冷却剂旁流系数。

旁通漏流主要有：①从压力壳进口直接漏到出口接管；②围板和吊篮之间的环形空间；③控制棒套管内；④流经控制棒套管外不参与冷却元件；⑤流入上封头。

由于在压力容器内安装燃料组件和堆内构件产生误差及制造公差，因此在某些部件之间存在一定的间隙，从而使进入反应堆的冷却剂不可能全部有效地用来冷却燃料元件，有一小部分没有参与燃料元件的冷却，这一小部分流量称为旁通流量。因此，旁流系数为

$$\xi = \frac{\sum_{i=1}^{5} w_i}{W_t} \tag{6-49}$$

2. 计算平均管冷却剂焓场

$$H_{f,m}(z) = H_{f,in} + \frac{\bar{q} A_L}{G_m A_b} \int_0^z \Phi(z) dz \tag{6-50}$$

式中，A_L 为一根燃料元件单位长度上的外表面积；A_b 为相应于一根燃料元件栅元的流通截面。

3. 计算平均管的各类压降

平均管的各类压降包括：提升压降、定位架形阻压降、出口形阻压降、入口形阻压降、加速压降、摩擦压降等，其具体计算方法在第五章节已详细介绍，这里不再赘述。

4. 计算热管的有效驱动压力

一般假设堆芯出口处是一个等压面，由于热管处的进口压力小于平均管的进口压力，因此，热管的驱动压力要比平均管的小一些。求解热管流量的关键是确定热管的驱动压力。热管的有效驱动压力可以由平均管的各个压降乘以相应的修正因子而求得，即

$$\Delta p_{h,e} = K_{f,h}\Delta p_{f,m} + K_{a,h}(\Delta p_{in,m} + \Delta p_{a,m} + \Delta p_{gd,m} + \Delta p_{ex,m}) + \Delta p_{el,m}$$

$$K_{f,h} = (1-\delta)^{2-b}, \quad K_{a,h} = (1-\delta)^2, \quad \delta = \frac{\overline{W} - W_{h,min,3}}{\overline{W}} \tag{6-51}$$

5. 计算热管冷却剂的焓场

焓场可用公式为

$$H_{f,h}(z) = H_{f,in} + \frac{\overline{q}F_R^N F_{\Delta H}^E A_L}{G_h A_b}\int_0^z \Phi(z)\mathrm{d}z \tag{6-52}$$

式中，F_R^N、$F_{\Delta H}^E$ 分别为径向核热管因子和工程焓升热点因子。

6. 计算 MDNBR

$$\mathrm{DNBR}(z) = \frac{q_{DNB}(z)}{q(z)} = \frac{q_{DNB,eu}(z)}{\overline{q}F_R^N \Phi(z)F_q^E} \frac{F_g F_c}{F_s} \tag{6-53}$$

令 $\dfrac{\partial \mathrm{DNBR}(z)}{\partial z} = 0$，得到 MDNBR。

7. 计算燃料元件的温度

计算燃料元件的温度主要是计算燃料元件中心最高温度和表面最高温度，校核它们是否超过堆热工设计准则的限值。应用第四章讲解的方法进行计算。由于燃料元件释热量的轴向分布不能用某一简单的函数来描述，因而堆物理计算提供的堆芯轴向功率分布也就不可能是一个连续函数，而是沿轴向分布若干小段，给出每一小段的功率平均值。在进行热工计算时也就只能把燃料元件沿轴向分段进行，并把每一小段中的释放量看作是常量，分段的多少按工程上要求的精度而定。要计算燃料元件包壳温度和中心温度，就得从元件外面的冷却剂温度算起，一直往里逐层计算。

四、需要通过科研实验解决的问题

热工设计必须以热工水力实验结果为依据，验证各种数据、公式以及所采用的计算模型的正确性。热工水力实验包括以下内容。

1. 热工实验

热工实验包括：① 临界热流量实验；② 测定核燃料和包壳的热物性以及燃料与包壳间的气隙等效传热系数。

2. 水力实验

水力实验包括：①堆本体水力模拟实验；②燃料组件水力模拟实验；③测定相邻通道间的流体交混系数；④测定堆内各部分旁通流量；⑤测定流动阻力系数；⑥测定沸腾工况下的流型和空泡份额；⑦分析流动不稳定性。

第五节　子通道模型的反应堆稳态热工设计

一、子通道模型概述

在子通道模型中，从组件某一区域选定的代表该区域的通道（称为子通道）与相邻通道间存在横向的动量、能量和质量交换，即认为相邻通道之间存在横向交混，为开放式通道。目前在反应堆热工设计中广泛采用子通道分析模型，在这种模型中要对堆芯中大量的燃料元件冷却剂通道进行计算，而不再是只计算由核方面确定的热管，通过计算可以得到真正的热管所在的位置及其热工参数；也可以得到燃料元件最高中心温度和最高表面温度的数值及其所在的位置（不一定在热管内）。

与单通道分析模型相比，子通道分析模型比较精确，采用子通道分析模型进行反应堆设计，既保证了堆的安全型，又提高了堆的技术经济性，可进一步提高核动力的经济性。但子通道分析模型计算工作量大，费用高，因而在堆的热工初步方案设计中，仍可采用建立在热管和热点概念上的较保守的单通道模型，在初步方案确定后，再用子通道分析模型进行精确计算。

在子通道模型中，冷却剂的交混伴随着质量、动量和能量的交换。在研究分析时，一般把交混分成四种机理，它们分别为：横流混合、湍流交混、流动散射及流动后掠。堆芯棒束内光棒区的横流混合和湍流混合属于自然交混类型，定位架处的流动后掠和流动散射为强迫交混类型。

通道的划分常采用两种方法。一种是将整个堆芯按其形状、功率分布对称情况，只取部分子通道进行计算。另一种是把计算分两步进行，第一步先按燃料组件对整个堆芯划分，找出最热燃料组件；第二步再对最热燃料组件划分子通道，求出其在不同高度上的冷却剂流速和焓以及燃料元件最高中心温度，在水堆中子通道堆中还要算出最小烧毁比。此种方法可灵活划分子通道，例如在可能是热组件的附近位置上划分细些，反之则划分粗些。

到目前为止，子通道的分析模型和计算程序有很多种，它们都利用质量守恒、能量守恒以及动量守恒对子通道进行方程求解，而它们的区别在于横流混合的处理方法和数学上的处理方法。

二、基本方程（质量、热量、轴向动量和横向动量等方程）

（一）质量守恒方程

考虑一个子通道 j 和相邻通道 k 之间横向质量交换。沿着子通道 j 轴向分为 n 个小段，可以写出任意一段 i 步长的质量守恒方程。根据质量守恒原理，子通道 j 中，沿着轴向流入第 i 段的流量与横流到通道 k 的流量之差即为沿着轴向流出第 i 段的流量，即

$$W_{ji,in} - \sum_{j=1}^{n_j} \Delta W_{jki} = W_{ji,ex} \tag{6-54}$$

式中，$W_{ji,in}$ 为通道 j 第 i 步长进口处冷却剂流量，单位为 kg/h；$\sum_{j=1}^{n_j} \Delta W_{jki}$ 为通道 j 第 i 步长出口处流量，单位为 kg/h；$W_{ji,ex}$ 为第 i 步长内通道 j 的冷却剂流向相邻通道 k 的横流量，单位为 kg/h；下标 r 表示子通道 j 所具有的相邻通道 k 的编号，因为可能有多个相同的相邻通道。

（二）热量守恒方程

子通道 j 第 i 步长的热量守恒方程为

$$W_{ji,ex}H_{ji,ex} = W_{ji,in}H_{ji,in} + \overline{q}_{1.ji}\Delta z - \sum_{r=1}^{n_j} Q_{jkir} - \sum_{j=1}^{n_j} M_{jkir}(\overline{H}_{ji} - \overline{H}_{ki}) \tag{6-55}$$

式中，$H_{ji,ex}$ 为子通道 j 第 i 步长出口流体焓，单位为 J/kg；$H_{ji,in}$ 为子通道 j 第 i 步长进口流体焓，单位为 J/kg；$\overline{q}_{1.ji}$ 为子通道 j 第 i 步长内燃料元件的平均线功率，单位为 J/(m·h)；M_{jkir} 为通道 j 与 k 之间第 i 步长内湍流交混流量，单位为 kg/(m·h)；Δz 为通道轴向一个步长的长度，单位为 m；Q_{jkir} 为第 i 步长内子通道 j 与邻通道 k 之间有横向压差引起的横流带走热量，单位为 J/h；Q_{jkir} 是冷却剂横流量和焓的函数；$\overline{H}_{ji}$ 为子通道 j 第 i 步长内冷却剂平均焓，单位为 J/kg；$\overline{H}_{ki}$ 为子通道 k 第 i 步长内冷却剂平均焓，单位为 J/kg。

其中
$$\overline{H}_{ji} = \frac{1}{2}(H_{ji,in} + H_{ji,ex})$$

$$\overline{H}_{ki} = \frac{1}{2}(H_{ki,in} + H_{ki,ex})$$

M_{jk} 包括了燃料组件定位架的机械交混的影响，因此只能由实验测出，它与通道的当量直径、冷却剂流量、燃料元件的直径、通道间隙、形状以及流动摩擦阻力系数有关。

通过质量守恒和热量守恒可以计算出步长的进出口流量和焓。

（三）动量守恒方程

1. 轴向动量守恒方程

各子通道轴向动量方程以进口处等压面压力值为基准进行计算，子通道 j 第 i 步长的出口的动量守恒应为

$$\Delta p_{ji,ex} = p_1 - p_{ji,ex} = \Delta p_{ji,in} + \Delta p_{ji,el} + \Delta p_{ji,a} + \Delta p_{ji,f} + \Delta p_{ji,c} \tag{6-56}$$

式中，$\Delta p_{ji,ex}$ 为子通道 j 第 i 步长出口处压降，单位为 Pa，它是堆芯进口等压面压力与 i 步长出口压力之差；$\Delta p_{ji,in}$ 为子通道 j 第 i 步长进口处压降，单位为 Pa；它除了 $i=1$ 时为进口处形阻压降，其余均为上一步长出口压降；$\Delta p_{ji,el}$ 为子通道 j 第 i 步长内的提升压降，单位为 Pa；$\Delta p_{ji,a}$ 为子通道 j 第 i 步长内轴向加速压降，单位为 Pa；$\Delta p_{ji,f}$ 为子通道 j 第 i 步长内的沿程摩擦压降，单位为 Pa；$\Delta p_{ji,c}$ 为子通道 j 第 i 步长内的局部压降，单位为 Pa。

各个压降都可通过第五章给出公式进行计算。

2. 横向动量守恒方程

横向流动的驱动力是存在于相邻通道的横向压力梯度，横向动量方程可写为

$$\Delta p_{ji,ex} - \Delta p_{ki,ex} = (p_1 - p_{ji,ex}) - (p_1 - p_{ki,ex}) = p_{ki,ex} - p_{ji,ex}$$

$$= -\xi_{jki}\frac{|\Delta G_{jki}|\Delta G_{jki}}{2(\rho_{ji,ex}+\rho_{ki,ex})/2} \qquad (6\text{-}57)$$

式中，$-\xi_{jki}$ 为第 i 步长内通道 j 与通道 k 之间的横流阻力系数；ΔG_{jki} 为通道 j 与通道 k 之间的冷却剂横流的质量流量，单位为 $kg/(m^2 \cdot h)$；$\rho_{ji,ex}$ 为子通道 j 第 i 步长出口处流体密度，单位为 kg/m^3；$\rho_{ki,ex}$ 为子通道 k 第 i 步长出口处流体密度，单位为 kg/m^3。

这里有 $4n$ 个方程，$4n$ 个未知量。但在堆芯出口处各子通道还有一个共同的未知量，即出口压力 p_2

$$p_{1,L}=p_{2,L}=\cdots=p_{i,L}=\cdots=p_{n,L}=p_2 \qquad (6\text{-}58)$$

这样就多了一个未知量，因此还需补充一个方程。这个方程即热组件进口总流量应等于组件内各子通道流量之和，即

$$W_1+W_2+\cdots+W_i+W_n=W_t \qquad (6\text{-}59)$$

这样共有 $4n+1$ 个未知量，$4n+1$ 个方程，故可以求解各个未知量。

传统的子通道分析法常分成两步进行，称为多步链式法。采用两步法子通道模型求解的步骤如下：

第一步称为全堆性分析，通常以一个燃料组件为一个子通道，根据堆芯对称情况可以只计算全堆 1/4 或 1/8 的燃料组件。

第二步确定了堆芯入口参数后，就可以对四个基本方程进行求解。

第三步计算得到第一步长出口处的参数之后，就可以以此作为第二步长的已知入口参数，重复上述计算，直到堆芯出口处的最后一步长。

第四步为了加速收敛，可用逐次逼近法来选取横流速度。最后通过全堆性分析找出最热组件后，把最热组件按各燃料元件棒划分子通道，利用燃料组件的对称性，选取热组件横截面的 1/2、1/4 或 1/8 进行计算。

第七章　反应堆热工水力瞬态分析

第一节　概　　述

考虑到核电站（或核动力装置）的安全性和功率密度的设计限值，其运行状态和事故分为四类：正常运行状态和运行瞬态、中等频率的事故、稀有事故和极限事故。

正常运行状态和运行瞬态是指反应堆在带功率运行、换料、检修或试车过程中经常会出现的工况，包括稳态运行、在允许运行参数限上运行及运行瞬态，属于在允许运行参数限上运行，为运行时某些因故不能投入使用的系统部件仍保留在系统上。运行瞬态是指核电站（或核动力装置）的升温升压、降温降压、负荷变化（或运行工况转换）等。

中等频率的事故是指那些最坏也不过引起停堆而仍允许反应堆恢复功率运行的事故。这些事故不至扩大而引起更严重的事故。对这一类设计事故，设计准则是：这类工况不应导致任何一道裂变产物遏制屏障的破损。这些屏障是指燃料包壳、反应堆冷却剂屏障（一回路管道和压力容器）、安全壳（或堆舱）。这类事故包括控制棒组件失控抽出、部分反应堆冷却剂泵断电等。

稀有事故是燃料元件的极限性事故，允许事故造成有限数量的燃料元件破损，致使反应堆停堆很长时间而难于恢复运行，但要求事故释放的放射性物质不应使所规定禁区（或堆舱）以外的公众的活动受到影响。对于轻水堆，属于这类事故的有一回路小破口主冷却剂丧失事故等。

极限事故是预期不会发生的假想性事故，这类事故会引起大量放射性物质的释放，这种事故发生时很猛烈，代表了设计中的极限情况。属于这类事故的典型事件有一回路主管道断裂、二回路主蒸汽管道断裂（电站）、控制棒驱动机构外罩破裂等。

上述表明，反应堆设计者不仅要保证反应堆在稳定工况下工作的可靠性，还必须对可能发生的各种反应堆热工水力瞬态（或事故）过程进行了详细的分析计算，了解反应堆在各种瞬态（或事故）过程中是否满足相关设计准则、各种参数选择是否合理及确定所应该采取的各种安全保护措施。因此，反应堆瞬态（或事故）分析是反应堆热工设计的一个重要的组成部分。

一、反应堆功率调节与系统运行控制

电厂核动力装置和船用核动力装置虽存在一定的差异，但基本组成是一样的，两者都极其关注安全性和可靠性。由于使用的目的不同，电厂核动力装置注重经济性，而船用核动力装置注重机动性。核动力装置是由众多系统组成的一个有机的整体，为确保装置的安全运行，所设置的控制系统（或控制点）众多。各控制系统（或控制点）有各自的控制对象，但它们之间存在着相互影响。控制系统的设计，包括控制策略、控制参数的整定值都必须依据控制对象的特性，特别是瞬态特性来确定，以达到有效与精确。反应堆功率调节方案选择

与设计是瞬态分析应用的一个典型事例。

反应堆功率调节方案选择涉及反应堆、主冷却剂系统（含蒸汽发生器）、给水系统、压力安全系统等的热工水力特性。在负荷变化时，所关注的主要参数是堆功率、反应堆冷却剂进出口温度、稳压器压力与水位、蒸汽发生器压力与水位、给水流量等变化规律及其后果。

通常，反应堆功率调节时跟踪二回路负荷，就整个动力系统而言，功率调节过程应能保证蒸汽发生器压力满足蒸汽用户的需求，确保反应堆功率及主冷却剂的平均温度在可接受的范围内变化，及避免触发不应该动作的保护措施，如由于堆功率波动过大而触发超功率保护、由于蒸汽发生器压力过高而触发蒸汽排放阀的开启等。

压水堆常用的功率调节方案主要有三种（图7-1）：主冷却剂平均温度不变（方案a）、主冷却剂平均温度随功率线性增加（方案b）、主冷却剂平均温度随功率增加至某一设定功率后保持不变（方案c）。

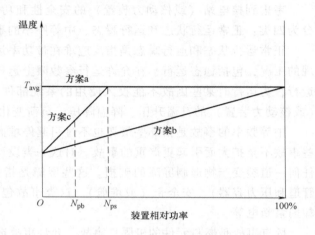

图7-1 功率调节方案示意图

对于方案a，在零功率时，蒸汽发生器蒸汽压力等于 T_{avg} 所对应的饱和压力，随着功率的增加，蒸汽发生器压力下降，在100%功率下，蒸汽发生器蒸汽压力比零功率时的压力低2MPa左右。蒸汽压力的大幅度变化会给二回路系统带来一些麻烦，例如势必增加蒸汽调压设施，同时加重了蒸汽发生器给水设备与给水系统的负担。尽管本方案对二回路不利，但对一回路有利，主要是：

1）由于压水堆一般都具有负的冷却剂温度效应，因而具有较高的自稳性，如当负荷增加一定数值时，在不投入功率调节的情况下，一次侧平均温度下降，将引入一正的反应性，使反应堆功率上升，相应地，冷却剂平均温度上升，由于多普勒效应，冷却剂的平均温度会维持在某一数值上。通常燃料的多普勒系数比冷却剂系数大约小一个数量级，所以，维持的平均温度不会比初始值降低太多，要求补偿的反应性小，也就是说，调节棒在调节过程中的移位范围小。

2）由于主冷却剂的平均温度的波动范围小，由热膨胀或冷收缩所导致的主冷却剂容积波动量也小，从而稳压器的压力、水位变化范围也小，可简化对稳压器压力与水位的控制要求。

方案b尽管可保证在整个负荷变化过程中蒸汽发生器的蒸汽压力，变化范围较小，且在不同功率稳定运行时的蒸汽发生器蒸汽压力为恒定值，可简化二回路设计。例如不配置蒸汽自动调节阀或对汽轮机不需要提出特殊要求，且由于给水泵的上水压力变化不大，改善了给水泵的使用条件。尽管本方案有利于二回路，但是不利于一回路，主要是：

1）由于平均温度随功率变化，在负荷变化时，要求补偿的反应大，特别是对于船用核动力装置，由于机动性及任务用途的要求、运行工况的变化远比核电站频繁，负荷的变化率远大于核电站一般每分钟小于5%的规定，控制棒的调节棒组移动范围大，控制动作频繁。

2）主冷却剂容积波动大，要求稳压器具有更大的容积补偿能力，对稳压器压力控制和水位控制系统提出了更高的要求。

方案 c 可以说是方案 a 和方案 b 的折中，可使蒸汽发生器的蒸汽压力的稳态运行保持在一定的范围内，但仍存在方案 b 的不利之处。对于具有自然循环工况的核动力装置，若采用方案 b，则在自然循环转折功率 N_{pb} 的条件下，在强迫循环工况转自然循环的过程中，由于主冷却剂系统自然循环流量的建立是个瞬态过程，初期由于自然循环流量低，蒸汽发生器的蒸汽压力下降较多，随着自然循环流量增加，蒸汽压力缓慢回升。在由转换直至稳定工况建立的过程中，蒸汽压力的最低值有可能低于用汽设备所要求的最低蒸汽压力。因此，在采用方案 c 时，由线性增加转不变的转折点功率 N_{ps} 必须通过对方案的详细瞬态分析结果的分析结论加以确定。

二、反应堆保护

在现有核反应堆与核电站的设计、建造和运行中，都贯彻了纵深防御的安全原则，它包括在放射性产物与人所处的环境之间设置的多道屏障，以及对放射性物质的多级防御措施。为力求最大限度地包容放射性物质，尽可能减少事故后向环境的释放量，一般设计以下三道屏障：

1）燃料元件包壳。轻水堆通常采用低富集度的二氧化铀，燃料元件包壳采用锆合金。反应堆运行过程中产生的固态裂变产物和气态裂变产物中的绝大部分容纳于燃料芯块内，只有气态裂变产物能部分扩散至芯块与包壳之间的空隙。反应堆燃料元件是产生各种放射性物质的起源，因此，确保燃料元件包壳的完整性是重中之重。

2）一回路压力边界。压水堆一回路压力边界包括反应堆容器、堆外冷却剂环路，以及稳压器、蒸汽发生器、泵和连接管道等，一回路的冷却剂也含有放射性物质。如果一回路压力边界的完整性受损，不仅带有放射性物质的冷却剂会漏出，还可能导致事故，例如一回路压力边界的破损会导致不同等级的主冷却剂装量减少事故（又称失水事故）。

3）安全壳（或堆舱）。它将反应堆、主冷却剂系统的主要设备（包括一些辅助设备）和主管道等包容在内，阻止从一回路系统外逸的裂变产物泄漏到安全壳（或堆舱）以外的环境中。安全壳可保护重要设备免遭外来袭击（如飞机坠落），同时要求在失水事故后 24h 内安全壳的泄漏应小于 0.3% 的气体质量。为此，在结构强度上应留有足够的裕量，以便能经受主冷却剂管道大破口时压力和温度的变化。

为确保三道屏障的完整性，三道屏蔽的设计、建造必须满足相关的设计准则和所要求的技术指标，并且还设置了许多的安全保护措施。

反应堆配备的保护措施主要有专设安全设施和反应堆保护系统。

专设安全设施的主要功能是限制事故后果。主要的专设安全设施有：

1）应急堆芯冷却系统。应急堆芯冷却系统或称安全注射系统。当出现主冷却剂装量减少事故时，系统会按照设计规定的要求动作，把足够的冷却水注入堆芯。核电站的安全注射系统包含了高压安全注射和低压安全注射，以及非能动的加压安注箱。高压安注的注射流量较小，主要是应付一回路高压下的小泄漏；低压安注是大流量的，主要是应付一回路的泄漏。加压安注箱内装含硼水，用上部空间的氮气加压，使压力维持在 4MPa 左右，加压安注箱与一回路相连的管道设有止回阀，当一回路压力降到加压箱的压力以下时，止回阀打开，含硼水自动注入一回路主管道。

2）安全壳（或堆舱）喷淋系统。安全壳喷淋系统用喷淋水泵把含硼水输送到喷淋管系，通过安装在相对高处（如安全壳顶部）的喷嘴向安全壳空间喷淋，用以抑制一回路或二回路发生大破口事故时安全壳压力上升过高。核电站的喷淋水可以加入氢氧化钠，它可以去除放射性物质（主要是碘）。

3）辅助给水系统。在主给水流量丧失的情况下，辅助给水向蒸汽发生器二次侧供水，维持蒸汽发生器有一定的排热功能。

上述系统只是专设安全设施的一部分，为提高反应堆固有安全性，对非能动安全设施的研究已成为人们关注的课题。

之所以提及专设安全设施，是因为它与热工水力瞬态的分析密切相关，安全注射系统的配置，包括功能参数必须通过对失水事故分析并对分析结果评估后加以确定，最终设计的参数不是一次就可得到确认，而是需要经过多次调整才能确认。反应堆热工设计者必须向安全壳（或堆舱）设计者提供大破口失水事故时整个事故期间输入的冷却剂的总能量、安全壳的峰值压力、出现峰值压力的时间、安全壳最高温度、锆-水反应释放到安全壳中的氢气量等。三喱岛事故是由给水流量丧失开始的，主汽轮机随后脱扣，所有辅助给水泵全部都按设计与运行要求起动，但实际上，该事故是由于隔离阀关闭而造成流量受阻而引起的。事故后果造成燃料元件棒包壳受损严重，有 70% 的燃料毁坏，其中有 30% ~40% 的燃料融化。辅助给水系统是在主给水流量丧失时向蒸汽发生器给水的专设安全设施，蒸汽发生器管道上的隔离阀误关（按设计和运行要求，该阀应是开的）。由此可见，辅助给水系统是一个不可缺少的专用安全设施。

反应堆保护系统可想象为一个控制系统，在这个控制系统中安置着一个在正常运行时不动作，只有当反应堆及相关的系统达到允许限值（最大的安全定值）时才动作的检测器。

为保证可靠地发现偏离正常运行工况，每一个可能瞬态都需要测量一个以上的参数。每个保护功能至少有两个通道，测量信号按照冗余原则集合，按三取二或四取二的原则设计。反应堆保护方式有两种，一是紧急停堆，二是控制棒反插。

反应堆紧急停堆的情况有：

1）高中子通量水平。表示堆芯产生过多的功率，例如反应堆功率运行时，由于反应堆功率控制系统失效或运行人员的误操作而提控制棒。当来自两个功率区探测通道的高通量水平信号负荷一致时，反应堆将"超功率停堆"。

2）高反应堆出口冷却剂温度。原因同上，来自反应堆两个出口冷却剂温度高信号符合一致时，反应堆将"出口温度高停堆"。

3）高的反应堆起动速率。反应堆起动速率通常用"周期"来体现，"周期"越短，反应堆的起动速率越快，即堆芯内中子密度增加速率快。当起动探测通道发生信号符合四取二，反应堆将"短周期"停堆。

4）反应堆主冷却剂泵同时断电。由于反应堆主冷却剂泵供电故障而造成主冷却剂泵同时断电时，直接触发断电保护而紧急停堆。

5）反应堆冷却剂流量丧失。在一个或一个以上的反应堆冷却剂环路丧失流量时，反应堆将"流量低"紧急停堆。

6）稳压器压力低停堆。当一回路出现大的泄漏或失水事故，稳压器压力降低，尽管稳压器压力和水位控制系统已正常投入，但仍不能抑制稳压器压力的下降，当压力下降到某一定值时，反应堆将"低压"紧急停堆。

7）其他的事故保护停堆还有蒸汽发生器低水位、给水-蒸汽流量丧失、汽轮机超速、稳压器压力高、最小临界热流密度比低等。

由于核动力装置的用途与环境不同，反应堆冷却剂泵流量不同，对于那些采用具有多级电动机的反应堆冷却剂泵，核动力装置可在不同反应堆冷却剂流量下运行。由于超功率与出口温度高保护的最大安全定值是针对100%额定流量条件确定的，不能作为低流量运行时的保护限值，因此通常采用功率-流量比保护，保护是反插。反插限值是根据可能运行的反应堆冷却剂流量分别给出，反插限值有两个，一个是反插方式定值，另一个是反插停止定值。

反插是指当两个功率探测通道的功率高信号与相应的反应堆冷却剂流量所对应高功率信号负荷一致时，所有已提出的控制棒将按规定速率下插，随着控制棒的下插，引入了负反应性，堆功率降低，当两个功率探测通道与相应的低功率信号符合一致时，所有控制棒停止动作。

最大的安全定值（下简称定值）的确定至关重要，过高的定值起不了保护作用，过低的定值不利于核动力装置运行，可能会造成频繁紧急停堆。对于每种类别的定值，都必须对该类别可能对应的初始时间进行事故分析，并根据事故分析结果及相关的安全限制来确定。

出口温度高停堆为超功率停堆提供了一个补充，在某一提棒速率范围内，都能起保护作用。图7-2所示为某反应堆在100%额定功率稳定运行时，若出现控制棒连续提出事件，不同的提棒速率与燃料元件表面的最小DNBR等于某个给定数值（如用W-3公式计算临界热流密度时取1.3）时所对应的堆出口温度T_d和功率F_d的示意图。从图中可以看出，提棒速率越高，F_d越高，T_d越低；提棒速率越低，F_d越低，T_d越高。以相交点A为基点，在考虑各种误差（包括可能来

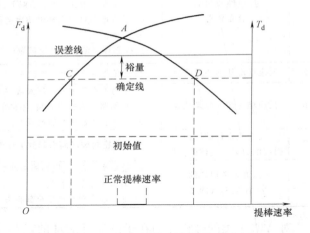

图7-2　F_d、T_d与提棒速率的关系示意图

自计算误差等）及留一定裕量下给出了确定线。超功率停堆的功率定值及出口温度的温度定值也随之确定。正常的提棒速率区通常位于$[C, D]$间的中心区域。

除了反应堆保护系统对反应堆实施保护，在某些设备设计时也采取了相应的措施，例如反应堆冷却剂泵转子转动惯量的确定。出现反应堆冷却剂泵同时断电时，反应堆紧急停堆，堆功率快速下降至衰变功率水平，当事故时反应堆处于高功率（特别100%额定功率）下运行，由于芯块储存有大量显热，源源不断地向外传递，导致燃料元件包壳表面热流量下降相对缓慢。若转子转动惯量太小，反应堆冷却剂流量将快速下降，燃料元件包壳表面最小DN-BR会低于某一给定值，燃料元件棒将受损；而增大泵转子转动惯量将增大飞轮尺寸与重量。因此，合理地选择泵转子转动惯量对于确保在反应堆冷却剂泵同时断电时燃料元件棒的完整性是必需的。为达到此目的，必须通过对该事故进行热工水力瞬态分析。

三、事故分析

核动力装置的始发事件通常分为八类。各类的名称及典型初始事件列于表 7-1 中。

表 7-1　事故类别与始发事件

序号	事故类别名称	典型始发事件
1	由二回路系统引起的排热增加	a. 凝给水系统故障引起给水温度的降低； b. 给水系统故障引起给水流量的增加； c. 蒸汽排放阀误动作； d. 蒸汽发生器释放阀或安全阀误开或开启后被卡在开启位置； e. 主蒸汽管道破裂
2	由二回路系统引起的排热减少	a. 冷凝器真空丧失； b. 给水流量全部丧失； c. 给水管道破裂
3	反应堆冷却剂流量低	a. 部分反应堆冷却剂泵断电； b. 部分反应堆冷却剂泵轴卡死； c. 部分反应堆冷却剂泵轴断裂； d. 反应堆冷却剂流量全部丧失
4	反应性和功率分布异常	a. 反应堆处在次临界或低功率运行状态，控制棒组件失控抽出； b. 反应堆在功率状态下，控制棒组件失控抽出； c. 反应堆在 100% 额定功率下，单束控制棒组件失控抽出； d. 反应堆在自然循环带功率运行时，误起动反应堆冷却剂泵； e. 掉棒； f. 控制棒驱动机构外罩破裂（控制棒束组件弹出）
5	反应堆冷却剂装量增加	高压安全注射系统意外投入
6	反应堆冷却剂装量减少	a. 压力安全系统的卸压阀或安全阀误开启； b. 一回路压力边界破裂（不同部位，典型尺寸）； c. 蒸汽发生器传热管破损
7	安全壳密封破坏而引起的放射性气体的扩散	安全壳密封破坏而引起放射性气体的扩散
8	未能紧急停堆的预期瞬态（ATWT）	a. 带功率状态下，控制棒组件组抽出； b. 给水流量全部丧失； c. 反应堆冷却剂流量全部丧失

对 ATWT 类的分析目的在于论证反应堆的燃料元件和压力容器在整个瞬态过程中是否安全。在这类瞬态过程中，由于反应堆冷却剂形成空泡而产生的负反应性反馈可以抑制反应堆功率的上升。最后，通过向冷却剂系统注入硼溶液能够把反应堆完全停下来，但对此类研究尚在进行之中。

对于每一个始发事件，都应提供起因和频率等级（即正常运行和运行瞬态、中等频率故障、稀有故障、极限事故）。起因是确定频率等级的依据之一，而频率等级是确定安全限值的主要依据。各频率等级的安全限值是：

（1）正常运行和运行瞬态及中等频率故障的安全限值　正常运行和运行瞬态属Ⅰ类工况，中等频率故障属Ⅱ类工况，它们的安全限值是：

1）燃料芯块的最高温度应低于燃料芯块的融化温度，并且有一定的裕量。这主要是为了防止燃料产生过度的肿胀、芯块变形、裂变气体过量释放和迁移，以及熔融燃料与燃料元件棒包壳因相接触而造成包壳损坏，UO_2 燃料芯块的融化温度约为 2590℃。

2）燃料元件棒包壳表面的临界热流密度与包壳外表面的热流密度的最小比值 $DNBR_{min}$ 等于或大于某个给定值。这个给定值取决于所采用的临界热流密度公式，若采用 W-3 公式，则这个给定值为 1.3。

3）燃料芯块-包壳交界面处的温度应低于它们之间产生有害反应的阀值温度。

4）包壳的最大允许温度应低于预期燃料包壳发生破损时的应变值，包壳的应变值应小于 1%。

5）包壳内部的气体压力应低于反应堆冷却剂的正常压力。

（2）稀有事故与极限事故的安全限值　为限制事故下燃料元件的损坏率，要求在专设安全系统投入下应满足以下要求：

1）燃料元件包壳最高温度不超过 1200℃。

2）燃料包壳的氧化层最大厚度不得超过包壳总厚度的 17%。

3）包壳与水和蒸汽发生反应的锆的质量不超过堆芯内全部锆包壳总质量的 1%。

4）在事故过程和随后的恢复期间，堆芯必须保持可冷却的几何形状。

前两条是保证燃料元件棒包壳有足够的完整性，以使燃料芯块保持不动。第 3）条是为了保证由于锆-水（或蒸汽）反应所产生的氢气量不会达到爆炸的程度。

第二节　反应堆功率计算

反应堆功率是决定燃料元件温度和冷却剂通道内流体的热工水力状态的一个重要参数。反应堆功率由两部分组成，分别是裂变瞬发功率（包括裂变碎片的动能和裂变时的瞬发 β 射线、γ 射线的能量）和衰变功率（裂变碎片和中子复活产物衰变时释放的 β 射线、γ 射线所产生的功率）。

一、中子动力学方程

计算裂变瞬发功率的中子动力学方程主要有单群点堆中子动力学方程和时空中子动力学方程。

（一）单群点堆中子动力学方程

单群点堆模型的主要假设是中子的产生、扩散和吸收都在单一能量下进行，在堆芯内各处中子密度的变化率相同，也就是说，裂变瞬发功率只是时间的函数，而其空间是不变的。裂变时瞬间释放的功率大小与堆芯内中子密度成正比。根据单群点堆模型的假设条件，具有六组缓发中子的单群点堆中子动力学方程为

$$\frac{\mathrm{d}n}{\mathrm{d}t} = \frac{k_{eff}(1-\beta)-1}{l_p}n + \sum_{i=1}^{6} \lambda_i C_i + S_{eff} \tag{7-1}$$

$$\frac{\mathrm{d}C_i}{\mathrm{d}t} = \frac{k_{eff}\beta_i}{l_p}n - \lambda_i C_i \qquad i = 1, 2, \cdots, 6 \tag{7-2}$$

式中，n 为中子密度；β、β_i 分别为缓发中子份额和第 i 组缓发中子份额，其中 $\beta = \sum_{i=1}^{6} \beta_i$；$l_p$ 为中子寿命；λ_i 为第 i 组缓发中子先驱核的衰变常数；S_{eff} 为中子源；k_{eff} 为有效增值系数。

六组缓发中子的单群点堆中子动力学方程只能在有限的条件下才能有解析解。例如，在

有效增值系数（k_{eff}）微小的阶跃变化时，式（7-1）和式（7-2）是一阶线性微分方程，其解的形式为

$$n(t) = n_0 e^{t/T} \tag{7-3}$$

$$C_i(t) = C_{i0} e^{t/T} \qquad i = 1, 2, \cdots, 6 \tag{7-4}$$

式中，n_0、C_{i0} 分别为初始时刻（$t=0$）的 n 和 C_i 的数值，T 为待定值。在带功率的条件下，k_{eff} 可略去不计。将式（7-3）、式（7-4）代入式（7-2）中可得

$$C_{i0} = \frac{k_{\text{eff}}\beta_i n_0}{l_p \left(\lambda_i + \dfrac{1}{T} \right)} \qquad i = 1, 2, \cdots, 6 \tag{7-5}$$

将式（7-3）、式（7-4）、式（7-5）代入式（7-1），整理可得

$$k_{\text{eff}} = \frac{l_p}{T} + k_{\text{eff}} \sum_{i=1}^{6} \frac{\beta_i}{1 + \lambda_i T} \tag{7-6}$$

式（7-6）为参数 T 所应满足的特征方程。由于式（7-1）和式（7-2）由七个微分方程组成的方程组，中子密度 n 是七个指数项的和，即

$$n = A_0 e^{1/T_0} + A_1 e^{1/T_1} + A_2 e^{1/T_2} + A_3 e^{1/T_3} + A_4 e^{1/T_4} + A_5 e^{1/T_5} \tag{7-7}$$

对一定的 k_{eff} 值，由特征方程（7-6）便可确定出一组 T，即 T_i（$i = 0, 1, \cdots, 6$），而常数 A_i（$i = 0, 1, \cdots, 6$）由初始条件决定。

当考虑到反应性反馈效应时，就必须采用数值方法求解。由于方程组的刚性问题，采用数值方法求解时，对计算时间步长的选取有较高要求。常用的单群点中子动力学方程的数值计算方法有 Gear 算法、全隐式差分法、广义龙格库塔法、改进欧拉法、加权残余法、三阶埃尔米特法、最大本征方法等。

如果采用全隐式差分法，则式（7-1）和式（7-2）可改写为

$$\frac{n(t+\Delta t) - n(t)}{\Delta t} = \frac{k_{\text{eff}}(t)(1-\beta)-1}{l_p} n(t+\Delta t) + \sum_{i=1}^{6} \lambda_i C_i(t+\Delta t) + S_{\text{eff}} \tag{7-8}$$

$$\frac{C_i(t+\Delta t) - C_i(t)}{\Delta t} = \frac{k_{\text{eff}}(t)\beta_i}{l_p} n(t+\Delta t) - \lambda_i C_i(t+\Delta t) \qquad i = 1, 2, \cdots, 6 \tag{7-9}$$

采用该方法，只要时间步长合适，就可以得到满意的结果。

（二）时空中子动力学

由于忽略了中子能级及中子空间分布随时间的响应，不能完全精确描述瞬态过程堆芯内中子分布的实际情况，在一些反应性事故的安全分析中，需要求解多维多群时空中子动力学。近二十年来，国际上广泛开展了多维多群时空中子动力学方程组的数值计算方法研究，先进的空间变量离散方法和时间变量方法（节块展开法、节块格林函数、解析节块法、非线性迭代法），可以在较大的网格下取得满意解。现在国际上著名的核动力装置瞬态热工水力分析程序（RELAP5、RETRAN、TRAC）有用多群三维时空动力学模型取代单群点堆模型及一维模型的趋势。

为比较精确地反映堆芯中子的时间和空间的瞬态过程，一般可采用小群中子的时空方程。两群中子时空扩散方程为

$$\frac{1}{v_1} \frac{\partial \phi_1(r,t)}{\partial t} = \nabla \cdot D_1(r,t) \nabla \phi_1(r,t) - \sum\nolimits_{a1}(r,t)\phi_1(r,t) - \sum\nolimits_{12}(r,t)\phi_1(r,t) +$$

$$(1 - \beta) \nu \sum_{\text{f1}} (r, t) \phi_1 (r, t) + (1 - \beta) \nu \sum_{\text{f2}} (r, t) \phi_1 (r, t) + S_{\text{d}} (r, t) + S(r, t) \qquad (7\text{-}10)$$

$$\frac{1}{v_2} \frac{\partial \phi_2 (r, t)}{\partial t} = \nabla \cdot D_2 (r, t) \nabla \phi_2 (r, t) - \sum_{\text{a2}} (r, t) \phi_2 (r, t) + \sum_{12} (r, t) \phi_1 (r, t) \qquad (7\text{-}11)$$

缓发中子先驱核浓度方程为

$$\frac{\partial C_i (r, t)}{\partial t} = -\lambda_i C_i (r, t) + \beta_i \nu \sum_{\text{f1}} (r, t) \phi_1 (r, t) + \beta_i \nu \sum_{\text{f2}} (r, t) \phi_2 (r, t)$$

$$i = 1, 2, \cdots, 6 \qquad (7\text{-}12)$$

缓发中子源项为

$$S_{\text{d}} (r, t) = \sum_{i=1}^{6} \lambda_i C_i (r, t) \qquad (7\text{-}13)$$

式中，$\phi(r, t)$ 为距离 r 处 t 时刻的中子通量密度，单位为 $1/\text{m}^2 \cdot \text{s}$；$v_1$、$v_2$ 分别为快群和热群中子平均速度，单位为 m/s；D 为扩散常数，单位为 m；$\sum_{\text{a1}} (r, t)$、$\sum_{\text{a2}} (r, t)$ 分别为快中子和热中子的吸收截面，单位为 $1/\text{m}$；$\sum_{12} (r, t)$ 为快群向热群的宏观转移截面，单位为 $1/\text{m}$；$\sum_{\text{f1}} (r, t)$、$\sum_{\text{f2}} (r, t)$ 分别为快群和热群的宏观裂变截面，单位为 $1/\text{m}$；ν 为每次裂变的中子产额，$S(r, t)$ 为外加中子源项。

反应堆时空中子动力学常用解法之一是因子分解法，即把中子通量密度函数分解为"幅"函数和"形状"函数的乘积，采用时空分离变量，对相关的方程进行时空分离。由于推导过程复杂，在本节中仅对时空中子动力学做初步的介绍。

二、反应性计算

欲求解方程（7-1）和方程（7-2），必须先计算有效倍增系数，其表达式为

$$k_{\text{eff}} = k_{\text{eff}} (0) + \Delta k_1 + \Delta k_2 + \Delta k_3 + \Delta k_4 + \Delta k_5 + \Delta k_6 \qquad (7\text{-}14)$$

式中，$k_{\text{eff}}(0)$ 为初始（即时间为零）时的有效增值系数；Δk_1 为在 $0 \sim t$ 时间内，控制棒移动引入的反应性；Δk_2 为在 $0 \sim t$ 时间内，堆芯冷却剂温度变化引入的反应性；Δk_3 为在 $0 \sim t$ 时间内，核燃料温度变化引入的反应性；Δk_4 为在 $0 \sim t$ 时间内，堆芯冷却剂蒸汽空泡体积改变引入的反应性；Δk_5 为在 $0 \sim t$ 时间内，燃料元件膨胀引入的反应性；Δk_6 为在 $0 \sim t$ 时间内，堆芯硼浓度变化引入的反应性。

（一）控制棒引入的反应性

反应堆功率的任何变化都是由反应性改变引起的。控制棒所引入的反应性的速率和大小主要取决于控制棒的价值（微分价值与积分价值）、移动的速度、移动范围（初始点到终点的位置及移动的距离）。由于控制棒由多组组成，如调解棒组、补偿棒组，而在运行过程中，除了正常用于功率调节外，还有反插、紧急停堆等，因此控制可引入的反应性是所有控制棒引入反应性的代数和。控制棒效率由有关物理计算给出，Δk_1 的计算方程为

$$\Delta k_1 = \sum_{j=1}^{M} \int_0^t \left(\frac{\partial k_{\text{cg}}}{\partial h_{\text{cg}}} \right) \cdot u_{\text{cg}} \text{d}t \qquad (7\text{-}15)$$

式中，$\left(\dfrac{\partial k_{\text{cg}}}{\partial h_{\text{cg}}} \right)$ 为第 g 组控制棒的效率，为 g 组控制棒位置的函数；u_{cg} 为第 g 组控制棒移动速度，在正常调节时，由调节系统给出，在诸如反插或紧急停堆时，由相关技术设计确定给出；h_{cg} 为第 g 组控制棒的位置，等于 $\int_0^t u_{\text{cg}} \text{d}t$。

（二） 堆芯冷却剂温度变化引入的反应性

压水堆的冷却剂兼做慢化剂，冷却剂温度变化亦为慢化剂温度变化。慢化剂温度引入的反应性有两个方面：一个是由于温度变化本身直接引起的，另一个是由慢化剂密度变化引起的。

慢化剂温度变化所带来的影响之一是核吸收截面的改变。根据麦克斯韦分布率，慢化剂分子的平均能量与温度成正比，热中子的能量也随这一规律变化。另一方面，在热中子区域，核吸收截面与中子速度 v 成反比。所以，当慢化剂温度增加时，中子速度也增加，核吸收截面下降，因此增加了扩散长度，热中子泄漏概率上升，这将使反应性下降。

慢化剂温度变化引起了慢化剂密度的改变。当慢化剂温度上升时，慢化剂密度下降，单位体积内的慢化剂的分子数目减少，使慢化剂的慢化能力下降，导致中子能谱变硬，并使慢化过程中中子泄漏概率增加。另一方面，由于慢化剂对中子的有害吸收减少，而被燃料吸收的中子相对增加，从而增加了热中子利用效率，特别是用硼溶液来补偿燃料反应性的反应堆，这种现象更为明显。

通常，把上述两个效应所产生的反应性合并在一起称为慢化剂温度反应性。也可以把它们分开，把由慢化剂密度变化所引起的反应性归属于密度反应性。在这里，将两个效应所产生的反应性合并在一起。

由于慢化剂密度随温度变化并非线性，通常温度反应性效率并非常数，而与温度有关，但在一个温度区间，可近似取为常数，则冷却剂温度变化所引入的反应性为

$$\Delta k_2 = \alpha_{cT} \left[T_{avg}(t) - T_{avg}(0) \right] \tag{7-16}$$

式中，α_{cT} 为冷却剂反应性系数，即当堆芯冷却剂平均温度变化 1℃ 时所引入的反应性；$T_{avg}(t)$ 为 t 时刻堆芯慢化剂平均温度；$T_{avg}(0)$ 为 0 时刻堆芯慢化剂平均温度。

若堆芯是分区计算，则堆芯冷却剂的平均温度可按下式计算

$$T_{avg} = \sum_{i=1}^{n} a_{i1} a_{i2} T_{avgi} \tag{7-17}$$

式中，T_{avgi} 为第 i 区冷却剂平均温度；$T_{avg}(t)$ 为 t 时刻堆芯慢化剂平均温度；a_{i1} 为第 i 区的位置权重因子；a_{i2} 为第 i 区冷却剂体积占堆芯冷却剂体积的份额。

（三） 燃料温度变化引入的反应性

燃料温度变化引入的反应性主要是由 ^{238}U 共振峰的宽度随其温度的升高而增加的多普勒效应引起的，它对压水堆的反应性贡献总是反向的，即燃料温度上升，反应性下降。由燃料温度变化引入的反应性为

$$\Delta k_3 = \alpha_D \left[T_{favg}(t) - T_{favg}(0) \right] \tag{7-18}$$

式中，α_D 为堆芯核燃料温度变化 1℃ 时引起的反应性变化，亦称多普勒反应性系数；$T_{favg}(t)$ 为 t 时刻堆芯核燃料平均温度；$T_{favg}(0)$ 为 0 时刻堆芯核燃料平均温度。

由于堆芯各处核燃料的温度不完全相同，且所处的位置也不同，其对反应性贡献各异。通常将堆芯在径向和轴向分为若干区，在计算各区燃料平均温度时应考虑不同位置的权重因子 α_{D1i} 和该区占堆芯体积的份额因子 α_{D2i}。则堆芯燃料平均温度表达式为

$$T_{favg} = \sum_{i=1}^{M} \alpha_{D1i} \alpha_{D2i} T_{favgi} \tag{7-19}$$

此外，多普勒反应性系数并非常数，而是燃料温度的函数，对于用 UO_2 做燃料的堆芯，在瞬态过程，其温度可能变化较大。则由燃料温度变化所引起的反应性也可按照下式计算

$$\Delta k_3(t) = \int_0^t \alpha_D(t)\frac{\mathrm{d}T_{\mathrm{favg}}}{\mathrm{d}t} \tag{7-20}$$

或

$$\Delta k_3(t) = \Delta k_3(t - \Delta t) + \alpha_D[T_{\mathrm{favg}}(t)][T_{\mathrm{favg}}(t) - T_{\mathrm{favg}}(t - \Delta t)] \tag{7-21}$$

式中，$\alpha_D(T)$ 为随温度变化的多普勒系数；$T_{\mathrm{favg}}(t)$ 为本时刻燃料平均温度；$T_{\mathrm{favg}}(t - \Delta t)$ 为上时刻燃料平均温度；$\Delta k_3(t)$ 为本时刻燃料温度变化引入的反应性；$\Delta k_3(t - \Delta t)$ 为上时刻燃料温度变化引入的反应性。

（四）冷却剂空泡引入的反应性

压水堆瞬态过程中允许冷却剂产生局部（或部分）体积沸腾。由于蒸汽和水的密度差别大，当出现蒸汽气泡时，一是削弱了慢化能力，二是减少了慢化剂对中子有害吸收的介质，增大了热中子利用效率。通常在计算中，这两面的综合效应对反应性的贡献是负的，即蒸汽气泡增加时引入的反应性下降。由冷却剂空泡所引入的反应性变化也称为空泡反应性，其表达式为

$$\Delta k_4 = \alpha_s \frac{\Delta V_s(t)}{V_0} \tag{7-22}$$

式中，α_s 为空泡反应性系数；$\Delta V_s(t)$ 为 $0 \sim t$ 时刻堆芯冷却剂空泡体积的变化，单位为 m^3；V_0 为堆芯内冷却剂总体积。

同燃料温度变化所引入反应性类似，空泡反应性也应考虑出现空泡所处位置的影响，对 $\Delta V_s(t)$ 加以位置权重，可得

$$\Delta V_s(t) = \sum_{i=1}^M \alpha_i[\Delta V_s(t) - \Delta V_s(0)] \tag{7-23}$$

式中，α_i 为第 i 区空泡位置权重因子；$\Delta V_s(t)$ 为第 i 区在 t 时刻的空泡体积，单位为 m^3；$\Delta V_s(0)$ 为第 i 区在 0 时刻的空泡体积，单位为 m^3。

（五）燃料元件膨胀引入的反应性

由于燃料元件温度升高而体积膨胀，导致堆芯内慢化剂所占体积减小，从而影响反应性，其机理和蒸汽气泡产生的空泡效应相似。在一般瞬态中，元件包壳的温度变化不大，其效应不明显。在考虑了位置影响条件下，燃料元件膨胀引入的反应性表达式为

$$\Delta K_5 = a_v \sum_{i=1}^M a_{Ri}[V_{Ri}(t) - V_{Ri}(0)]/V_0 \tag{7-24}$$

式中，a_v 为慢化剂空隙反应性系数；a_{Ri} 为第 i 区空隙位置权重因子；$V_{Ri}(t)$ 和 $V_{Ri}(0)$ 分别为 i 区在 t 时刻和零时刻的燃料元件体积，单位为 m^3。

（六）硼浓度变化引入的反应性

压水型核电站反应堆通常通过调整硼浓度来补偿反应性，且调硼是在按设计时间间隔且在核电站运行期间进行的。如果调硼系统误动作，造成稀释过快，就相当于过快引进了反应性，从而导致反应性事故。由硼浓度变化所引入反应性表达式为

$$\Delta K_6 = a_b[c_b(t) - c_b(0)] \tag{7-25}$$

式中，a_b 为硼浓度反应性系数；$c_b(t)$ 和 $c_b(0)$ 分别为 t 时刻和 0 时刻的硼浓度。

实际上，冷却剂密度是不仅依赖于温度，也受压力影响。在相同的温度下，压力的变化

也导致冷却剂密度的变化。因而，还存在由压力变化所引入的反应性。但对于水，可压缩性是小的，因此在一般情况下，由于压力变化对水的密度影响可以不予考虑。在兼作慢化剂的冷却剂出现蒸汽空泡时，蒸汽空泡体积受压力变化的影响是比较大的。从本质上来讲，压力变化所引进反应性主要由空泡体积造成，因此可把压力变化归并到空泡反应性中。

三、停堆后的功率

反应堆运行一段时间停堆后，堆功率并不会立即降为零，而是开始时以很快的速度下降，达到一定值后，就以较慢速度下降。当反应堆由于事故停堆或正常停堆后，堆内自持的链式裂变反应虽然随即终止，但还是有热量不断地从芯块通过包壳传入冷却剂中，这些热量的一部分来自燃料元件内储存的显热，其他来于剩余中子引起的裂变、裂变产物的衰变及中子俘获产物的衰变。例如，当反应堆在 100% 额定功率运行时紧急停堆，停堆后 100s，反应堆仍约产生 5% 额定功率；停堆 30min，反应堆可产生约 1.9% 的额定功率；停堆 1000h，反应堆还产生 0.11% 额定功率。所以在反应堆停堆以后，必须继续对堆芯进行冷却。

在反应堆停堆时裂变瞬发功率可通过求解单群点堆中子动力学方程组〔式 (7-1)、式 (7-2)〕而获得。停堆后裂变瞬发功率衰变极快，对堆芯剩余功率的贡献主要是裂变产物 (裂变碎片和衰变产物) 的放射性衰变及中子俘获产物的放射性衰变。

(一) 裂变产物的衰变功率和中子俘获产物的衰变功率

1. 裂变产物的衰变功率

目前计算产物衰变功率的方法有两种，一是根据裂变产物的种类及其所产生的射线的能谱编制计算机程序 (如 RIBD、EOMIBO) 计算裂变产物的衰变热，因涉及内容极多，这里不作介绍。另一种方法是将裂变产物作为一个整体来处理，根据实际测量得到的结果，整理成半经验关系式。

裂变产物的衰变功率与反应堆停堆前的功率、运行时间密切相关。在反应堆稳定运行了无限长时间的情况下，停堆后裂变产物衰变能的大小可以很方便地从图 7-3 和图 7-4 中查出。这两个图中的曲线是综合了许多实验结果而得出来的，图中纵坐标 $M(\infty, t)$ 是反应

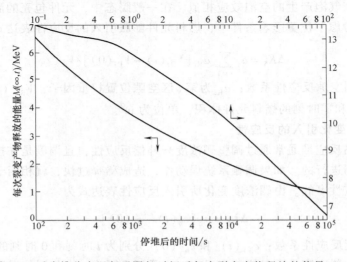

图 7-3 反应堆稳定运行无限长时间后每次裂变产物释放的能量 (一)

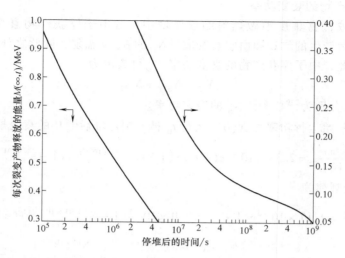

图 7-4　反应堆稳定运行无限长时间后每次裂变产物释放的能量（二）

堆在稳定运行无限长时间以后每一次裂变产生的裂变产物释放的衰变能量随时间 t 的变化。

由于反应堆在 $N_p(0)$ 功率下无限运行时，每次裂变所产生的总能量大约是 200MeV，因此有

$$\frac{N_{s1}}{N_p(0)} = \frac{M(\infty, t)}{200} \tag{7-26}$$

如果反应堆在 $N_p(0)$ 功率下只运行有限时间 t_0，则认为在停堆后 t 时刻每次裂变所产生的衰变能量可按下式计算

$$M(t_0, t) = M(\infty, t) - M[\infty, (t + t_0)] \tag{7-27}$$

根据图 7-3 和图 7-4 的曲线形状，认为其符合 t^{-a} 形式，于是令

$$M(\infty, t) = At^{-a} \tag{7-28}$$

有

$$\frac{N_{s1}}{N_p(0)} = \frac{A_1 t^{-a_1} - A_2(t + t_0)^{-a_2}}{200} \tag{7-29}$$

经数据拟合整理，在表 7-2 中给出各个时间区间的 A_1、A_2、a_1、a_2。

设 $t = t_1$，则在表 7-2 中可查找 A_1、a_1 值，而 A_2、a_2 则用 $(t_1 + t_0)$ 可查到相对应值，即为 A_2、a_2。

表 7-2　各个时间区间的常数 A_1、a_1 值

时间区间/s	A	a	最大正偏差		最大负偏差	
			数值	时间点/s	数值	时间点/s
$10^{-1} \leqslant t \leqslant 10^1$	12.05	0.0639	4%	10^0	3%	10^1
$10^1 < t \leqslant 1.5 \times 10^2$	15.31	0.1807	3%	1.5×10^2	1%	3×10^1
$1.5 \times 10^2 < t \leqslant 4 \times 10^6$	26.02	0.2834	5%	1.5×10^2	5%	3×10^3
$4 \times 10^6 < t \leqslant 2 \times 10^8$	53.18	0.3350	8%	4×10^7	9%	2×10^8

2. 中子俘获产物的衰变功率

在用天然铀或低富集度铀做燃料的反应堆中，对中子俘获产物衰变功率贡献最大的是^{238}U吸收中子后产生的^{239}U和由它衰变成^{239}Np的β、γ辐射，除此之外，其他产物的衰变功率都很小。因此，中子俘获产物的衰变功率N_{S2}可表示为

$$N_{S2} = N_{S21} + N_{S22} \tag{7-30}$$

式中，N_{S21}、N_{S22}分别为^{239}U和^{239}Np的衰变功率。

如果反应堆初始运行功率为$N(0)$运行t_0秒，则停堆后^{239}U的衰变规律为

$$\frac{N_{S21}(t_0,t)}{N_p(0)} = 2.38 \times 10^{-3} c (1+a)(1 - e^{-4.91 \times 10^{-4} t_0})(1 - e^{-4.91 \times 10^{-4} t}) \tag{7-31}$$

^{239}Np的衰变规律为

$$\frac{N_{S22}(t_0,t)}{N_p(0)} = 2.17 \times 10^{-3} c (1+a) \times 7.0 \times 10^{-3} (1 - e^{-4.91 \times 10^{-4} t_0})(e^{-3.14 \times 10^{-6} t} -$$
$$e^{-4.91 \times 10^{-4} t_0}) + (1 - e^{-3.14 \times 10^{-6} t_0} e^{-3.14 \times 10^{-6} t}) \tag{7-32}$$

式（7-32）中的c是转换比，等于生成^{239}Pu核数/消耗^{235}U核数。对于低富集度铀做燃料的压水堆，可取$c = 0.6$；a是^{235}U的辐射俘获数与裂变数之比，对于低富集度铀做燃料的压水堆，$a = 0.2$。

（二）反应堆功率与相对功率

式（7-1）和式（7-2）给出的是中子密度，它在100%额定功率下，可达10^{13}或更高量级。为便于计算整理，并与功率指示相呼应，在瞬态分析时，一般都对式（7-1）、式（7-2）进行归一化处理。

若设在某功率下的中子密度为$n(0)$，第i组的缓发中子先驱核的浓度为$C_i(0)$，令$N = \dfrac{n}{n(0)}$，$X_i = \dfrac{C_i}{C_i(0)}$，将式（7-1）、式（7-2）中的$C_i$分别用$N$和$X_i$表示，整理之后可得

$$\frac{dN}{dt} = \frac{k_{eff}(1-\beta) - 1}{l_p} N + \sum_{i=1} \lambda_i \frac{C_i(0)}{n(0)} X_i + \frac{S_{eff}}{n(0)} \tag{7-33}$$

$$\frac{dX_i}{dt} = \frac{k_{eff}\beta_i}{l_p} \frac{n(0)}{C_i(0)} - \lambda_i X_i \tag{7-34}$$

在稳态条件下，有$\dfrac{dX_i}{dt} = 0$，代入式（7-34）可得

$$\frac{n(0)}{C_i(0)} = \frac{l_p}{k_{eff}(0)\beta_i} \frac{X_i(0)}{N(0)} \tag{7-35}$$

为便于说明，设稳态功率为100%额定功率，则有$\dfrac{X_i(0)}{N(0)} = 1$。事实上，由于$C_i(0)$和$N(0)$成正比。因此，在归一化条件下，$\dfrac{X_i}{N} = 1$。将式（7-35）代入式（7-33）和式（7-34）可得

$$\frac{dN}{dt} = \frac{k_{eff}(1-\beta) - 1}{l_p} N + \frac{k_{eff}(0)}{l_p} \sum_{i=1}^{n} \beta_i X_i + S_0 \tag{7-36}$$

$$\frac{dX_i}{dt} = \lambda_i \left[\frac{k_{eff}}{k_{eff}(0)} N - X_i \right] \tag{7-37}$$

式中，S_0 为中子源相对强度；k_{eff} 为初始有效增值系数。

式（7-36）和式（7-37）数值计算方法同样可采用单群点堆中子动力学方程中所推荐的方法，如 Gear 法，全隐式差分方法等。

（三）相对功率与停堆的功率

反应堆功率为裂变瞬间功率与衰变功率之和，即

$$N_p(t) = N_t(t) + N_s(t) \tag{7-38}$$

式中，$N_t(t)$ 为瞬变瞬间功率；$N_s(t)$ 为裂变衰变功率，等于 $\left[N_{s1}(t) + N_{s2}(t) \right]$。

令式（7-29）的右边项为 $f_{s1}(t)$，将式（7-31）和式（7-32）代入式（7-30），并令右边项为 $f_{s2}(t, t_0)$，及 $P_d(t) = f_{s1}(t) + f_{s2}(t)$，则有

$$N_s(t) = N_p(0) P_d(t) \tag{7-39}$$

把式（7-39）代入式（7-38），整理可得

$$\frac{N_p(t)}{N_p(0)} = \frac{N_t(t)}{N_p(0)} + P_d(t) \tag{7-40}$$

在反应堆稳态运行功率为 $N_p(0)$ 下，有

$$\frac{N_p(t)}{N_p(0)} = \left[1 - P_d(0) \right] \frac{N_t(t)}{N_p(0)} + P_d(t) \tag{7-41}$$

假设 100% 额定功率为堆功率 N_F，式（7-40）两边同除以 N_F，整理得

$$\frac{N_p(t)}{N_F} = \left[1 - P_d(0) \right] \frac{N_t(t)}{N_F} + \frac{N_p(0)}{N_F} P_d \tag{7-42}$$

通常功率测量系统测得中子计数，反映反应堆功率变化也取决于中子变化。因而 $\frac{N_t(t)}{N_F} = N(t)$，则相对功率为

$$F_p = \frac{N_p(t)}{N_F} = \left[1 - P_d(0) \right] N(t) + N(0) P_d(t) \tag{7-43}$$

式（7-43）用于停堆过程及停堆后的计算。若不含停堆后工况，通过直接用归一化的单群中子动力学方程求得的 N 作为计算反应堆热功率的依据。由式（7-43）可以看到，停堆的衰变热（或功率）大小与初始稳定运行值成正比。$P_d(0)$ 是固定数值，与所采用的计算衰变功率的衰减关系式有关。对于采用低富集度铀作燃料的压水堆，通常在 6.5% 左右。

（四）剩余功率的经验关系式及其应用

通常称 $P_d(t)$ 为剩余功率（或衰变热），它是量纲为 1 的量，为归一化功率的一部分。

采用 P_d 实际上是将裂变产物统计地看作一个整体，根据实验（或实测）结果整理成的经验关系式。式（7-29）和式（7-31）也是经验关系式，只要把它们等式右边项相加，就可以得 $P_d(t)$ 的经验关系式。式（7-29）是由 Shuna 提出，他认为自己所提出的公式是可以求出总的衰变热，因为中子俘获释放的能量仅占总衰变热很少份额。当 $t \leqslant 10^7 \text{s}$ 时，由式（7-29）计算的总的衰变热最大误差为 6%，对于 $t > 10^7 \text{s}$，中子俘获的衰变对总衰变热的贡献可能稍大一些。Sprinrad 等认为，若用式（7-29），则应乘以一个修正系统 C_0

$$C_0 = 1 + (3.24 \times 10^{-4} + 0.0523 \times 10^3 t) \cdot t_0^{0.4} \cdot \psi \tag{7-44}$$

式中，ψ 为开始时装在堆内的裂变物产生裂变的份额。但式（7-44）使用范围有限。另一个是乌德尔曼-维斯公式

$$P_{\rm d}(t,t_0) = [0.1(t+10)^{-0.2} - (t+2\times10^7)^{-0.2}] - [0.1(t+t_0+10)^{-0.2} - (t+t_0+2\times10^7)^{-0.2}]$$

$$(7\text{-}45)$$

式（7-45）主要是根据^{235}U 裂变的数据得出来的，也可用来计算^{239}Pu 和^{239}U 裂变的衰变热，差别小于 10%，在实验误差范围之内。

反应堆运行时并不一定稳定在某一功率，特别是船用核动力装置，运行工况变化多，可按不同运行功率和相应的运行时间按所选用的经验关系计算出它们各自衰变热，再叠加起来求出总的衰变热，一般不希望采用当量平均功率来计算衰变热。图 7-5 所示为某反应堆的功率运行史及分组，在 $F_{\rm p1}$ 功率水平下运行至 t_1，转 $F_{\rm p2}$ 运行至 t_2，下降至 $F_{\rm p3}$ 运行至 t_3，而后升至 $F_{\rm p4}$ 运行运行至 t_4 停堆，求 t_5 时的衰变热。

按照叠加原则，以最低运行功率及连续运行为分组划分原则，图中虚线把它们划分为四

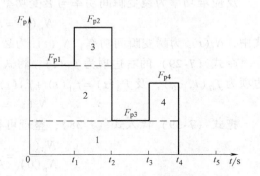

图 7-5　某反应堆的功率运行史及分组

组。在计算衰变热时有两个参数，一个是运行时间 t_0，另一个是停堆后的时间 t，按上述四组运行参数，表 7-3 给出了这四组参数。

表 7-3　四组参数

组数	计算的运行功率	运行时间 t_0	停堆后的时间 t
1	$F_{\rm p3}$	t_4	$t_5 - t_4$
2	$F_{\rm p1} - F_{\rm p3}$	t_2	$t_5 - t_2$
3	$F_{\rm p2} - F_{\rm p1}$	$t_2 - t_1$	$t_5 - t_2$
4	$F_{\rm p4} - F_{\rm p3}$	$t_4 - t_3$	$t_5 - t_4$

按表 7-3 中参数 (t_0, t) 代入所选用的计算衰变热份额公式可求得各组 t_5 时刻衰变热份额 $P_{{\rm d}i}$（$i=1, 2, 3, 4$）。于是 t_5 时刻衰变热份额为

$$P_{\rm dt} = F_{\rm p3}P_{\rm d1} + (F_{\rm p1} - F_{\rm p3})P_{\rm d2} + (F_{\rm p2} - F_{\rm p1})P_{\rm d3} + (F_{\rm p4} - F_{\rm p3})P_{\rm d4} \qquad (7\text{-}46)$$

把 $P_{\rm dt}$ 乘以 100% 额定功率下的热功率，便可得到 t_5 时的衰变热。

以上所述为停堆前反应堆带功率稳定运行的情况，若出现超功率紧急停堆呢？为便于说明，假设反应堆在 100% 额定功率下稳定运行 10 天，由于引入正反应性过大，导致功率上升而触发超功率保护动作，反应堆紧急停堆，停堆前的峰值功率为 120%，从功率开始变化到停堆动作的时间为 20s，求停堆后 60s 的衰变热份额。

依据上面描述，则计算衰变热份额的分组如图 7-6 所示。图中相对功率 $F_{\rm pF}$ 有两种取法，一种是取平均值，即 $F_{\rm pF} = (F_{\rm p1} + F_{\rm pb})/2 = 1.1$，

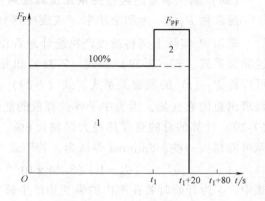

图 7-6　计算衰变热份额的分组

另一种是取峰值，即 $F_{pF} = F_{pb} = 1.2$。若选用式（7-45）及 $F_{pF} = 1.2$ 可得 $P_{d1} = 0.035965$，$P_{d2} = 0.001126$，则在停堆后 60s 时的衰变份额 $P_{dt} = 0.035965 + 0.001126 \times 0.2 \approx 0.03619$，而式（7-45）是按停堆前的稳态功率来计算（$P_{dt} = 0.0359658$），两者相差 0.0002242，误差约为 0.3%，由此可见，采用式（7-45）是合适的，可不考虑瞬时功率波动对计算衰变热的影响。

第三节 燃料元件瞬态过程的温度场

在瞬态条件下，当必须考虑热量积累时，一般导热方程的形式为

$$c_p \rho \frac{\partial T}{\partial t} = \nabla (\kappa \ \nabla T) + q_V \tag{7-47}$$

式中，t 表示时间；c_p 表示比热容；ρ 表示密度；T 表示温度；κ 表示热导率；q_V 表示燃料体积释热率。

求解燃料元件导热方程的目的是要根据反应堆功率来确定燃料元件温度和燃料元件表面热流密度，以便说明反应堆热工水力设计准则是否遭到破坏。

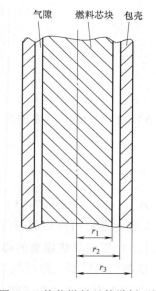

图 7-7 棒状燃料元件纵剖面图

一、燃料元件的瞬态导热方程

在燃料元件的寿期中，芯块与包壳间的导热有两种机制，一种是在芯块与包壳之间存在间隙时，通过间隙中的气体传输热量；另一种是在芯块与包壳之间发生接触时，通过两表面之间的接触点以及未接触部分残存的间隙中气体来传输热量。为便于叙述，在本节中，称前者为气隙导热模型，后者为接触导热模型。

（一）一维气隙导热模型的棒状燃料元件瞬态导热方程

如图 7-7 所示的棒状燃料元件的瞬态导热方程为

$$\rho_u c_{pu} \frac{\partial T}{\partial t} = \kappa_u \left(\frac{\partial^2 T}{\partial r^2} + \frac{1}{r} \frac{\partial T}{\partial r} \right) + q_V \tag{7-48}$$

由于气隙的热导率随温度的变化较小，可视为常数，则气隙的瞬态导热方程为

$$\rho_g c_{pg} \frac{\partial T}{\partial t} = \kappa_g \left(\frac{\partial^2 T}{\partial r^2} + \frac{1}{r} \frac{\partial T}{\partial r} \right) \tag{7-49}$$

在一定温度范围内，包壳的热导率取常数，并可忽略其内热源，但如果包壳外表面发生了明显的锆水反应，则应考虑反应生成的热量。对出现明显的锆水反应所产生热量的处理模式有两个：一是等效成内热源，另一个为锆水反应所产生的热量在包壳外表面散发。关于由锆水反应所产生的热量的处理将在第七章第六节中讨论。在本节中，仍取包壳的内热源为零，则包壳的瞬态导热方程为

$$\rho_z c_{pz} \frac{\partial T}{\partial t} = \kappa_z \left(\frac{\partial^2 T}{\partial r^2} + \frac{1}{r} \frac{\partial T}{\partial r} \right) \tag{7-50}$$

式（7-48）～式（7-50）中的下角标 u 表示燃料芯块，g 表示气隙，z 表示包壳。

在求解方程（7-48）时，q_V 必须作为已知量来处理。在沿芯块半径方向上，一般认为是相等的，即 q_V 不依赖 r，则 q_V 可表示为 $q_V(z, t)$。$q_V(z, t)$ 随时间的变化由求解中子动力学方程得到。若采用单群点堆中子动力学方程，$q_V(z, t)$ 沿轴向的变化一般由物理计算给出；若采用时空中子动力学方程，则可给出 $q_V(z, t)$ 沿轴向的变化。

式（7-48）～式（7-50）的边界条件为：

1）中心对称，即在 $r = 0$ 处，有

$$\left. \frac{\partial T}{\partial t} \right|_{r=0} = 0 \tag{7-51}$$

2）两种介质接触面上热流密度连续，即在 r_1、r_2、r_3 处，有

$$\begin{cases} \kappa_u \left. \dfrac{\partial T}{\partial r} \right|_{r=r_1^-} = \kappa_g \left. \dfrac{\partial T}{\partial r} \right|_{r=r_1^+} \\[2mm] \kappa_g \left. \dfrac{\partial T}{\partial r} \right|_{r=r_2^-} = \kappa_z \left. \dfrac{\partial T}{\partial r} \right|_{r=r_2^+} \\[2mm] \kappa_z \left. \dfrac{\partial T}{\partial r} \right|_{r=r_3^-} = h \left(T \big|_{r=r_3} - T_{wt} \right) \end{cases} \tag{7-52}$$

3）接触界面上温度连续，有

$$\begin{cases} T \big|_{r=r_1^-} = T \big|_{r=r_1^+} \\[2mm] T \big|_{r=r_2^-} = T \big|_{r=r_2^+} \end{cases} \tag{7-53}$$

式（7-51）～式（7-53）中的 κ_u、κ_g、κ_z 分别表示燃料芯块、气隙、包壳介质的热导率，h 表示通道内冷却剂的传热系数，T_{wt} 表示通道内冷却剂的主流温度。

（二）接触导热模型的棒状燃料元件的瞬态方程

接触导热模型气隙层被当量成一个等效传热系数 h_g，被认为是一个"既消失、又不消失"，（即不存在连续无间断）的气隙层。因此只需给出芯块和包壳的瞬态导热方程。

目前用于热工水力瞬态分析的软件，有的采用一维导热方程，也有的采用二维导热方程。一维导热实际上是忽略了轴向导热和周向导热，下面将给出忽略了周向导热的二维接触导热模型的棒状燃料元件的瞬态导热模型。

相关的假设与给出的式（7-48）、式（7-50）一样，则二维导热方程为

$$\rho_u c_{pu} \frac{\partial T}{\partial t} = \frac{1}{r} \frac{\partial}{\partial r} \left(\kappa_u r \frac{\partial T}{\partial r} \right) + \frac{\partial}{\partial z} \left(\kappa_u \frac{\partial T}{\partial z} \right) + q_V \qquad (r \leqslant r_1)$$

$$\rho_z c_{pz} \frac{\partial T}{\partial t} = \frac{1}{r} \frac{\partial}{\partial r} \left(\kappa_z r \frac{\partial T}{\partial r} \right) + \frac{\partial}{\partial z} \left(\kappa_z \frac{\partial T}{\partial z} \right) \qquad (r_2 \leqslant r \leqslant r_3) \tag{7-54}$$

在实际使用中，常忽略包壳的轴向导热，则方程（7-54）中的 $\frac{\partial}{\partial z} \left(\kappa_z \frac{\partial T}{\partial z} \right)$ 被删除，即包壳的导热方程与方程（7-48）相同。方程（7-54）的边界条件为

$$\begin{cases}
\left.\dfrac{\partial T}{\partial t}\right|_{r=0}=0 \\[2mm]
-\kappa_{\mathrm{u}}\left.\dfrac{\partial T}{\partial r}\right|_{r=r_1^-}=\dfrac{r_2}{r_1}h_{\mathrm{g}}\left(\left.T\right|_{r=r_1}-\left.T\right|_{r=r_2}\right) \\[2mm]
-\kappa_{\mathrm{g}}\left.\dfrac{\partial T}{\partial r}\right|_{r=r_2^-}=h_{\mathrm{g}}\left(\left.T\right|_{r=r_1}-\left.T\right|_{r=r_2}\right) \\[2mm]
-\kappa_{\mathrm{z}}\left.\dfrac{\partial T}{\partial r}\right|_{r=r_3^-}=h\left(\left.T\right|_{r=r_3}-T_{\mathrm{wt}}\right) \\[2mm]
\left.\dfrac{\partial T}{\partial z}\right|_{z=0}=0 \\[2mm]
\left.\dfrac{\partial T}{\partial z}\right|_{z=L}=0
\end{cases}\qquad(7\text{-}55)$$

式中，$\left.T\right|_{r=r_1}$、$\left.T\right|_{r=r_2}$、$\left.T\right|_{r=r_3}$分别表示燃料芯块表面温度、包壳的内表面温度和包壳的外表面温度；L 为燃料芯块的高度；$z=0$、$z=L$ 分别表示燃料芯块的底端和顶端。

（三）板状燃料元件的瞬态导热方程

通常，板状元件的包壳和燃料芯块是紧密压制而成的，不存在气隙，如图 7-8 所示，可给出一维板状燃料元件的瞬态导热方程，即

$$\rho_{\mathrm{u}}c_{pu}\frac{\partial T}{\partial t}=\frac{\partial}{\partial x}\left(\kappa_{\mathrm{u}}\frac{\partial T}{\partial x}\right)+q_V\qquad(7\text{-}56)$$

包壳瞬态导热方程为

$$\rho_{\mathrm{u}}c_{pu}\frac{\partial T}{\partial t}=\frac{\partial}{\partial x}\left(\kappa_{\mathrm{u}}\frac{\partial T}{\partial x}\right)+q_V\qquad(7\text{-}57)$$

由于板状燃料元件的芯块比较薄，可认为 q_V 不随 x 变化，是时间、高度的函数。

式（7-56）即式（7-57）的边界条件是

$$\begin{cases}
\left.\dfrac{\partial T}{\partial t}\right|_{x=0}=0 \\[2mm]
\kappa_{\mathrm{u}}\left.\dfrac{\partial T}{\partial x}\right|_{x=x_1^-}=\kappa_{\mathrm{z}}\left.\dfrac{\partial T}{\partial x}\right|_{x=x_1^+} \\[2mm]
\kappa_{\mathrm{z}}\left.\dfrac{\partial T}{\partial x}\right|_{x=x_2^-}=h\left(\left.T\right|_{x=x_2}-T_{\mathrm{wt}}\right) \\[2mm]
\left.T\right|_{x=x_1^-}=\left.T\right|_{x=x_1^+}
\end{cases}\qquad(7\text{-}58)$$

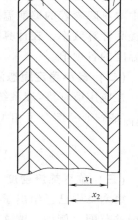

图 7-8　板状燃料元件纵剖图

从式（7-52）和式（7-55）中可以看到，燃料元件包壳表面附近温度的变化率 $\left(\dfrac{\partial T}{\partial r}$或$\dfrac{\partial T}{\partial x}\right)$ 与通道内冷却剂的传热系数有关。尽管在前面章节，已就包壳-冷却剂间换热进行了详细描述，但在瞬态过程中，由于流型及相关参数变化范围较大，并且在计算中，所采用公式也不一样，有必要根据瞬态参数可能的变化范围，对经验关系式或以表格形式输入的实验数据的选用及使用条件的判断做补充性的说明。

二、燃料元件包壳与冷却剂间的传热模型

图 7-9 所示为大容积沸腾曲线，可分成四个换热区，分别为单相对流区、泡核沸腾区、过渡沸腾区和膜态沸腾区。只要确定了临界热流密度下的壁温（T_{CHF}）和最小稳定膜态沸腾点的温度（T_{MSFB}），就可根据通道内冷却剂参数选择合适的换热关系式了。

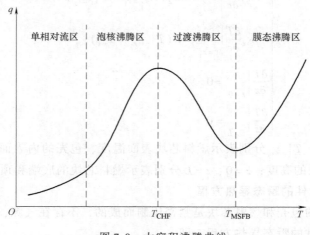

图 7-9 大容积沸腾曲线

（一）临界热流密度下的壁温

一旦临界热流密度已知，采用合适的陈氏公式，就可以容易地计算出 T_{CHF}。由陈氏公式中本身隐含着的壁面温度的影响，必须迭代求解，通常采用牛顿递推法，其收敛迅速。为了提高计算效率，在计算陈氏公式时，可取上一时间步长的 T_{CHF} 值来计算陈氏公式中含壁面温度的各项值。

（二）最小稳定膜态沸腾点的温度

在应用解释液-液系统中热爆炸的机理来确定维持稳定膜态沸腾所要求的最小壁面温度 T_{MSFB} 基础上，综合了相关实验数据，给出的 T_{MSFB} 计算经验关系式为

$$T_{MSFB} = T_{sat} + 0.127 \frac{\rho_g h_g}{\lambda_g} \left[\frac{g(\rho_f - \rho_g)}{\rho_f + \rho_g} \right]^{2.3} \left[\frac{\sigma}{g(\rho_f - \rho_g)} \right]^{1.2} \left[\frac{\mu_g}{g(\rho_f - \rho_g)} \right]^{1.3} \quad (7-59)$$

（三）临界热流密度

第六章中已经给出了计算临界热流密度的经验关系式。各经验关系式有自己的使用范围和误差范围。例如，W-3 公式的使用范围为：热流密度 $q = (0.3466 \sim 1.9226) \times 10^3 \, kW/m^2$，压力为 $6.895 \sim 16.55 MPa$，质量流量为 $1356 \sim 6781 kg/(m^2 \cdot s)$，干度 $x = -0.15 \sim 0.15$，入口焓值为 $930 kJ/kg$，误差范围为 $\pm 23\%$。因此，在瞬态分析计算临界热流密度时存在两个问题，一是用单一临界热流密度经验关系式无法涵盖各种典型瞬态下堆芯热工水力参数，必须用多个经验关系式进行计算；二是必须对由经验关系式所计算的临界热流密度 q_{CHF} 进行修正。因而预测堆芯的 q_{CHF} 值是非常复杂的，因为径向和轴向热流密度的分布、燃料元件棒间隔、定位格架、冷却剂流速、热力状态都会对 q_{CHF} 值产生影响。一些研究者力求寻找一种更为通用，更为准确计算 q_{CHF} 的方法。1986 年由加拿大 Chalk River 核实验室提出了 AECL-UO CHF 表，该表是由压力（p）、质量流量（G）、干度（x）三个参数构成的三维表

格。该表对应于内径为 8mm 的圆管，轴向均匀加热条件。参数覆盖范围为：$p = 0.1 \sim 20\text{MPa}$，$G = 0 \sim 7500\text{kg}/(\text{m}^2 \cdot \text{s})$，干度 $x = -0.5 \sim 0.9$。

对于不满足该表的应用范围，则按照下述修正：

1）若压力 $p < 0.1\text{MPa}$ 或 $p > 20\text{MPa}$，则

$$q_{\text{CHFP}} = q'_{\text{CHFP}} \cdot p_i \cdot G \frac{\rho_g^{0.5} h_{\text{fg}} [\sigma (\rho_f - \rho_g)^{0.25}]|_p}{\rho_g^{0.5} h_{\text{fg}} [\sigma (\rho_f - \rho_g)^{0.25}]|_{p_i}} \tag{7-60}$$

式中 $p_i = 0.1\text{MPa}$ 或 20MPa，q'_{CHFP} 为查表得到的热流密度值，即

$$q'_{\text{CHFP}} = \begin{cases} q'_{\text{CHFP}}|_{p_i = 20} & p_i > 20\text{MPa} \\ q'_{\text{CHFP}}|_{p_i = 0.1} & p_i < 0.1\text{MPa} \end{cases}$$

2）若质量流量 $G > 7500\text{kg}/(\text{m}^2 \cdot \text{s})$，则

$$q_{\text{CHFP}} = q_{\text{CHF}}|_{G = 7500} \tag{7-61}$$

3）若 $x \leqslant 0.5$，则外推。

对于不满足 AECL-UO 中几何、加热及流动条件的情况，引入了修正因子来修正，则临界热流密度为

$$q_{\text{CHF}} = q_{\text{CHFP}} \cdot k_1 \cdot k_2 \cdot k_3 \cdot k_4 \cdot k_5 \cdot k_6 \tag{7-62}$$

式中，q_{CHFP} 为查表所得临界热流密度预示值；k_1、k_2、k_3、k_4、k_5、k_6 为修正因子，这些修正因子列于表 7-4 中。

表 7-4　修正因子

修正因子符号	物理含义	修正形式	备注
k_1	通道或管道直径修正因子	$k_1 = \begin{cases} \left(\dfrac{0.008}{D_{\text{ht}}}\right)^{0.33} & D_{\text{ht}} < 0.016m \\ \left(\dfrac{0.008}{0.016}\right)^{0.33} & D_{\text{ht}} \geqslant 0.016m \end{cases}$	D_{ht} 为加热当量直径
k_2	棒束修正因子	$k_2 \begin{cases} \min[0.8, 0.8\exp(-0.5x^{0.33})] & \text{燃料棒} \\ 1 & \text{非棒束} \end{cases}$	x 为蒸汽干度
k_3	定位格架修正因子	$k_3 = 1 + A \cdot \exp\left(-B \cdot \dfrac{L_{\text{sp}}}{D_{\text{hy}}}\right)$ $A = 1.5k^{0.5}\left(\dfrac{G}{1000}\right)^{0.2}$ $B = 0.1$	k 是对没有表示定位格架影响的修正；L_{sp} 为定位格架高度；D_{hy} 为水力当量直径
k_4	加热长度修正因子	$k_4 = 2\alpha\exp\left(\dfrac{D_{\text{ht}}}{L}\right)$	α 为按均匀两相流模型求出的空泡份额；L 为加热长度
k_5	轴向热流密度分布修正因子	$k_5 = \begin{cases} 1 & x < 0 \\ \dfrac{q_{\text{local}}}{q_{\text{BLA}}} & x > 0 \end{cases}$	q_{local} 为局部热流密度；q_{BLA} 为沿沸腾长度上的平均热流密度
k_6	瞬态修正因子	功率瞬态 $k_6 = C_2 \dfrac{q_{\text{local}}}{q_{\text{BLA}}}$ 流动瞬态（环状流） $k_6 = C_2\dfrac{Gh_{\text{fg}}D_{\text{ht}}}{4L_{\text{boiling}}q_{\text{BLA}}}$	C_2 为有关边界的系数，对于环状流，$C_2 = 1$；L_{boiling} 为沸腾段长度。

（四）船用条件对临界热流密度的影响

船舶的运动对临界热流密度也会产生影响。人们通过分析、试验等手段发现，这种影响主要表现在：浮沉时会出现净重力加速度较少和流速减少，这两者均使临界热流密度下降；在倾斜时气泡和热流集中于一侧，而在较低的一侧产生逆流，因而导致临界热流密度下降；在摇摆等其他条件下，在引起流体空泡扩张波动、流体流速减少等流场参数变化时，均会使局部临界热流密度下降。目前，根据现有的实验数据，给出了由于船舶运行引起上下起伏的加速幅值 a 的修正关系式的三种形式（指数、线性、常数）

$$
(q_{CHF})_{船} = \begin{cases} q_{CHF}(1 - a/g)^{1.4} & 指数形式 \\ q_{CHF}(1 - 0.5a/g) & 线形形式 \\ 0.85q_{CHF} & 常数形式 \end{cases} \tag{7-63}
$$

式中，g 为重力加速度；q_{CHF} 为不考虑船用条件影响下的临界热流密度。

（五）壁面传热方式选择逻辑

在瞬态过程中，壁面的传热方式可能包括了全部的传热方式，图 7-10 所示为壁面传热方式的选择逻辑。图中的 T_s、T_w 分别表示蒸汽和壁面的温度，T_{cs} 为成核所需的最低温度。当壁面温度超过成核所需要的最低温度时，过冷泡核沸腾就会发生。

三、燃料元件瞬态导热方程的求解

前面的描述表明，影响燃料元件瞬态温度场的变化因素极多，因此，一般情况下瞬态导热方程很难有解析解，通常都用数值方法求解，但在有些情况下，也用集总参数方法。集总参数是不考虑有关参数随空间的变化，在同一横截面上介质的温度随时间的变化速率相同，而且每个量都被集中在物体的中心。

（一）气隙导热模型瞬态传热的集总参数解法

气隙气体的热容量很小，可以忽略不计，这样便可用两区集总参数，即芯块区和包壳区。由于燃料元件温度与轴向功率分布密切相关，通常轴向也被分成几段，但在不考虑轴向导热的情况下，各段之间不产生关系，相对"独立"。为便于推导，取其一段 j，不标注下角标 j，该段的热量平衡如图 7-11 所示，则有

$$
\begin{cases} M_u c_{pu} \dfrac{dT_u}{dt} = Q_{核加热} - Q_1 \\ M_z c_{pz} \dfrac{dT_z}{dt} = Q_1 - Q_2 \end{cases} \tag{7-64}
$$

式中，M_u 和 M_z 分别表示芯块介质质量和包壳介质质量；Q_1、Q_2 分别表示芯块传到包壳和包壳传到冷却剂的热量。

于是有

$$
\begin{cases} Q_1 = A_1 U_{u\text{-}z}(T_u - T_z) \\ Q_2 = A_2 U_{z\text{-}w}(T_z - T_{wt}) \end{cases} \tag{7-65}
$$

式中，$U_{u\text{-}z}$、$U_{z\text{-}w}$ 分别表示芯块至包壳当量传热系数和包壳至冷却剂的当量总传热系数；A_1、A_2 分别表示节段 j 包壳内外表面积。

由式（7-64）可以看出，$Q_{核加热}$ 由堆功率确定，M_u、M_z、A_1、A_2 由燃料元件棒的结构尺寸确定，问题转化为如何来确定 $U_{u\text{-}z}$ 和 $U_{z\text{-}w}$。

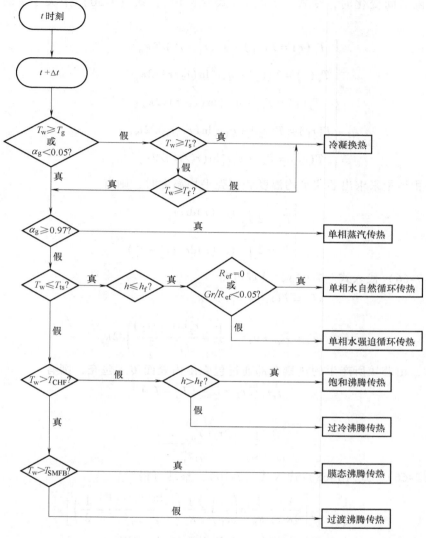

图 7-10　壁面传热方式的选择逻辑

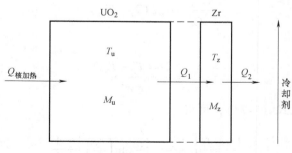

图 7-11　双区模型热量平衡图

1. 当量总传热系数的表达式

当量总传热系数通常可借助于芯块、气隙和包壳的稳态温度场来确定。若假设芯块介质

的热导率不随时间变化时，令式（7-48）、式（7-49）、式（7-50）中关于 t 的导数为零，则可得

$$
\begin{cases}
T_{\mathrm{u}}(r) = T(r_1) + q_V(r_1^2 - r^2)/4\kappa_{\mathrm{u}} \\[2mm]
T_{\mathrm{g}}(r) = T(r_2) + q_V r_1^2 \ln(r_2/r)/2\kappa_{\mathrm{g}} \\[2mm]
T_{\mathrm{z}}(r) = T_{\mathrm{wt}} + q_V r_1^2 \ln(r_3/r)/2\kappa_{\mathrm{z}} \\[2mm]
T(r_1) = T(r_2) + q_V r_1^2 \ln(r_2/r_1)/2\kappa_{\mathrm{g}} \\[2mm]
T(r_2) = T_{\mathrm{wt}} + q_V r_1^2 \ln(r_3/r_2)/2\kappa_{\mathrm{z}}
\end{cases}
\tag{7-66}
$$

用按面积当量来求出芯块平均温度和包壳平均温度时，则有

$$
\begin{cases}
T_{\mathrm{u}} = 2\displaystyle\int_0^{r_1} r T_{\mathrm{u}}(r)\mathrm{d}r/r_1^2 \\[4mm]
T_{\mathrm{z}} = 2\displaystyle\int_{r_2}^{r_3} r T_{\mathrm{z}}(r)\mathrm{d}r/(r_3^2 - r_1^2)
\end{cases}
\tag{7-67}
$$

将式（7-66）代入式（7-67），整理可得

$$
\begin{cases}
T_{\mathrm{u}} = T(r_1) + q_V r_1^2/8\kappa_{\mathrm{u}} \\[4mm]
T_{\mathrm{z}} = T_{\mathrm{wt}} + q_V r_1^2\left(\dfrac{1}{2} - \dfrac{r_2^2\ln(r_3/r_2)}{(r_3^2 - r_2^2)}\right)/2\kappa_{\mathrm{z}}
\end{cases}
\tag{7-68}
$$

稳态时，由芯块所产生的热量全部通过包壳由内表面传入包壳，则有

$$
q_V r_1^2/2r_2 = U_{\mathrm{u\text{-}z}}(T_{\mathrm{u}} - T_{\mathrm{z}})
\tag{7-69}
$$

可得

$$
\frac{1}{U_{\mathrm{u\text{-}z}}} = \frac{2r_2(T_{\mathrm{u}} - T_{\mathrm{z}})}{q_V r_1^2}
\tag{7-70}
$$

将式（7-66）、式（7-68）代入式（7-70），整理可得

$$
\frac{1}{U_{\mathrm{u\text{-}z}}} = r_2\left[\frac{1}{4\kappa_{\mathrm{u}}} + \frac{1}{\kappa_{\mathrm{h}}}\ln\left(\frac{r_2}{r_1}\right) + \frac{1}{\kappa_{\mathrm{z}}}\left(\frac{r_3^2\ln(r_3/r_2)}{r_3^2 - r_2^2} - \frac{1}{2}\right)\right]
\tag{7-71}
$$

由芯块产生的热量全部通过包壳外表面传入冷却剂，则有

$$
\frac{q_V r_1^2}{2r_3} = U_{\mathrm{z\text{-}w}}(T_{\mathrm{z}} - T_{\mathrm{wt}})
\tag{7-72}
$$

由此求得

$$
\frac{1}{U_{\mathrm{z\text{-}w}}} = \frac{2r_3(T_{\mathrm{z}} - T_{\mathrm{wt}})}{q_V r_1^2}
\tag{7-73}
$$

将式（7-68）代入式（7-73），可得

$$
\frac{1}{U_{\mathrm{z\text{-}w}}} = \frac{r_3}{\kappa_{\mathrm{z}}}\left[\frac{1}{2} - \frac{r_2^2}{r_3^2 - r_2^2}\ln\left(\frac{r_3}{r_2}\right)\right] + \frac{1}{h}
\tag{7-74}
$$

2. 节段平均温度方程

设 j 节段的轴向高度为 ΔZ_j，则有

$$\begin{cases} M_{uj} = M_{ut}\dfrac{\Delta Z_j}{H} \\[2mm] M_{zj} = M_{zt}\dfrac{\Delta Z_j}{H} \\[2mm] A_{1j} = A_{10}\dfrac{\Delta Z_j}{H} \\[2mm] A_{2j} = A_{20}\dfrac{\Delta Z_j}{H} \\[2mm] Q_{核加热} = \dfrac{P(t)\Delta Z_j}{H}\Phi_j\psi_j \end{cases} \tag{7-75}$$

式中，H 为堆芯有效高度；Φ_j 为节段轴向功率因子，根据轴向功率分布经当量后给出；ψ_j 为径向功率因子，同时分析多个通道时采用；$P(t)$ 为堆功率，可由中子动力学方程求得。

将式（7-75）、式（7-65）代入式（7-64），整理可得

$$\begin{cases} M_{ut}c_{pu}\dfrac{\mathrm{d}T_{uj}}{\mathrm{d}t} = P(t)\Phi_j - A_{1t}U_{u\text{-}z,j}(T_{uj}-T_{zj}) \\[3mm] M_{zt}c_{pz}\dfrac{\mathrm{d}T_{zj}}{\mathrm{d}t} = A_{1t}U_{u\text{-}z}(T_{uj}-T_{zj}) - U_{z\text{-}w,j}A_{2t}(T_{zj}-T_{wtj}) \end{cases} \tag{7-76}$$

式中，M_{ut}、M_{zt} 分别表示芯块和包壳介质的总质量；A_{1t}、A_{2t} 分别表示包壳内、外表面的总面积；T_{wtj} 为节段 j 所对应的冷却剂温度。

$U_{u\text{-}z,j}$、$U_{z\text{-}w,j}$ 分别由式（7-71）和式（7-74）求得，其中 κ_u 改为 $\kappa_{u,j}$，h 改为 h_j。

3. 燃料元件壁面温度

燃料元件壁面温度即为包壳外表面温度，是一个重要的参数，根据在 $r = r_3$ 处热流密度连续的边界条件，有

$$U_{z\text{-}w,j}(T_{zj}-T_{wtj}) = h_j(T_{wsj}-T_{wtj}) \tag{7-77}$$

令

$$a_j = \frac{r_3}{\kappa_{zj}}\left[\frac{1}{2} - \frac{r_2^2}{r_3^2 - r_2^2}\ln\left(\frac{r_3}{r_2}\right)\right]$$

当按节段给出，则式（7-74）变为

$$\frac{1}{U_{z\text{-}w,j}} = a_j + \frac{1}{h_j} \tag{7-78}$$

将式（7-78）代入式（7-77），整理可得

$$T_{wsj} = T_{wtj} + \frac{T_{zj}-T_{wtj}}{1+a_j h_j} \tag{7-79}$$

式中，T_{wsj} 为燃料元件表面温度。

4. 方程解法

方程（7-76）可化为下面的形式

$$\begin{cases} \dfrac{\mathrm{d}x(t)}{\mathrm{d}t} = B_1(t) - B_2(t)(x-y) \\[3mm] \dfrac{\mathrm{d}y(t)}{\mathrm{d}t} = B_2(t)(x-y) - B_3(t)(y-z) \end{cases} \tag{7-80}$$

采用集总参数，把空间问题转化成仅依赖时间的问题，方程形式简化了，但由于 B_1、

B_2、B_3、B_4 都是时间的函数，变化规律也较为复杂，因而仍很难得到近似的解析解，仍然采用的是差分法。通常采用的方法是介于全隐式与显式之间的方法，又称半隐式法。方程中的系数 $B_1(t)$、$B_2(t)$、$B_3(t)$、$B_4(t)$ 取上时刻的数值，而变量 $x(t)$、$y(t)$ 用本时刻的数值，只要时间步长 Δt 选择合适，可以得到满意的计算精度。通过差分处理，可得

$$\begin{cases} x(t+\Delta t) = \dfrac{[B_1\Delta t + x(t)](1 + B_2\Delta t + B_3\Delta t) + B_2\Delta t[B_3 z(t)\Delta t + y(t)]}{(1 + B_2\Delta t)(1 + B_2\Delta t + B_3\Delta t) - B_2^2\Delta t^2} \\[4mm] y(t+\Delta t) = \dfrac{(1 + B_2\Delta t)[B_3 z(t)\Delta t + y(t)] + [B_2\Delta t + x(t)]B_2\Delta t}{(1 + B_2\Delta t)(1 + B_2\Delta t + B_3\Delta t) - B_2^2\Delta t^2} \end{cases} \tag{7-81}$$

把相关的 $B_i(t)$ 代入式（7-81），就可得到芯块平均温度、包壳平均温度和燃料元件壁面温度。

（二）接触模型瞬态导热的集总参数解法

与推导气隙模型假设一样，可以得到稳态时燃料芯块的温度分布

$$T_u(r) - T_u(r_1) = q_V r_1^2 \left[1 - \left(\frac{r}{r_1}\right)^2\right]/4\kappa_u \tag{7-82}$$

忽略轴向导热，并假设燃料芯块导热率不依赖温度，则方程（7-48）中燃料芯块导热方程可改写成

$$\rho_u c_{pu}\frac{\partial T_u(r,t)}{\partial t} = \frac{\kappa_u}{r}\left(r\frac{\partial T}{\partial r}\right) + q_V \tag{7-83}$$

对式（7-83）进行截面积分，可得

$$\int_0^{r_1} \rho_u c_{pu}\frac{\partial T_u(r,t)}{\partial t}2\pi r\mathrm{d}r = \int_0^{r_1}\frac{\kappa_u}{r}\left(r\frac{\partial T}{\partial r}\right)2\pi r\mathrm{d}r + \int_0^{r_1} q_V 2\pi r\mathrm{d}r \tag{7-84}$$

令

$$\begin{cases} \displaystyle\int_0^{r_1}\rho_u c_{pu}\frac{\partial T_u(r,t)}{\partial t}2\pi r\mathrm{d}r = C_1\frac{\mathrm{d}T_u}{\mathrm{d}t} \\[3mm] C_1 = 2\pi r_1^2\rho_u c_{pu} \end{cases}$$

而平均温度表达式为

$$T_u(t) = \frac{\displaystyle\int_0^{r_1} T_u(r,t)2\pi r\mathrm{d}r}{\pi r_1^2} \tag{7-85}$$

式（7-85）右边第一项物理含义是热量导入或导出。依据在 $r = r_1$ 处热流密度连续的边界条件，并引进当量热阻，则有

$$\frac{T_u(t) - T(r_1)}{R_u} = -\frac{1}{\pi r_1^2}\int_0^{r_1}\frac{\kappa_u}{r}\left[r\frac{\partial T_u(r_2 t)}{\partial r}\right]2\pi r\mathrm{d}r = -2\pi r_1^2 \kappa_u\left[r\frac{\partial T_u(r_2 t)}{\partial r}\right]_{r=r_1} \tag{7-86}$$

则有

$$R_u = \frac{T_u(t) - T(r_1)}{-\left[r\dfrac{\partial T_u(r,t)}{\partial r}\right]\Big|_{r=r_1}}$$

将式（7-85）代入，可得当量热阻的表达式为

$$R_u = -\frac{\displaystyle\int_0^{r_1}[T_u - T(r_1)]2\pi r\mathrm{d}r}{\pi r_1^2} \Big/ -2\pi r_1\left(r\frac{\mathrm{d}t}{\mathrm{d}r}\right)\Big|_{r=r_1} \tag{7-87}$$

在稳态下，式（7-87）成立，于是把式（7-82）及稳态热流密度连续边界条件代入式（7-87），可得

$$R_u = \frac{1}{8\pi\kappa_u} \tag{7-88}$$

若考虑芯块与包壳之间的接触热阻，则芯块与包壳间的等效总热阻为

$$R_{ut} = \frac{1}{8\pi\kappa_u} + \frac{1}{2\pi r_1 h_g} \tag{7-89}$$

由于包壳的厚度较薄，且热导率较大，当忽略包壳热阻的影响，则芯块的集总参数瞬态导热方程为

$$C_1 \frac{\mathrm{d}T_u(t)}{\mathrm{d}t} = q - \frac{T_u(t) - T_z(t)}{R_{ut}} \tag{7-90}$$

按照类似的方法，可导出包壳集总参数的瞬态导热方程为

$$c_2 \frac{\mathrm{d}T_z(t)}{\mathrm{d}t} = \frac{T_u(t) - T_z(t)}{R_{ut}} - \frac{T_z(t) - T_{wt}(t)}{R_2} \tag{7-91}$$

式中，c_2为单位长度包壳的比热容。

$$c_2 = \pi(r_3^2 - r_2^2)c_{pu}\rho_u \tag{7-92}$$

在假设忽略包壳本身的热阻下，$R_2 = \dfrac{1}{2\pi r_3 h}$。

如同上面所描述的那样，当轴向划分为几段时，对于j节段，按照相同的处理方法，可得到描述各节段芯块平均温度和包壳平均温度的瞬态方程。同样的，当很难得到方程的近似解析解时，可用差分方法求解。

（三）瞬态导热方程的差分解法

尽管集总参数解法可使求解瞬态导热方程变得容易些，但需要做一定的简化，这必然会带来一定的误差，特别是三类工况和四类工况，由于参数变化快，因而可能带来较大的误差。在一般情况下，瞬态导热方程只能用数值方法求解，常用的方法是有限差分法。

对棒状燃料元件，由于不考虑轴向导热，则只需对沿轴中心线的纵剖面进行求解。由燃料元件中心对称条件，沿中心轴，取其一半即可。若采用一维导热方程，尽管轴向也划分为若干节段，但由于各轴向节段间没有热量的导入或导出，之间的参数间没有直接的相互影响，因此，只需取其一节段j，沿径向划分为若干节点进行差分处理，因此，可以说二维采用的是网格节点，而一维采用的是节点。

众所周知，函数的微商$\dfrac{\mathrm{d}y}{\mathrm{d}x}$就是当自变量$\Delta x$趋于零时差商$\dfrac{\Delta y}{\Delta x}$的极限值。微商有可能更精确地描绘瞬时的变化，而差分法则反过来，也就是当Δx很小时，将微商化为差商，从而求出函数节点处的近似值。当Δx取得足够小，通常选取如下的差分格式

$$\left.\frac{\partial y}{\partial x}\right|_{x_0+\Delta x} = \frac{X_{x_0+\Delta x} - X_{x_0}}{\Delta x} \tag{7-93}$$

$$\frac{\partial^2 y}{\partial x^2} = \frac{\left.\dfrac{\partial y}{\partial x}\right|_{x_0+\Delta x} - \left.\dfrac{\partial y}{\partial x}\right|_{x_0}}{\Delta x} = \frac{\dfrac{X_{x_0+\Delta x} - X_{x_0}}{\Delta x} - \dfrac{X_{x_0} - X_{x_0-\Delta x}}{\Delta x}}{\Delta x} \tag{7-94}$$

由于上面提到的有限差分法是一种近似的算法，如果将y在x_0附近用泰勒公式展开，可

以证明，采用上述差分方式，一阶导数误差约为 $\dfrac{\partial^3 y}{\partial x^3}$，而二阶导数误差约为 $\dfrac{\partial^4 y}{\partial x^4}$，可以满足求解温度场的精度要求。

图 7-12 所示为二维燃料元件导热的差分节点网格，$T_{i,j}$ 表示图黑框中心点处的温度，按照式（7-94）所确定的差分格式，与此有关的四个节点温度是 $T_{i-1,j}$、$T_{i+1,j}$、$T_{i,j-1}$、$T_{i,j+1}$（图 7-12b）。为方便对边界条件的处理，在边界处也应有节点（图中以 × 示出）

$$r_{r+\frac{1}{2}} = r_r + \frac{1}{2}(r_i + r_{i+1}) \tag{7-95}$$

$$\frac{\partial}{\partial r}\left(\kappa_u r \frac{\partial T}{\partial r}\right)\bigg|_{r+\frac{1}{2}} = \frac{1}{\Delta r_i}\left[\left(\kappa_u r \frac{\partial T}{\partial r}\right)\bigg|_{r+\frac{1}{2}} - \left(\kappa_u r \frac{\partial T}{\partial r}\right)\bigg|_{r-\frac{1}{2}}\right]$$

$$= \frac{1}{\Delta r_i}\left[\frac{\kappa_{u,r+\frac{1}{2}} r_{r+\frac{1}{2}}(T_{i+1,j} - T_{i,j})}{r_{i+1} - r_i} - \frac{\kappa_{u,r-\frac{1}{2}} r_{r-\frac{1}{2}}(T_{i,j} - T_{i-1,j})}{r_i - r_{i-1}}\right] \tag{7-96}$$

同样，可写出轴向差分

$$\frac{\partial}{\partial z}\left(\kappa_u \frac{\partial T}{\partial z}\right)\bigg|_{j} = \frac{1}{\Delta z}\left[\frac{\kappa_u\big|_{j+\frac{1}{2}}(T_{i+1,j} - T_{i,j})}{z_{j+1} - z_j} - \frac{\kappa_u\big|_{j-\frac{1}{2}}(T_{i,j} - T_{i,j-1})}{z_j - z_{j-1}}\right] \tag{7-97}$$

$$\frac{\partial T}{\partial t} = \frac{T_{i,j}^{n+1} - T_{i,j}^n}{\Delta t} \tag{7-98}$$

如果采用显式差分格式，则式（7-95）与式（7-96）右边项 T 的下角标不变，上角标应标注 n，若采用隐式差分，则标注 $n+1$。

将式（7-96）、式（7-97）、式（7-98）代入式（7-54），两边同乘以 $2\pi r_{i+1}$，可得

$$\nabla_{i,j}\rho_{u_{i,j}}^n c_{pui,j}^n \frac{T_{i,j}^{n+1} - T_{i,j}^n}{\Delta t} = q_{V_{i,j}} + \frac{T_{i+1,j}^{n+1} - T_{i,j}^{n+1}}{R_{r+\frac{1}{2}}} - \frac{T_{i,j}^{n+1} - T_{i-1,j}^{n+1}}{R_{r+\frac{1}{2}}} + \frac{T_{i,j+1}^{n+1} - T_{i,j}^{n+1}}{R_{i,j+\frac{1}{2}}} - \frac{T_{i,j}^{n+1} - T_{i,j-1}^{n+1}}{R_{i,j-\frac{1}{2}}}$$

$$\tag{7-99}$$

式中，$\nabla_{i,j}$ 为体积元 (i, j) 的体积，$\nabla_{i,j} = 2\pi r_i \Delta r_i \Delta z$。

R 表示热阻，如 $R_{i+\frac{1}{2},j}$ 表示 (i, j) 和 $(i+1, j)$ 区间的热阻

$$R_{i+\frac{1}{2},j} = \frac{r_{i+1} - r_i}{\kappa_{ui,j+\frac{1}{2}} A_{i+\frac{1}{2}}} \tag{7-100}$$

式中，$\kappa_{ui,j+\frac{1}{2}}$ 为 (i, j) 和 $(i+1, j)$ 区间平均温度下的热导率；$A_{i+\frac{1}{2}}$ 为 (i, j) 和 $(i+1, j)$ 区间的传热面积。

需要注意的是，不包括边界时，式（7-98）为通用表达形式，但如果到边界点，则应注意在对径向 r 方向进行差分时，式（7-96）中含有 $-\kappa_u \dfrac{\partial T}{\partial r}\bigg|_{r+\frac{1}{2}}$，若已到边界处，应换成

$\kappa_u \dfrac{\partial T}{\partial r} = -h_g(T_{r=r_1} - T_{r=r_2})$，右边项取代左边项。

用类似方法，可写出包壳温度的差分方程。

用上述差分方法对各个点进行差分，如果径向有 n 个节点，轴向有 n 个节点，则最终可得到 $n \times n$ 阶矩阵，可用高斯消元法求解。如果忽略轴向导热，则最终可以得到 n 阶三对角矩阵

$$\begin{pmatrix} b_1 & c_1 & & & & \\ a_2 & b_2 & c_2 & & & \\ & \ddots & \ddots & \ddots & & \\ & & a_{n-1} & b_{n-1} & c_{n-1} \\ & & & a_n & b_n \end{pmatrix} \begin{pmatrix} T_1 \\ T_2 \\ \vdots \\ T_{n-1} \\ T_n \end{pmatrix} = \begin{pmatrix} d_1 \\ d_2 \\ \vdots \\ d_{n-1} \\ d_n \end{pmatrix}$$

第一个方程和第 n 个方程是针对边界条件的。

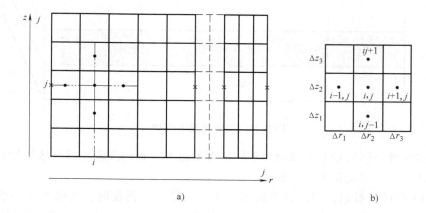

图 7-12　二维燃料元件导热的差分节点网格

第四节　瞬态热工水力基本方程

在单相流体力学中，将流体区分为层流和湍流两大基本流，它们呈现了完全不同的流动特性和传热特性。运用层流和湍流概念大大简化了单相流体力学和实验。在汽-液、液-液、汽-固、液-固四种两相流体组合中，相交界面的变化与组合以汽-液两相最为复杂。

一、两相流流型

在第五章中已对汽-液两相流动的流型进行了简要介绍。为进一步了解瞬态热工水力计算方法，本章还有必要对两相流动的相关知识做更深入的介绍。

通常，以空泡份额和质量流速两个参数来划分流型，以流动方向的倾斜角 ϕ 来区分流动的类型。基本的流动流型有垂直流和水平流，由于倾斜管的实验结果较少，假设当 $\phi > 45°$ 为垂直流动，$\phi \leqslant 45°$ 为水平流动。

（一）垂直流动的流型图

图 7-13 所示为垂直流动的流型，其中 x 轴方向表示两相流型的判别条件为空泡份额 α_g，y 轴方向表示临界传热前、临界传热后及其过渡区；z 轴表示分层流、非分层流及其过渡区，判别条件为混合物流速 v_m。

两相流流型的判别主要用于汽相与液相交界面传热系数的计算。如果流动方式为分层流，则直接用分层流传热关系式计算；若处于过渡区，则需分别计算分层流界面传热系数和非分层流界面传热系数，再通过差值方式求得。

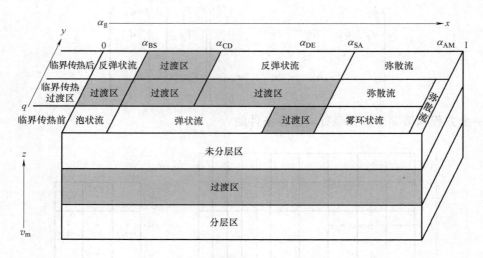

图 7-13　垂直流动的流型

过渡区是两种不同流动方式或两个不同流型的过渡，目的是避免两个区所计算的界面传热系数的跳跃，也可以说是平滑过渡区。

从图 7-13 中可以看到，当传热热流密度小于临界热流密度时，为临界传热前，此时当 $0 < \alpha_g < \alpha_{BS}$ 时为泡状流；$\alpha_{BS} \leqslant \alpha_g < \alpha_{DE}$ 时为弹状流；$\alpha_{DE} \leqslant \alpha_g < \alpha_{SA}$ 时为雾环状流；$\alpha_{SA} \leqslant \alpha_g < \alpha_{AM}$ 时为弥散流。

1. α_{BS} 表达式

$$\alpha_{BS} = \begin{cases} \alpha_L & G_m \leqslant 2000 \\ \alpha_L + \dfrac{0.5 - \alpha_L}{1000}(G_m - 2000) & 2000 < G_m < 3000 \\ 0.5 & G_m \geqslant 3000 \end{cases} \qquad (7\text{-}101)$$

$$\alpha_L = \max\{0.25\min[1,\ (0.045D_1)^8], 10^{-3}\} \qquad (7\text{-}102)$$

$$D_1 = D_{hy}\left[\frac{g(\rho_f - \rho_g)}{\sigma}\right]^{1/2} \qquad (7\text{-}103)$$

式 (7-101)、式 (7-102)、式 (7-103) 中，G_m 表示混合物的质量流速，单位为 $kg/(m^2 \cdot s)$；ρ_g、ρ_f 分别为汽-液相的密度，单位为 kg/m^3；D_{hy} 表示水力当量直径，单位为 m；σ 表示流体的表面张力，单位为 J/m^2。

2. α_{CD} 与 α_{SA} 表达式

$$\alpha_{CD} = \alpha_{BS} + 0.2 \qquad (7\text{-}104)$$

$$\alpha_{SA} = \max\{0.5, \min[\max(\alpha_1, 0.75), \alpha_2, 0.9]\} \qquad (7\text{-}105)$$

$$\alpha_1 = \frac{1}{v_g}\left[\frac{gD_{hy}(\rho_f - \rho_g)}{\rho_g}\right]^{0.5} \qquad (7\text{-}106)$$

$$\alpha_2 = \frac{3.2}{v_g}\left[\frac{g\sigma(\rho_f - \rho_g)}{\rho_g^2}\right]^{0.25} \qquad (7\text{-}107)$$

式 (7-106)、式 (7-107) 中的 v_g 表示汽相速度。

3. α_{DE} 与 α_{AM} 表达式

$$\begin{cases} \alpha_{DE} = \max(\alpha_{BS}, \alpha_{SA} - 0.05) \\ \alpha_{AM} = 0.999 \end{cases} \tag{7-108}$$

4. 不同流动方式的判别条件

如果流体的平均速度很低，则可能出现垂直层流或过渡区。判别层流的标准是汽-液混合物的平均流速，当 $v_m < v_{TB}$ 时为层流。v_m 的表达式为

$$v_m \frac{\alpha_g \rho_g \mid v_g \mid + (1 - \alpha_g)\rho_f \mid v_f \mid}{\rho_m} \tag{7-109}$$

式中，v_m 为混合物速度，单位为 m/s；ρ_m 为混合物密度，单位为 g/m³。

v_{TB} 的表达式为

$$v_{TB} = 0.35 \left[\frac{g(\rho_f - \rho_g)D}{\rho_f} \right]^{1/2} \tag{7-110}$$

$$\begin{cases} D = \min(D_{crit}, D_{hy}) \\ D_{crit} = 19.11 \left[\dfrac{\sigma}{g(\rho_f - \rho_g)} \right] \end{cases} \tag{7-111}$$

（二）水平流动的流型图

在水平加热的流道内，流型变化过程与垂直流道内的情况大致相同，不同的是重力效应的影响。在较低流速时，重力效应显著，导致相分布不对称性，出现分层流动；在流速高时，重力效应相对减弱，相分布趋于对称。图 7-14 所示为水平流动的流型，包含泡状流、弹状流、雾环状流和弥散流。

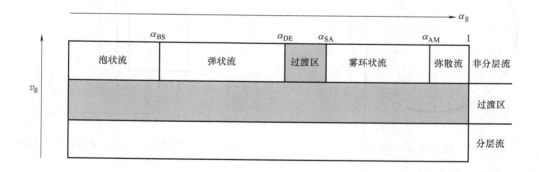

图 7-14　水平流动流型

1. 流型的判别条件

当 $0 < \alpha_g < \alpha_{BS}$ 时，为泡状流；当 $\alpha_{BS} \leqslant \alpha_g < \alpha_{DE}$ 时，为弹状流；当 $\alpha_{DE} \leqslant \alpha_g < \alpha_{SA}$ 时，为弹状流与雾环状流过渡区；当 $\alpha_{SA} \leqslant \alpha_g < \alpha_{AM}$ 时，为雾环状流；当 $\alpha_g \leqslant \alpha_{AM}$ 时，为弥散流。

其中

$$\alpha_{SB} = \begin{cases} 0.25 & G \leqslant 2000 \\ 0.25 + 0.25(G - 2000) \times 10^{-3} & 2000 < G \leqslant 3000 \\ 0.5 & G > 3000 \end{cases} \tag{7-112}$$

$$\begin{cases} \alpha_{DE} = 0.75 \\ \alpha_{SA} = 0.8 \\ \alpha_{AM} = 0.999 \end{cases} \tag{7-113}$$

2. 不同流动方式的判别条件

判别分层流的标准是汽-液间的相对速度 $|v_f - v_g|$ 与 v_{crit} 间的关系。当 $|v_f - v_g| \geqslant v_{crit}$ 时，为非分层流；当 $|v_f - v_g| < \dfrac{v_{crit}}{2}$ 时，为分层流；当 $\dfrac{v_{crit}}{2} \leqslant |v_f - v_g| < v_{crit}$ 时，为过渡区。v_{crit} 的表达式为

$$v_{crit} = \frac{1}{2}\left[\frac{(\rho_f - \rho_g)g\alpha_g A}{D_{hy}\rho_g \sin\theta}\right]^{1/2}(1 - \cos\theta) \tag{7-114}$$

式中，θ 为流道液相界面夹角，如图 7-15 所示。

二、单相流与均匀流模型

（一）单相流

在多数情况下，可以认为冷却剂在通道中的流动为一维流动。例如，冷却燃料元件的流动就可以单纯地认为只有一维向上流动。至于各子通道的流动搅混，由于搅混流量较小，在处理时可以看作是在一维流动基础上的一个附加量。

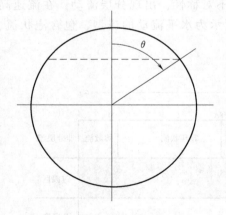

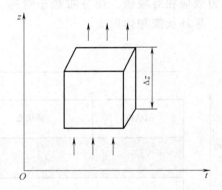

图 7-15　流道液相界面夹角　　　　图 7-16　一维流动时一个冷却流道内的控制体

1. 质量守恒方程

图 7-16 所示为一维流动时一个冷却流道的控制体，流体自下而上沿坐标 z 方向流动，控制体的流通截面积为 Δz，润湿周长为 l_e，加热周长为 l_h。在一个微小的时间间隔 Δt 内，有流入控制体的流体质量和流出控制体的流体质量。

流入控制体的流体质量为 $\qquad \left(\displaystyle\int_A \rho v \mathrm{d}A\right)\Delta t$

流出控制体的流体质量为 $\qquad \left[\displaystyle\int_A \rho v \mathrm{d}A + \frac{\partial}{\partial z}\left(\int_A \rho v \mathrm{d}A\right)\Delta z\right]\Delta t$

流入控制体的流体质量与流出控制体的流体质量之差为 $-\dfrac{\partial}{\partial z}\left(\displaystyle\int_A \rho v \mathrm{d}A\right)\Delta z \Delta t$，而在 Δt 时

间内，控制体的流体质量变化量为 $\frac{\partial}{\partial z}\left(\int_A \rho v dA\right)\Delta z \Delta t$。根据质量守恒原理，控制体中的流体质量变化量等于流入与流出流体质量之差，即

$$\frac{\partial}{\partial t}\left(\int_A \rho dA\right)\Delta z \Delta t = -\frac{\partial}{\partial z}\left(\int_A \rho v dA\right)\Delta z \Delta t \tag{7-115}$$

假设在同一流通截面上的流体的密度 ρ 和流速 v 相同，则有

$$\frac{\partial \rho}{\partial t} + \frac{\partial \rho v}{\partial z} = 0 \tag{7-116}$$

又

$$G = \rho v$$

则质量守恒方程又可表示为

$$\frac{\partial \rho}{\partial t} + \frac{\partial G}{\partial z} = 0 \tag{7-117}$$

2. 动量方程

作用在图 7-16 所示的控制体上的外力有：

1）进口压力 $\qquad pA$

2）出口压力 $\qquad pA + \frac{\partial (pA)}{\partial z}\Delta z$

3）控制体重力 $\qquad \int_A \rho g dA \Delta z$

4）侧面上的压力在 z 方向的分量 $\qquad p\frac{dA}{dz}\Delta z$

5）控制体侧面的摩擦力 $\qquad -\int_{l_e} \tau_f dl_e \Delta z$

6）控制体动量的净流出率

$$\left[\int_A \rho v^2 dA + \frac{\partial}{\partial z}\left(\int_A \rho v^2 dA\right)\Delta z\right] - \int_A \rho v^2 dA = \frac{\partial}{\partial z}\left(\int_A \rho v^2 dA\right)\Delta z$$

7）控制体动量随时间的变化率 $\qquad \frac{\partial}{\partial t}\left(\int_A \rho v dA\right)\Delta z$

根据动量守恒定律，有

控制体动量随时间的变化率 = 进口压力 – 出口压力 + 控制体重力 + 侧面上的压力在 z 方向上的分量 + 控制体侧面的摩擦力 – 控制体动量的净流出率

假设 A 为常数，则有

$$\frac{\partial}{\partial t}\left(\int_A \rho v dA\right) + \frac{\partial}{\partial z}\left(\int_A \rho v^2 dA\right) = -\frac{\partial (pA)}{\partial z} - \int_{l_e} \tau_f dl_e - \int_A \rho g dA \tag{7-118}$$

假设在同一流通截面上的流体密度 ρ、流速 v 相同，利用 $G = \rho v$，则有

$$\frac{\partial (GA)}{\partial t} + \frac{\partial}{\partial z}\left(\frac{G^2 A}{\rho}\right) = -A\frac{\partial p}{\partial z} - \int_{l_e} \tau_f dl_e \Delta z - \rho g A \tag{7-119}$$

而 $\int_{l_e} \tau_f dl_e \Delta z = \frac{A^2 G^2 f_1/\rho}{2\rho D_{hy}}$，将其代入式（7-119）可得

$$\frac{\partial (GA)}{\partial t} + \frac{\partial}{\partial z}\left(\frac{G^2 A}{\rho}\right) = -A\frac{\partial p}{\partial z} - \frac{A^2 G^2 f_1/\rho}{2\rho D_{hy}} - \rho g A \tag{7-120}$$

3. 能量平衡方程

控制体的能量来源有以下几部分：一是通过控制体表面传递到控制体流体的热量；二是由于堆芯流体既是冷却剂，又起慢化剂作用，在慢化的过程中，也获得能量（称内热源）；三是外力对流体做的功。

控制体表面传递到控制体流体的能量是燃料元件传到控制体流体，设传热热流密度为 q，加热周长为 l_h，则在单位时间内所输入的热量为 $\int_{l_h} q_V \mathrm{d}l_h \Delta z$。内热源 q_V 为每立方米内产生的热量。则在单位时间内所释放的热量为 $\int_\Omega q_V \mathrm{d}\Omega = \int_\Omega q_V \mathrm{d}A \Delta z$。

第三部分是在单位时间内控制体上下表面压力所做的功，等于单位时间下表面所做的功 $\int_A pv \mathrm{d}A$ 减去单位时间上表面压力所做的功 $\int_A pv \mathrm{d}A + \int_A \frac{\partial}{\partial z}(pv \mathrm{d}A) \Delta z$，等于 $-\int_A \frac{\partial}{\partial z}(pv \mathrm{d}A) \Delta z$，此外，还有单位时间重力做的功，为 $-\int_A \rho gv \mathrm{d}A \Delta z$。因此，单位时间加到控制体内的热量为

$$F_1 = \left[\int_{l_h} q \mathrm{d}l_e + \int_A q_V \mathrm{d}A - \int_A pv \mathrm{d}A - \int_A \rho gv \mathrm{d}A \right] \Delta z \tag{7-121}$$

单位时间单位质量流体流入控制体时带的能量为 $\int_A \rho \left(u + \frac{v^2}{2} \right) v \mathrm{d}A$；单位时间单位质量流体流出控制体时带出的能量为 $\int_A \rho \left(u + \frac{v^2}{2} \right) v \mathrm{d}A + \frac{\partial}{\partial z} \left[\int_A \rho \left(u + \frac{v^2}{2} \right) v \mathrm{d}A \right] \Delta z$，则净带出的能量为

$$F_2 = \frac{\partial}{\partial z} \left[\int_A \rho \left(u + \frac{v^2}{2} \right) v \mathrm{d}A \right] \Delta z \tag{7-122}$$

式中，u 为单位质量流体的内能；$\frac{v^2}{2}$ 为单位质量流体的动能。

控制体内流体本身能量的变化率为

$$F_3 = \frac{\partial}{\partial t} \left[\int_A \rho \left(u + \frac{v^2}{2} \right) \mathrm{d}A \right] \Delta z \tag{7-123}$$

利用焓和内能的关系

$$h = u + \frac{p}{\rho} \tag{7-124}$$

忽略重力和压力所做功以及动能变化引起的能量变化，则式（7-121）、式（7-122）、式（7-123）分别变为

$$F_1 = \left[\int_{l_e} q \mathrm{d}l_e + \int_A q_V \mathrm{d}A \right] \Delta z \tag{7-125}$$

$$F_2 = \frac{\partial}{\partial z} \left[\int_A \rho hv \mathrm{d}A \right] \Delta z \tag{7-126}$$

$$F_3 = \frac{\partial}{\partial t} \left[\int_A \rho h \mathrm{d}A \right] \Delta z \tag{7-127}$$

根据能量守恒定律，控制体能量变化率为流入到控制体内的能量与流出流体净带出的能量之差，则由式（7-125）、式（7-126）、式（7-127）可得

$$\frac{\partial}{\partial t} \left[\int_A \rho h \mathrm{d}A \right] \Delta z = \left[\int_{l_e} q \mathrm{d}l_e + \int_A q_V \mathrm{d}A \right] \Delta z - \frac{\partial}{\partial z} \left[\int_A \rho hv \mathrm{d}A \right] \Delta z \tag{7-128}$$

假设 A 为常数，在同一流通截面上，ρ、h、v、q_V 相同，则有

$$\frac{\partial(\rho h)}{\partial t} + \frac{\partial(\rho v h)}{\partial z} = \frac{1}{A}\int_{l_h} q \, dl_h + q_V \tag{7-129}$$

式（7-129）中 q_V 通常表示为

$$q_V(z,t) = \frac{P_{FB}F_P\eta_c}{Z_H A}\varphi(z)\varphi(r) \tag{7-130}$$

式中，P_{FB} 表示反应堆在 100% 下的功率；F_P 表示相对功率；η_c 表示不通过燃料元件包壳而直接在冷却剂中释放的堆功率的份额。

由于

$$\begin{cases} \dfrac{\partial(\rho h)}{\partial t} = \rho\dfrac{\partial h}{\partial t} + h\dfrac{\partial \rho}{\partial t} \\[3mm] \dfrac{\partial(Gh)}{\partial z} = G\dfrac{\partial h}{\partial z} + h\dfrac{\partial G}{\partial z} \end{cases} \tag{7-131}$$

带入质量守恒方程（7-129），有

$$\rho\frac{dh}{dt} + G\frac{dh}{dz} = l_m q + q_V \tag{7-132}$$

式中，$l_m = l_h/A$，表示加热周长与流通面积之比。在瞬态热工分析中，通常必须同时分析两个以上的流道，其中一个是名义流道。因此，不同通道 l_h 值也可能不同，尤其是表征热管的 l_h 肯定与名义通道的值不同。

前面的推导过程有一个重要假设，即流通体积不变，因此不宜用于那些不具有刚性的条件。

（二）均匀流

对于单相流体，式（7-117）、式（7-120）、式（7-132）是可以直接应用的，但对于两相流体，需要采用不同模型，处理方法也不一样。

均匀流模型是处理两相流方法中最为简化的模型，也是最简单的模型方法。其基本思想是通过合适地定义两相混合物的平均参数值，把两相当作具有这种平均特性并遵循单相流体基本方程的流体。

均匀流模型的基本假设是：

1）两相具有相同的相速度，即 $v_g = v_f$。

2）两相间处于热力平衡。

3）可合理使用确定的单相摩擦系数表征两相流动。

在均匀流模型中，滑速比 $s = v_g/v_f = 1$，容积含汽率 $\beta = \alpha_g$，而容积含汽率 β 与质量含汽率 x 的关系为

$$\begin{cases} \beta = \dfrac{x}{x + (1-x)\dfrac{\rho_g}{\rho_f}} \\[4mm] x = \dfrac{\beta\rho_g}{\beta\rho_g + (1-\beta)\rho_f} = \dfrac{\beta\rho_g}{\rho_m} \end{cases} \tag{7-133}$$

由于滑速比等于 1，$v_g = v_f = v_m$，则两相质量流速为

$$G = \alpha_g v_g \rho_g + (1-\alpha_g)v_f\rho_f = \rho_m v_m \tag{7-134}$$

式中，ρ_m 为均匀流下两相混合物的密度。

$$\rho_m = \alpha_g \rho_g + (1 - \alpha_g)\rho_f \tag{7-135}$$

由式（7-133）和式（7-135）可得

$$x\rho_m = \beta\rho_g \tag{7-136}$$

同理可得

$$(1 - x)\rho_m = (1 - \beta)\rho_f \tag{7-137}$$

由式（7-136）和式（7-137）整理可得

$$\frac{x}{\rho_g} + \frac{1-x}{\rho_f} = \frac{1}{\rho_m} = v_m \tag{7-138}$$

于是有

$$v_m = xv_g + (1 - x)v_f \tag{7-139}$$

式中，v_m 表示混合物比体积，v_g、v_f 分别表示饱和蒸汽和饱和水的比体积。

用上述关系可计算混合物的物性，从而获得计算均匀混合物物性的公式，如均相混合物焓可写成 $H_m = xH_g + (1 - x)H_f$。按此表示，则由式（7-132）所求得的焓值 h 即为 H_m。当求得 H_m，则蒸汽质量含汽率 $x = \dfrac{H_m - h_f}{h_g - h_f} = \dfrac{H_m - h_f}{h_{fg}}$。

均匀流模型主要应用于一些核动力装置原理模拟器，以及一些需单独建模的蒸汽发生器、稳压器的两相模型。一些反应堆稳态热工水力分析程序也采用了均匀流模型，对变化速率不大的瞬态分析也有一定的使用价值。

三、两流体模型与漂移流模型

两流体模型是较为完善的两相流数学模型，它对气相和液相分别列出质量、动量和能量守恒方程，考虑了汽、液两相间的质量和能量交换，可以较真实地反映各种物理现象。但是由于场方程的数目很多，还要补充许多结构关系式，求解难度大。

漂移流模型用代表汽-液两相介质横向分布的量和代表两相之间局部相对速度的量来描述两流体相间非均匀流动的效应。与两流体场方程不同，漂移流模型只有混合物的动量方程。

（一）两流体模型

为便于推导，把控制体内的两相流看作环状流，如图 7-17 所示。图中 Δz 表示控制体的长度，A 表示入口处的流通面积，α_g 表示空泡份额，下角标 f、g 分别表示液相与汽相。

1. 质量守恒方程

依据图 7-16 所示，对液相的流量有以下几部分。

1）流入控制体的液相流量：　　　$\rho_f(1 - \alpha_g)v_f A$

2）流出控制体的液相流量：　　　$\Gamma A\Delta z + \rho_f(1 - \alpha_g)v_f A + \dfrac{\partial}{\partial z}[(1 - \alpha_g)v_f A]\Delta z$

3）控制体内液相质量的变化率：　　　$\dfrac{\partial}{\partial t}[\rho_f(1 - \alpha_g)A]\Delta z$

根据质量守恒方程的原理，经整理，可得液相的一维质量守恒方程

$$\frac{\partial}{\partial t}[\rho_f(1 - \alpha_g)A] + \frac{\partial}{\partial z}[(1 - \alpha_g)v_f A] = -\Gamma A \tag{7-140}$$

同样，可得汽相的一维质量守恒方程

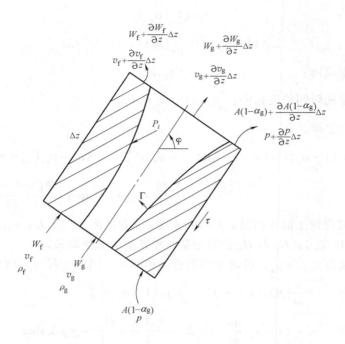

图 7-17　两流体模型控制体

$$\frac{\partial}{\partial t}[\rho_g \alpha_g A] + \frac{\partial}{\partial z}[\alpha_g v_g A] = \Gamma A \tag{7-141}$$

将方程（7-140）和方程（7-141）相加，并假设流道的流通面积保持不变，于是可以得到两相混合物的质量守恒方程

$$\frac{\partial \rho_m}{\partial t} + \frac{\partial G_m}{\partial z} = 0 \tag{7-142}$$

合并后削去了 Γ，式（7-142）中质量流速和两相混合物密度定义为

$$\rho_m = \alpha_g \rho_g + (1 - \alpha_g)\rho_f \tag{7-143}$$

$$G_m = \alpha_g \rho_g v_g + (1 - \alpha_g)\rho_f v_f \tag{7-144}$$

2. 动量守恒方程

依照图 7-16 所示，可给出作用在液相的各种作用力。

1）进口压力：
$$pA(1 - \alpha_g)$$

2）出口压力：
$$-pA(1 - \alpha_g) - \frac{\partial[pA(1 - \alpha_g)]}{\partial z}\Delta z$$

3）进出口压力贡献之和：
$$-\frac{\partial[pA(1 - \alpha_g)]}{\partial z}\Delta z$$

4）交界面压力在 z 方向的分量：$p_i \dfrac{\partial[A(1 - \alpha_g)]}{\partial z}\Delta z$

5）重力分量：
$$-\rho_f g A \Delta z \sin\varphi$$

6）液相侧面的摩擦力：
$$-\tau_{wf} U_{wf} \Delta z$$

7）汽-液界面切应力：
$$\tau U_{fg} \Delta z$$

8）动量流入：$\rho_f A(1-\alpha_g)v_f^2$

9）动量流出：$\rho_f A(1-\alpha_g)v_f^2 + \dfrac{\partial}{\partial z}[\rho_f A(1-\alpha_g)v_f^2]\Delta z$

10）汽化动量流出：$-\Gamma v_i A\Delta z$

11）液相动量随时间的变化率：$\dfrac{\partial}{\partial t}[\rho_f(1-\alpha_g)v_f A]\Delta z$

根据动量守恒定律，有

$$\frac{\partial}{\partial t}[\rho_f(1-\alpha_g)v_f A] = -\frac{\partial}{\partial z}[\rho_f A(1-\alpha_g)v_f^2] - \Gamma v_i A\Delta z - \tau_{wf}U_{wf} + \tau U_{fg} -$$

$$\frac{\partial[pA(1-\alpha_g)]}{\partial z} - \rho_f gA\Delta z\sin\varphi + p_i\frac{\partial[A(1-\alpha_g)]}{\partial z} \qquad (7\text{-}145)$$

式中，v_i 为汽-液交界面上液体的沿 z 方向的速度；p_i 为界面上的压力；τ_{wf} 和 τ 分别为壁面和汽-液交界面上的切应力；U_{wf} 和 U_{fg} 分别为壁面和界面的润湿周长。

通常在同一截面上 $p_f = p_g$，设流道的流通面积不变，因此方程（7-145）可变为

$$\frac{\partial}{\partial t}[\rho_f v_f(1-\alpha_g)] + \frac{\partial}{\partial z}[\rho_f(1-\alpha_g)v_f^2]$$

$$= -(1-\alpha_g)\frac{dp}{dz} - \Gamma v_i\Delta z - \frac{\tau_{wf}U_{wf}}{A} + \frac{\tau U_{fg}}{A} - \rho_f g\Delta z\sin\varphi \qquad (7\text{-}146)$$

同理，汽相的一维动量方程为

$$\frac{\partial}{\partial t}(\rho_g\alpha_g v_g) + \frac{\partial}{\partial z}(\rho_g\alpha_g v_g^2)$$

$$= -\alpha_g\frac{\partial p}{\partial z} + \Gamma v_i\Delta z - \frac{\tau_{wg}U_{wg}}{A} - \frac{\tau U_{fg}}{A} - \rho_g g\Delta z\sin\varphi \qquad (7\text{-}147)$$

将式（7-146）和式（7-147）合并，可得两相混合物的动量方程

$$\frac{\partial G_m}{\partial t} + \frac{\partial}{\partial z}[\rho_g\alpha_g v_g^2 + \rho_f(1-\alpha_g)v_f^2] = -\frac{\partial p}{\partial z} - \left(\frac{\tau_{wf}U_{wf}}{A} + \frac{\tau_{wg}U_{wg}}{A}\right) - \rho_g g\Delta z\sin\varphi \quad (7\text{-}148)$$

可以看出，两相混合物动量守恒方程中，有关两相界面的效应全部相互抵消，因而无需建立界面结构关系式。

3. 能量守恒方程

图 7-18 所示为两流体控制体的能量关系。在推导前，先给出两个参量

$$\begin{cases} e_g = h_g + \dfrac{1}{2}v_g^2 + gz\sin\varphi \\ e_f = h_f + \dfrac{1}{2}v_f^2 + gz\sin\varphi \end{cases}$$

$$(7\text{-}149)$$

同前面的推导一样，给出相关量在单位时间内的表达式。

对于液相，流入液相的能量有以下几种。

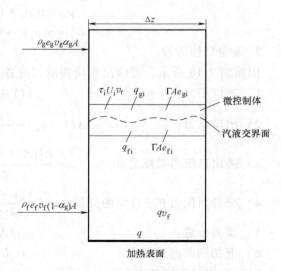

图 7-18 两流体控制体的能量关系

1）液体带入的能量： $\rho_f e_f v_f (1 - \alpha_g) A \Delta z$

2）加热表面传入的能量： $q_f U_{fh} \Delta z$

3）内热源释放的能量： $q_{Vf} A (1 - \alpha_g) \Delta z$

4）两相交界面处传给液相的能量： $q_{if} U_i \Delta z$

流出液相的能量有以下几种。

1）液体带出的能量： $\rho_f e_f v_f (1 - \alpha_g) A \Delta z + \dfrac{\partial}{\partial z} [\rho_f e_f v_f (1 - \alpha_g) A] \Delta z$

2）液体蒸发带出的能量： $\Gamma e_f A \Delta z$

3）体积增加（两相交界面位移）所做的功： $p_i \dfrac{\partial (1 - \alpha_g)}{\partial t} A \Delta z$

4）控制体内液相的能量变化率： $\dfrac{\partial}{\partial t} \left[\rho_f \left(e_f - \dfrac{p}{\rho_f} \right)(1 - \alpha_g) A \right] \Delta z$

根据能量守恒，控制体内流体能量变化率应该等于流入能量与流出能量之差，有

$$\frac{\partial}{\partial t} \left[\rho_f \left(e_f - \frac{p}{\rho_f} \right)(1 - \alpha_g) A \right] \Delta z = \rho_f e_f v_f (1 - \alpha_g) A \Delta z + q_f U_{fh} \Delta z + q_{Vf} A (1 - \alpha_g) \Delta z + q_{if} U_i \Delta z -$$

$$\rho_f e_f v_f (1 - \alpha_g) A \Delta z - \frac{\partial}{\partial z} [\rho_f e_f v_f (1 - \alpha_g) A] \Delta z - \Gamma e_g A \Delta z - p_i \frac{\partial (1 - \alpha_g)}{\partial t} A \Delta z \quad (7\text{-}150)$$

式中，U_{fh} 为液相的加热周长；U_i 为汽-液交界面的周长。

通常在同一截面上 $p_f = p_g = p_i = p$，整理可得

$$\frac{\partial}{\partial t} [\rho_f e_f (1 - \alpha_g) A] + \frac{\partial}{\partial z} [\rho_f e_f v_f (1 - \alpha_g) A] + (1 - \alpha_g) A \frac{\partial p}{\partial t}$$

$$= q_f U_{fh} + q_{Vf} A (1 - \alpha_g) + q_{if} U_i - \Gamma e_f A \quad (7\text{-}151)$$

同理，可得到汽相能量守恒方程

$$\frac{\partial}{\partial t} (\rho_g e_g \alpha_g A) + \frac{\partial}{\partial z} (\rho_g e_g v_g \alpha_g A) + \alpha_g A \frac{\partial p}{\partial t} = q_g U_{gh} + q_{Vg} A \alpha_g - q_{ig} U_i + \Gamma e_g A - \tau_i U_i v_r$$

$$(7\text{-}152)$$

式中，$\tau_i U_i v_r$ 为交界面切应力做的功；v_r 为汽-液相对速度。

v_r 的表达式为

$$v_r = v_g - v_f \quad (7\text{-}153)$$

假定图 7-18 所示界面处微控制体足够小，小到可以把所有时间项（即存贮项）都略去，可以得到

$$\Gamma e_f A - q_{if} U_i = \Gamma e_g A - q_{ig} U_i - \tau_i U_i v_r \quad (7\text{-}154)$$

将式（7-151）、式（7-152）合并，并利用式（7-154），消去界面有关各量，可以得到混合物能量方程

$$\frac{\partial}{\partial t} \left[\rho_f (1 - \alpha_g) \left(e_f - \frac{p}{\rho_f} \right) + \rho_g \alpha_g \left(e_g - \frac{p}{\rho_g} \right) \right] + \frac{\partial}{\partial z} [\rho_f e_f v_f (1 - \alpha_g) + \rho_g e_g v_g \alpha_g] = \frac{q U_h}{A} + q_V$$

$$(7\text{-}155)$$

在求解式（7-139）、式（7-140）、式（7-145）、式（7-146）、式（7-151）和式（7-152）时需要相关界面参数的计算。关于界面参数的表达式将在后面的小节中介绍。

（二）漂移流模型

漂移流模型是用代表汽-液两相介质横向分布的量和代表两相之间局部相对速度的量来描述两相流间非均匀流动效应。与两相流不同的是，漂移流模型只有混合物的动量方程。

与推导两流体模型的方法和过程类似，可以得到漂移流模型的五个基本方程。

1）液相质量守恒方程

$$\frac{\partial}{\partial t}\left[\rho_f(1-\alpha_g)\right] + \frac{\partial G_f}{\partial z} = -\Gamma + s_f \tag{7-156}$$

2）汽相质量守恒方程

$$\frac{\partial(\rho_g\alpha_g)}{\partial t} + \frac{\partial G_g}{\partial z} = \Gamma + s_g \tag{7-157}$$

3）两相混合物动量守恒方程

$$\frac{\partial G_m}{\partial t} + \frac{\partial}{\partial z}\left[v_m G_m + \alpha_g(1-\alpha_g)\frac{\rho_f\rho_g}{\rho_m}\right] = -\frac{\partial p}{\partial z} - \frac{\partial p_f}{\partial z} - \frac{\partial p_1}{\partial z} + \frac{\partial p_p}{\partial z} - \frac{\partial p_g}{\partial z} + \sum sv_j \tag{7-158}$$

4）液相能量守恒方程

$$\frac{\partial}{\partial t}\left[\rho_f h_f(1-\alpha_g)\right] + (1-\alpha_g)\frac{\partial p}{\partial t} + \frac{\partial}{\partial z}(G_f h_f) = q_{wf} + q_{fg} - \Gamma h_{fg} + s_f h_f \tag{7-159}$$

5）汽相能量守恒方程

$$\frac{\partial}{\partial t}(\rho_g h_g \alpha_g) + \alpha_g\frac{\partial p}{\partial t} + \frac{\partial}{\partial z}(G_g h_g) = q_{wg} - q_{fg} + \Gamma h_{fg} + s_g h_g \tag{7-160}$$

方程（7-156）~ 方程（7-160）中，G_m 表示混合物的质量流速，单位为 kg/（m²·s）；v_m 为混合物质心速度，单位为 m/s；ρ_m 为混合物密度，单位为 kg/m³；p 为压力，单位为 Pa；p_f，p_1，p_p，p_g 分别表示摩擦压降、局部阻力压降、泵提升压降和重力压降，单位为 Pa；Γ 为单位体积的蒸发/冷凝量，单位为 kg/（m³·s）；$\sum sv_j$ 为注入流量的贡献；s_g、s_f 分别表示汽相、液相的外部源项，单位为 kg/（m³·s）；v_j 为注入速度，j = f；g；q_{wg}、q_{wf} 分别表示汽相、液相与壁面的传热量，单位为 J/（m³·s）；h_{fg} 为汽化热，单位为 J/kg；q_{fg} 为汽-液相间的传热量，单位为 J/（m³·s）。

上面 5 个场方程中有六个独立变量，分别是压力 p、气相焓值 h_g、液相焓值 h_f、空泡份额 α_g、汽相速度 v_g、液相速度 v_f，为使方程组闭合，引入漂移流方程

$$(1-\alpha_g C_o)v_g - \alpha_f C_o v_f = V_{gj} \tag{7-161}$$

式中，V_{gj} 为漂移速度，单位为 m/s；C_o 为分布参数。

漂移流模型可以描述相间的相对滑移，同时又考虑了空泡份额分布的不均匀性，是一种较好的空泡份额计算方法，在不同的流型下有不同的漂移流关系式。Ishiii 和 Katoka 在这方面做了大量工作，提出了一套完整的关系式。表 7-5 给出了一些常用的关系式。

表 7-5　分布参数与漂移速度常用关系式

流型	C_o	V_{gj}
泡状流		$V_{gj} = \sqrt{2}\,\alpha_f^{\frac{7}{4}}$
弹状流	$C_o = \left(1.2 - 0.2\sqrt{\dfrac{\rho_g}{\rho_f}}\right)(1 - e^{-18\alpha_g})$	$V_{gj} = 0.35 D_H^{*\,0.5}$　　$D_H^* = \dfrac{D_{hy}}{\sqrt{\dfrac{\sigma}{g(\rho_f - \rho_g)}}}$

（续）

流型	C_o	V_{gj}
雾环状流/弥散流	$C_o = 1 + \dfrac{\alpha_f(1-E_d)}{\alpha_g + \left(\dfrac{1+75\alpha_f\rho_g}{\sqrt{\alpha_g}\,\rho_f}\right)^{\frac{1}{2}}}$ $\qquad E_d = \dfrac{\alpha_f - \alpha_{ff}}{\alpha_f}$ $\alpha_{ff} = \max(0, c_{ff})$ $C_{ff} = \begin{cases} r_s c_f e^{-c_e \times 10^{-5}(c_g)^6} & c_f > 0 \\ 0 & c_f \le 0 \end{cases}$ $r_s = \begin{cases} \dfrac{\alpha_f - \alpha_{ad}}{\alpha_{EF} - \alpha_{ad}} & \alpha_{ad} < \alpha_f < \alpha_{EF} \\ 1 & 其他 \quad \alpha_{AD} = 10^{-5} \end{cases}$ $\alpha_{ef} = \max\left[\min\left(2-3\dfrac{\rho_g}{\rho_f}, 2\times10^{-4}\right), 2\alpha_{AD}\right]$ $C_f = 1 - 10^{-4}(Re_f)^{\frac{1}{4}} \quad C_e = 7.5 \quad C_g = \alpha_g v_g / v_{crit}$ $v_{crit} = \dfrac{3.1[\sigma_g(\rho_f - \rho_g)]^{\frac{1}{4}}}{\sqrt{\rho_g}}$	$V_{gjs} = (C_o - 1)\sqrt{\dfrac{D_H^{*}\alpha_f(1-E_d)}{0.015}}$ $\qquad + \dfrac{E_d}{\alpha_g + E_d\alpha_f}\sqrt{2}\alpha_f \bigg/ \left(\dfrac{\rho_g}{\rho_f}\right)^{0.5}$
分层流	$C_{os} = \begin{cases} \left(1.0 + 0.2\left(1-\sqrt{\dfrac{\rho_g}{\rho_f}}\right)(1-\alpha_g)\right)(1-e^{-18\alpha_g}) & \alpha_g \ge \alpha_{ac} \\[4mm] \left(1.0 + 0.2\left(1-\sqrt{\dfrac{\rho_g}{\rho_f}}\right)\right)(1-e^{-18\alpha_g}) & \alpha_g < \alpha_{ac} \end{cases}$	$V_{gj} = \begin{cases} 0.0019 D_H^{*\,0.809}(\rho_g/\rho_f)^{-0.157}Nu_f^{-0.562} & D_H^{*} \le 30 \\[3mm] 0.030(\rho_g/\rho_f)^{-0.157}Nu_f^{-0.562} & D_H^{*} > 30 \end{cases}$ $Nu_f = \dfrac{\eta_f}{(\rho_f\sigma\sqrt{\sigma/(g\Delta\rho)})^{0.5}} \qquad D_H^{*} = \dfrac{D_{hy}}{\sqrt{\sigma/(g\Delta e)}}$

四、相间界面能量与质量交换

两流体模型和漂移流模型都涉及了汽-液两相交界面的传热和传质问题，能量交换和质量交换过程不是彼此独立的，而是相关联的。质量交换量通过相界面的传热量来计算，如果在相界面存在温差，就存在传热过程，即有能量传递过程。

在一个典型的两相流控制体中，特别是在瞬态过程中，可能存在过热液体、过冷液体、过热汽体、过冷汽体。定义

$$H_{ip} = h_{ip} a_{gf} \tag{7-162}$$

式中，H_{ip} 表示单位体积的相界面传热系数，单位为 $W/(m^3 \cdot ℃)$；h_{ip} 表示相界面传热系数，单位为 $W/(m^2 \cdot ℃)$；a_{gf} 表示单位体积相界面面积，单位为 m^2/m^3；下角标 p 表示相，既可为 f，也可为 g。

（一）液相汽化率

假设界面附近的微控制体（图 7-18）小到可以把所有存贮项 $\dfrac{\partial}{\partial t}$ 都略去，就可以找出界面传递参数 Γ、e_g、e_f、q_{if}、q_{ig}、τ_i、v_r 间的关系

$$\Gamma e_f A - q_{if} U_i = \Gamma e_g A - q_{ig} U_i - \tau_i U_i v_r \tag{7-163}$$

可得

$$\Gamma = \frac{(q_{if} - q_{ig})U_i - \tau_i U_i v_r}{(e_f - e_g)A} \tag{7-164}$$

对于大多数实际情况，可忽略界面切力的功、动量和重位势能，则式（7-164）变为

$$\Gamma = \frac{(q_{if} - q_{ig})U_i}{h_{fg}A} \tag{7-165}$$

式中，h_{fg} 表示汽化热。

（二）单位体积的相界面传热系数

单位体积的相界面传热系数 H_{ip} 与流型有关。在本章第四节中已给出了流型选择的方法，下面将介绍各种流型下 H_{ip} 的计算关系式。

1. 泡状流

泡状流中的气泡被看成圆球形，如果液相与饱和温度相差在 1℃ 以内，那么 H_{ip} 就在过冷和过热之间通过插值计算得到。

（1）过热液体

$$H_{if} = \left(\max\left\{ -\frac{\kappa_f}{d_b} \frac{12}{\pi} \min(\Delta T_{sf}, -1.0) \frac{\rho_f c_{pf}}{\rho_g h_{fg}} \beta, \frac{\kappa_f}{d_b}(2.0 + 0.74 Re_b^{0.5}) \right\} + 0.4|v_f| \rho_f c_{pf} F_1 \right) \alpha_{gf} F_2 F_3 \tag{7-166}$$

式中，κ_f 表示液相的热导率，单位为 W/(m·℃)；β 为液相绝热压缩系数，单位为 1/Pa；d_b 表示气泡平均直径，单位为 m；c_{pf} 表示液相比定压热容，单位为 J/(kg·℃)；ΔT_{sf} 为饱和温度与液相温度之差，$T_s - T_f$。

其中

$$\begin{cases} \alpha_{bub} = \max(\alpha_g, 10^{-5}) & v_{fg} = v_g - v_f \\ Re_b = \dfrac{5\sigma(1 - \alpha_{bub})}{\mu_f \sqrt{(v_{fg})^2}} & \alpha_{gf} = 3.6\alpha_{bub}/d_b \\ F_1 = \min(1.0, 0.001/\alpha_{bub}) & F_2 = \min(1.0, 0.25/\alpha_{bub}) \\ F_3 = \begin{cases} 1 & \Delta T_{sf} \leqslant -1 \\ F_4(1 + \Delta T_{sf}) - \Delta T_{sf} & -1 < \Delta T_{sf} < 0 \\ F_4 & \Delta T_{sf} \geqslant 0 \end{cases} \\ F_4 = \min(1.0, 10^5 \alpha_g) \end{cases} \tag{7-167}$$

（2）过冷液体

$$H_{if} = \frac{F_3 F_5 h_{fg} \rho_g \rho_f \alpha_{bub}}{\rho_f - \rho_g} \tag{7-168}$$

式中，F_3 与 α_{bub} 同过热液体的关系式。

其中

$$\begin{cases} F_5 = \begin{cases} 0.75 \\ 1.8\Phi C e^{-45\alpha_{bub}} + 0.075 \end{cases} \\ C = \begin{cases} 65.0 - 5.69 \times 10^{-5}(p - 1.0 \times 10^5) & p \leqslant 1.1272 \times 10^6 \text{Pa} \\ 2.5 \times 10^9 p^{-1.418} & p > 10^6 \text{Pa} \end{cases} \\ \Phi = \begin{cases} 1 & |v_f| < 0.61 \\ (1.639344|v_f|)^{0.47} & |v_f| \geqslant 0.61 \end{cases} \end{cases} \tag{7-169}$$

（3）过热汽体

$$H_{\mathrm{ig}} = Nu_{\mathrm{ib}} F_6 a_{\mathrm{gf}} \tag{7-170}$$

其中

$$\begin{cases} Nu_{\mathrm{ib}} = 10^4 \\ F_6 = [\,1 + \eta\,(100 + 25\eta)\,] \\ \eta = |\,\max(-2, \Delta T_{\mathrm{sg}})\,| \qquad \Delta T_{\mathrm{sg}} = T_{\mathrm{s}} - T_{\mathrm{g}} \end{cases} \tag{7-171}$$

a_{gf} 计算式同过热液体。

（4）过冷汽体

过冷气体与过热气体相间传热关系式相同。

2. 弹状流

弹状流的相界面传热由两部分组成，一是较大的气泡与周围液体间的传热，二是较小的气泡和周围液体间的传热。

$$\begin{cases} H_{\mathrm{if}} = H_{\mathrm{if,TB}} + H_{\mathrm{if,bub}} \\ H_{\mathrm{ig}} = H_{\mathrm{ig,TB}} + H_{\mathrm{ig,bub}} \end{cases} \tag{7-172}$$

（1）过热液体

$$H_{\mathrm{if,TB}} = 3.0 \times 10^6 a_{\mathrm{gf,TB}}^* \alpha_{\mathrm{TB}} F_8 \tag{7-173}$$

其中

$$\begin{cases} a_{\mathrm{gf,TB}}^* = 9/D_{\mathrm{hy}} \\ \alpha_{\mathrm{TB}} = \dfrac{\alpha_{\mathrm{g}} - \alpha_{\mathrm{gs}}}{1 - \alpha_{\mathrm{gs}}} \\ \alpha_{\mathrm{gs}} = \alpha_{\mathrm{AB}} F_9 \\ F_9 = \exp\left[-8\left(\dfrac{\alpha_{\mathrm{g}} - \alpha_{\mathrm{BS}}}{\alpha_{\mathrm{SA}} - \alpha_{\mathrm{BS}}} \right) \right] \end{cases} \tag{7-174}$$

$H_{\mathrm{if,bub}}$ 表达式与泡状流中关系式（7-166）相同，但需要对相关参数做出如下调整

$$\begin{cases} \alpha_{\mathrm{bub}} = \alpha_{\mathrm{AB}} F_9 \\ v_{\mathrm{fg}} = (v_{\mathrm{g}} - v_{\mathrm{f}}) F_9^2 \\ a_{\mathrm{gf,bub}} = (a_{\mathrm{gf}})_{\mathrm{bub}} (1 - \alpha_{\mathrm{TB}}) F_9 \end{cases} \tag{7-175}$$

（2）过冷液体

$$H_{\mathrm{if,TB}} = 1.18942 Re_{\mathrm{f}}^{0.5} Pr_{\mathrm{f}}^{0.5} \frac{\kappa_{\mathrm{f}}}{D_{\mathrm{hy}}} a_{\mathrm{gf,TB}}^* \alpha_{\mathrm{TB}} \tag{7-176}$$

其中，α_{TB} 与 $\alpha_{\mathrm{gf,TB}}^*$ 与过热液体相同，Pr_{f} 为液相的普朗特数。

$$Re_{\mathrm{f}} = \frac{\rho_{\mathrm{f}} D_{\mathrm{hy}} \min(\,|\,v_{\mathrm{f}} - v_{\mathrm{g}}\,|, 0.8)}{\mu_{\mathrm{f}}} \tag{7-177}$$

$H_{\mathrm{if,bub}}$ 表达式与泡状流过冷液体中关系式（7-168）相同。

（3）过热汽体

$$H_{\mathrm{ig,TB}} = (2.2 + 0.82 Re_{\mathrm{g}}^{0.5}) \frac{\kappa_{\mathrm{g}}}{D_{\mathrm{hy}}} a_{\mathrm{gf,TB}}^* \alpha_{\mathrm{TB}} \tag{7-178}$$

$$Re_g = \frac{\rho_g \mid v_f - v_g \mid D_{hy}}{\mu_g} \tag{7-179}$$

$$H_{ig,bub} = Nu_{ib} F_6 F_7 \alpha_{gf,bub} (1 - \alpha_{TB}) F_9 \tag{7-180}$$

式中，α_{TB}、$\alpha_{gf,TB}^*$、$\alpha_{gf,bub}$ 与 F_9 同过热液体，Nu_{ib}、F_6 同泡状流过热汽体。

（4）过冷汽体

$$H_{ig,TB} = Nu_{ib} F_6 \alpha_{TB} \alpha_{gf,TB}^* \tag{7-181}$$

式中，α_{TB}、$\alpha_{gf,TB}^*$ 同过热液体，Nu_{ib}、F_6 同泡状流过热汽体。

3. 雾环状流

雾环状流流型中的界面传热由两部分组成，一是环状液膜与汽芯间的传热，二是液滴与汽芯间的传热。相应地，雾环状流界面传热系数也由两部分组成，即

$$\begin{cases} H_{if} = H_{if,ann} + H_{if,drp} \\ H_{ig} = H_{ig,ann} + H_{ig,drp} \end{cases} \tag{7-182}$$

（1）过热液体

$$H_{if,ann} = 3.0 \times 10^6 (4 C_{ann}/D_{hy}) (1 - \alpha_{ff})^{1/2} F_{10} \tag{7-183}$$

其中

$$\begin{cases} C_{ann} = 2.5(30\alpha_{ff})^{1/8} \qquad \alpha_{ff} = \alpha_f F_{11} \\[2mm] F_{11} = \begin{cases} \gamma^* \max[0.0,(1-G^*)]\exp(-C_e \times 10^{-5} \lambda^6) & x \geqslant -10^{-20} \\ \gamma^* \max[0.0,(1-G^*)] & x < -10^{-20} \end{cases} \\[4mm] G^* = 10^{-4} Re_f^{0.25} \qquad Re_f = \frac{\rho_f \alpha_f \mid v_f \mid D_{hy}}{\mu_f} \\[4mm] \gamma^* \begin{cases} 0 & \alpha_f \leqslant \alpha_{AD} \\ \gamma & \alpha_{AD} < \alpha_f < \alpha_{EF} \qquad \gamma = \frac{\alpha_f - \alpha_{AD}}{\alpha_{EF} - \alpha_{AD}} \\ 1 & \alpha_f \geqslant \alpha_{EF} \end{cases} \\[6mm] \begin{cases} \alpha_{AD} = 10^{-4} \\ \alpha_{EF} = \max\left[2\alpha_{AD}, \min\left(2 \times 10^{-3}\frac{\rho_g}{\rho_f}, 2 \times 10^{-4}\right)\right] \end{cases} \\[5mm] C_e = \begin{cases} 4.0 & \text{水平流动} \\ 7.5 & \text{垂直流动} \end{cases} \qquad \lambda = \begin{cases} \mid v_g/v_{crit} \mid & \text{水平流动} \\ \mid \alpha_g v_g/v_{crit} \mid & \text{垂直流动} \end{cases} \\[5mm] v_{crit} = \begin{cases} 0.5\left[\frac{(\rho_f - \rho_g)g\alpha_g A_{pipe}}{D_{hy}\rho_g \sin\theta}\right]^{0.5}(1 - \cos\theta) \\[3mm] 3.2[\sigma^* g(\rho_f - \rho_g)]^{1/4}/\rho_g^{1/2} \end{cases} \\[4mm] F_{10} = \min(1.0 + \mid \lambda \mid^{1/2} + 0.05 \mid \lambda \mid, 6) \end{cases} \tag{7-184}$$

$$H_{if,drp} = \frac{\kappa_f}{d_d} F_{12} F_{13} \alpha_{gf,drp} \tag{7-185}$$

其中

$$\left\{\begin{array}{l} F_{12} = 1 + \xi(250 + 50\xi) \qquad \xi = \max(0, -\Delta T_{sf}) \\[2mm] \alpha_{gf,drp} = \dfrac{3.6\alpha_{fd}}{d_d}(1 - \alpha_{ff}) \qquad \alpha_{fd} = \max\left(\dfrac{\alpha_f - \alpha_{ff}}{1 - \alpha_{ff}}, \alpha_{AD}^*\right) \\[4mm] \alpha_{AD}^* = \begin{cases} \alpha_{AD}\gamma + 10^{-5}(1 - \gamma) & \alpha_{SA} < \alpha_f < \alpha_{EF} \\ \alpha_{AD} & \text{其他} \end{cases} \\[4mm] d_d = \dfrac{1.5\sigma}{\rho_g \tilde{v}_{fg}} \qquad \tilde{v}_{fg} = \max\left[v_{fg}^{**}, \dfrac{We\sigma}{\rho_g \min(0.0025\alpha_{fd}^{1/3}, D_{hy})}\right] \\[4mm] v_{fg}^{**} = \begin{cases} v_{fg}^*\alpha_f 10^6 & \alpha_f < 10^{-6} \\ v_{fg}^* & \alpha_f > 10^{-6} \end{cases} \qquad v_{fg}^* = \begin{cases} (v_g - v_f)^2 F_{11}\gamma & \alpha_{AD} < \alpha_f < \alpha_{EF} \\ (v_g - v_f)^2 F_{11} & \alpha_f \leqslant \alpha_{AD}, \text{或} \ \alpha_f \geqslant \alpha_{EF} \end{cases} \\[4mm] F_{13} = 2.0 + 7.0\min\left[1.0 + \dfrac{c_{pf}\max(0, \Delta T_{sf})}{h_{fg}}, 8.0\right] \end{array}\right. \qquad (7\text{-}186)$$

（2）过冷液体

$$H_{if,ann} = 10^{-3}\rho_f c_{pf} |v_f| \alpha_{gf,ann} F_{10} \qquad (7\text{-}187)$$

$$H_{if,drp} = \frac{\kappa_f}{d_d} F_{13}\alpha_{gf,drp} \qquad (7\text{-}188)$$

其中，$\alpha_{gf,ann}$、F_{10}、$\alpha_{gf,drp}$、d_d 同过热液体。

（3）过热汽体

$$H_{if,ann} = \frac{\kappa_g}{D_{hy}} 0.023 Re_g^{0.8}\alpha_{gf,ann} F_{10} \qquad (7\text{-}189)$$

其中

$$Re_g = \rho_g |v_g - v_f| D_{hy}\alpha_g / \mu_g \qquad (7\text{-}190)$$

式中，$\alpha_{gf,ann}$、F_{10} 同过热液体。

$$H_{ig,drp} = \frac{\kappa_g}{d_d}(2.0 + 0.5Re_d^{0.5})\alpha'_{gr,drp} \qquad (7\text{-}191)$$

其中

$$\left\{\begin{array}{l} Re_d = \dfrac{1.5\sigma(1 - \alpha_{drp})^3}{\mu_g[v_{fg}^{**}(1 - \alpha_{drp})]^{1/2}} \\[4mm] \alpha'_{gf,drp} = \begin{cases} \alpha_{gf,drf} & \alpha_f > \alpha_{AD}^* \\ \alpha_{gf,drp}\left[\dfrac{\alpha_f F_{14}}{\alpha_{AD}^*} + (1 - F_{14})\right] & \alpha_f \leqslant \alpha_{AD}^* \end{cases} \\[4mm] F_{14} = \min[1, \max(0, 1.0 - 5.0\Delta T_{sg})] \end{array}\right. \qquad (7\text{-}192)$$

式中，d_d、$\alpha_{gf,drg}$、α_{drp}、v_{fg}^{**2}、α_{AD}^* 同过热液体。

（4）过冷汽体

$$H_{if,ann} = Nu_{ib}\alpha_{gf,ann} F_{10} F_6 \qquad (7\text{-}193)$$

其中

$$H_{ig,drp} = Nu_{ib}\alpha'_{gf,drp} F_6 \qquad (7\text{-}194)$$

式中，$\alpha_{\mathrm{gf,ann}}$、F_{10}同过热液体，Nu_{ib}、F_6，$\alpha'_{\mathrm{gf,drp}}$同过热汽体。

4. 弥散流

（1）过热液体

$$H_{\mathrm{if}} = \frac{\kappa_{\mathrm{f}}}{d_{\mathrm{d}}} F_{12} F_{13} \alpha_{\mathrm{gf}} \qquad (7\text{-}195)$$

其中

$$\begin{cases} \alpha_{\mathrm{gf}} = \dfrac{3.6\alpha_{\mathrm{f}}}{d_{\mathrm{d}}} \\[2mm] d_{\mathrm{d}} = \dfrac{We\sigma}{\rho_{\mathrm{g}} v_{\mathrm{fg}}^2} \qquad We = \begin{cases} 1.5 & \text{临界热流密度前} \\ 6 & \text{临界热流密度后} \end{cases} \\[4mm] v_{\mathrm{fg}} = \begin{cases} v_{\mathrm{g}} - v_{\mathrm{f}} & \alpha_{\mathrm{f}} \geqslant 10^{-6} \\ (v_{\mathrm{g}} - v_{\mathrm{f}})\alpha_{\mathrm{f}} \times 10^6 & \alpha_{\mathrm{f}} < 10^{-6} \end{cases} \end{cases} \qquad (7\text{-}196)$$

式中，F_{12}、F_{13}同雾环状流过热液体。

（2）过冷液体

$$H_{\mathrm{if}} = \frac{\kappa_{\mathrm{f}}}{d_{\mathrm{d}}} F_{13} \alpha_{\mathrm{gf}} \qquad (7\text{-}197)$$

式中，F_{13}同雾环状流过热液体，α_{gf}同过热液体。

（3）过热汽体

$$H_{\mathrm{ig}} = \frac{\kappa_{\mathrm{g}}}{d_{\mathrm{d}}} (2.0 + 0.5 Re_{\mathrm{drp}}^{0.5}) \alpha_{\mathrm{gf}} \qquad (7\text{-}198)$$

其中

$$Re_{\mathrm{drp}} = \frac{\rho_{\mathrm{g}} v_{\mathrm{fg}} d_{\mathrm{d}}}{\mu_{\mathrm{g}}} \qquad (7\text{-}199)$$

式中，d_{d}、α_{gf}同雾环状流过热液体。

（4）过冷汽体

$$H_{\mathrm{ig}} = Nu_{\mathrm{ib}} F_6 \alpha_{\mathrm{gf}} \qquad (7\text{-}200)$$

式中，Nu_{ib}、F_6同泡状流过热汽体，α_{gf}同弥散流过热汽体。

5. 反环状流

与雾环状流类似，反环状流相间界面换热也由两部分组成：气泡与液滴间的传热；液滴与汽膜间的传热。相间界面传热系数为

$$\begin{cases} H_{\mathrm{if}} = H_{\mathrm{if,bub}} + H_{\mathrm{if,ann}} \\ H_{\mathrm{ig}} = H_{\mathrm{ig,bub}} + H_{\mathrm{ig,ann}} \end{cases} \qquad (7\text{-}201)$$

（1）过热液体　$H_{\mathrm{if,bub}}$表达式要在泡状流计算的H_{if}基础上进行如下修正

$$H_{\mathrm{if,bub}} = H_{\mathrm{if}} (1 - \alpha_{\mathrm{B}}) F_{16} \qquad (7\text{-}202)$$

其中

$$\begin{cases} v_{fg} = (v_g - v_f) F_{16}^2 \qquad F_{17} = 1 - \exp\left[\dfrac{-8(\alpha_{BS} - \alpha_{IAN})}{\alpha_{BS}}\right] F_{18} \\[2mm] F_{18} = \min(\alpha_g/0.05, 0.999999) \\[2mm] \alpha_{IAN} = \begin{cases} \alpha_g & \text{反环状流} \\ \alpha_{BS} & \text{反环状流过渡到反相弹状流} \end{cases} \\[4mm] \alpha_g = \alpha_{bub} = \dfrac{\alpha_{IAN} - \alpha_B}{1 - \alpha_B} \qquad \alpha_B = F_{17}\alpha_{IAN} \\[4mm] \alpha_{gf,bub} = \dfrac{3.6\alpha_{bub}}{d_b}(1 - \alpha_B) F_{16} \end{cases} \qquad (7\text{-}203)$$

式中，d_b 同泡状流过热液体。

$$H_{if,ann} = 3 \times 10^6 \alpha_{gf,ann} \qquad (7\text{-}204)$$

其中

$$\begin{cases} \alpha_{gf,ann} = \dfrac{10}{D_{hy}} F_{15} \\[2mm] F_{15} = (1 - \alpha_B)^{1/2} \end{cases} \qquad (7\text{-}205)$$

（2）过冷液体　$H_{if,bub}$ 同泡状流过冷液体。

$$H_{if,ann} = 0.023 \dfrac{\kappa_f}{D_{hy}} Re_{IAN}^{0.8} \alpha_{gf,ann} F_3 \qquad (7\text{-}206)$$

其中

$$Re_{IAN} = \dfrac{\rho_f |v_f - v_g| (1 - \alpha_{IAN})}{\mu_f} \qquad (7\text{-}207)$$

$\alpha_{gf,ann}$、α_{IAN}、d_d、α_{gf} 同反环状流过热液体，F_3 同弹状流过热液体。

（3）过热汽体

$$H_{ig,bub} = H_{ig} F_6 \alpha_{gf,bub} \qquad (7\text{-}208)$$

式中，H_{ig}、F_6 同泡状流过热汽体，$\alpha_{gf,bub}$ 同反环状流过热液体。

$$H_{ig,ann} = \dfrac{\kappa_g}{D_{hy}} \dfrac{F_{19}\alpha_{gf,ann}}{F_{20}} \qquad (7\text{-}209)$$

其中

$$\begin{cases} F_{19} = 2.5 - \Delta T_{sg}(0.2 - 0.1\Delta T_{sg}) \\ F_{20} = 0.5 \cdot \max(1.0 - F_{15}, 0.04) \end{cases} \qquad (7\text{-}210)$$

F_{15}、$\alpha_{gf,ann}$ 同反环状流过热液体。

（4）过冷汽体

$$H_{ig} = Nu_{ib} F_6 \alpha_{gf} \qquad (7\text{-}211)$$

过冷气体 $H_{ig,bub}$ 和 $H_{ig,ann}$ 计算公式同过热气体，只是此时 $\Delta T_{sg} > 0$。

6. 反弹状流

　　反弹状流是弹状液块与液滴被气层所包围的一种流动，此时大块的弹状液块与气泡中的小液滴间隔出现，同弹状流类似，汽-液两相间的界面传热由两部分组成：弹状液块与气膜间的传热，液滴与汽膜间的传热。

$$\begin{cases} H_{if} = H_{if,ann} + H_{if,bub} \\ H_{ig} = H_{ig,ann} + H_{ig,bub} \end{cases} \tag{7-212}$$

（1）过热液体

$$H_{if,ann} = \frac{\kappa_f}{D_{hy}} F_{12} F_{13} \cdot \alpha_{gf,ann} \tag{7-213}$$

其中

$$\begin{cases} \alpha_{gf,ann} = \frac{4.5}{D_{hy}} \alpha_B \times 2.5 \qquad 2.5\text{为粗糙系数} \\ \alpha_B = \frac{\alpha_f - \alpha_{drp}}{1 - \alpha_{drp}} \\ \alpha_{drp} = (1 - \alpha_{SA}) F_{21} \\ F_{21} = \exp\left[-8 \frac{\alpha_{SA} - \alpha_g}{\alpha_{SA} - \alpha_{BS}} \right] \end{cases} \tag{7-214}$$

$$H_{if,drp} = \frac{\kappa_f}{d_d} F_{12} F_{13} \alpha_{gf,drp} \tag{7-215}$$

其中

$$\begin{cases} \alpha_{gf,drp} = (3.6 \alpha_{drp} / d_d)(1 - \alpha_B) \\ d_d = \frac{6.0\sigma}{\rho_g v_{fg}^2} \\ v_{fg} = \max\left[0.01, (v_g - v_f) F_{21}^2 \right] \end{cases} \tag{7-216}$$

（2）过冷液体

$$H_{if,ann} = \frac{\kappa_f}{D_{hy}} F_{13} \cdot \alpha_{gf,ann} \tag{7-217}$$

式中，F_{13} 同雾环状流过冷液体，$\alpha_{gf,ann}$ 同反弹状流过热液体。

$$H_{if,drp} = \frac{\kappa_f}{d_d} F_{13} \alpha_{gf,drp} \tag{7-218}$$

式中，$\alpha_{gf,drp}$ 同反弹状流过热液体。

（3）过热汽体

$$H_{ig,ann} = \frac{\kappa_g}{D_{hy}} \frac{F_{19}}{F_{22}} \alpha_{gf,ann} \tag{7-219}$$

式中，F_{19} 同反环状流过热液体，$\alpha_{gf,ann}$ 同反弹状流液体过热。

$$F_{22} = \max\left\{ 0.02, \min\left[\frac{\alpha_g}{4}\left(1 - \frac{\alpha_g}{4}\right), 0.2 \right] \right\} \tag{7-220}$$

$$H_{ig,drp} = \frac{\kappa_g}{d_d}(2.0 + 0.5 Re_{drp}^{0.5}) \alpha_{gf,drp} \tag{7-221}$$

式中，d_d 和 $\alpha_{gf,drp}$ 同反弹状流过热液体。

$$Re_{drp} = \frac{\rho_g v_{fg} d_d}{\mu_g} \tag{7-222}$$

（4）过冷汽体 $H_{ig,ann}$ 和 $H_{ig,drp}$ 的计算表达式同过热汽体。

7. 水平分层流与过渡区相间界面传热系数

在水平分层流中，假设汽-液间存在一个平稳的界面。当过热度或过冷度在1℃以内时，界面传热系数通过对过热和过冷计算的结果进行指数插值得到。

（1）过热液体

$$H_{\mathrm{if}} = \frac{\kappa_{\mathrm{f}}}{D_{\mathrm{hf}}}\left[0.023Re_{\mathrm{f}}^{0.8}F_{12} - 3.81972\frac{\Delta T_{\mathrm{sf}}\rho_{\mathrm{f}}c_{p\mathrm{f}}}{\rho_{\mathrm{g}}h_{\mathrm{fg}}\max(4\alpha_{\mathrm{g}},1)}\right]\alpha_{\mathrm{gf}} \tag{7-223}$$

其中 F_{12} 同雾环状流过热液体。

$$\begin{cases} D_{\mathrm{hf}} = \pi\alpha_{\mathrm{f}}D_{\mathrm{hy}}/(\pi - \theta + \sin\theta) \\ Re_{\mathrm{f}} = \rho_{\mathrm{f}}\alpha_{\mathrm{f}}D_{\mathrm{hy}}|v_{\mathrm{f}} - v_{\mathrm{g}}|/\mu_{\mathrm{f}} \\ \alpha_{\mathrm{gf}} = (4\sin\theta/\pi D_{\mathrm{hy}})F_{27} \\ F_{27} = 1 + \left|\dfrac{v_{\mathrm{g}} - v_{\mathrm{f}}}{v_{\mathrm{crit}}}\right|^{1/2} \end{cases} \tag{7-224}$$

（2）过冷液体

$$H_{\mathrm{if}} = \frac{\kappa_{\mathrm{f}}}{D_{\mathrm{hf}}}(0.023Re_{\mathrm{f}}^{0.8})\alpha_{\mathrm{gf}} \tag{7-225}$$

式中，D_{hf}、Re_{f}、α_{gf} 同过热液体。

（3）过热汽体

$$H_{\mathrm{ig}} = \left[0.023Re_{\mathrm{g}}^{0.8}\frac{k_{\mathrm{g}}}{D_{\mathrm{hg}}} + 4Nu_{\mathrm{ib}}F_6\max(0.0, 0.25 - \alpha_{\mathrm{g}})\right]\alpha_{\mathrm{gf}} \tag{7-226}$$

式中，Nu_{ib}、F_6 同泡状流过热汽体；α_{gf} 同过热液体。

（4）过冷汽体

$$H_{\mathrm{ig}} = Nu_{\mathrm{ib}}F_6\alpha_{\mathrm{gf}} \tag{7-227}$$

式中，Nu_{ib}、F_6 同泡状流过热汽体；α_{gf} 同过热液体。

8. 垂直分层流与过渡区相间界面传热系数

在垂直流动时，流速较低时会出现分层，通常称其为分层流。从图7-13可以看到，流动方式分为分层流、过渡区、非分层流。在实际使用中，其判断依据为 $\dfrac{G_{\mathrm{m}}/\rho_{\mathrm{m}}}{v_{\mathrm{TB}}}$，$\dfrac{G_{\mathrm{m}}/\rho_{\mathrm{m}}}{v_{\mathrm{TB}}} \geqslant 1$ 时为非分层流，$\dfrac{G_{\mathrm{m}}/\rho_{\mathrm{m}}}{v_{\mathrm{TB}}} < 1$ 时为过渡区与分层流。G_{m}、ρ_{m}、V_{TB} 定义同前。过渡区的传热系数通过指数差值得到。

（1）过热液体

$$H_{\mathrm{if}} = H_{\mathrm{if,REG}}F_{30} + \frac{Nu_{\mathrm{f}}}{D_{\mathrm{hy}}}\kappa_{\mathrm{f}}\alpha_{\mathrm{gf}}(1 - F_{30}) \tag{7-228}$$

式中，$H_{\mathrm{if,REG}}$ 为非分层流计算的过热液体界面传热系数。

$$\begin{cases} F_{30} = \max(F_{32}, F_{33}, F_{34}) \qquad F_{32} = 1.0 - \min(1.0, 100\alpha_{\mathrm{f}}) \\ F_{33} = 2\min(1.0, G_{\mathrm{m}}/\rho_{\mathrm{m}}v_{\mathrm{TB}}) - 1 \quad F_{34} = \min(1.0, -0.5\Delta T_{\mathrm{sf}}) \\ Nu_{\mathrm{f}} = 0.27(Pr_{\mathrm{f}}Gr_{\mathrm{f}})^{0.25} \qquad Gr_{\mathrm{f}} = g\beta_{\mathrm{f}}\rho_{\mathrm{f}}^2d^3\max\{0.1, |\Delta T_{\mathrm{sf}}|\}/\mu_{\mathrm{f}}^2 \\ \alpha_{\mathrm{gf}} = \dfrac{A_{\mathrm{c}}}{V} = \dfrac{A_{\mathrm{c}}}{A_{\mathrm{c}}L} = \dfrac{1}{L} \end{cases} \tag{7-229}$$

式中，A_c 和 L 分别为控制体横截面积和长度；Pr_f 为液体的普朗特数。

（2）过冷液体　过冷液体界面传热系数的计算表达式同过热液体。

（3）过热汽体

$$H_{ig} = H_{ig,REG}F_{35} + Nu_g\frac{\kappa_g}{D_{hy}}\alpha_{gf}(1 - F_{35}) \tag{7-230}$$

式中，$H_{ig,REG}$ 为非分层流计算的过热气体界面传热系数；α_{gf} 同液体过热。

$$\begin{cases} F_{35} = \max(F_{33}, F_{36}) \\ F_{36} = \min(1.0, 0.5\Delta T_{sg}) \\ F_{33} = 2\min(1.0, G_m/\rho_m v_{TB}) - 1 \end{cases} \tag{7-231}$$

（4）过冷汽体　过冷气体界面传热系数的计算表达式同过热汽体。

9. 流型过渡区界面传热系数的计算

在水平流型图中存在弹状流和雾环状流的过渡，以及分层流和水平非分层流的过渡；垂直流型图中存在弹状流和雾环状流的过渡，分层流和非分层流的过渡，反环状流和反弹状流的过渡，以及临界热流密度前与临界热流密度后的过渡。为避免数值计算的不稳定性，在这些流型过渡区采用指数差值形式进行平滑过渡。

五、瞬态热工水力计算方法

在核动力装置运行过程中，有可能发生各种各样的瞬态或事故。为向相关专业提供设计依据，评估它们的后果并制定可靠、合理的运行规程及事故处理规程，研究人员开发研制了计算分析软件（程序）。归纳起来，瞬态热工水力分析软件有两类：

1）系统分析软件——用于分析核电厂（或核动力船舶）整个冷却剂系统的热工水力瞬态特性。

2）部件（或分系统）软件——用于部件（或分系统）的详细热工水力特性和负荷特性。

系统分析软件是安全分析软件（程序）包的核心，这种软件的分析范围包括反应堆及一回路系统（冷却剂系统）和二回路系统中的主要分系统及主要设备。在这些软件中，同时也耦合了单群点堆中子动力学或时空中子动力学程序。

各种系统分析程序所用的数学模型不尽相同，所使用的工况也不尽相同，但是各程序所使用的方法却有共同之处：把系统和设备划分成许多控制体，并用相应的流线把它们连接起来，通常称为控制体-流线（或控制容积-通道）模型。

（一）控制体-流线模型

控制体-流线模型始于 20 世纪 60 年代，FLASH1 程序建立了三个控制体-流线模型用于瞬态热工水力特性分析。随着计算机及热工水力建模技术的发展，先后研制出了 TRACE、RETRAN、REALAP 等系统分析软件。这些软件业不断地改进、扩充，形成了不同的版本。例如，RELAP5 从 1967 年开始研究，直到 RELAP5/MOD3.3 投入使用，经历约三十年，最新版 RELAP5-3D 集中了人们在两相流理论研究、数值求解方法、计算编程技巧及各种规模试验等方面的研究成果，扩大了功能，并在先进压水堆中得到了应用。

控制体-流线模型可根据所研究的对象和工况进行划分，因为控制体-流线的数量可多可少。控制体的划分原则是：系统中那些参数（包括流体参数及结构尺寸）相近的区域可以划分在同一控制体中，参数变化比较剧烈及存在传热的部位（如堆芯）控制体的划分要细一些。当然，控制体划分越细，计算结果也越精确，但也会带来三个问题：一是求解的方程增多；二是求解的时间步长变短；三是管理数据库增大。

控制体的容积包含了与之相连管段的容积，控制体-流线模型可想象为"虚"流线：对控制体列出质量和能量守恒方程，对流线只列出动量守恒方程，因此一个控制体可与数条流线相连。

系统分析软件通常把分析对象系统划分成上百个控制体，图 7-19 所示为在分析正常瞬态工况时所用的系统控制体-流线划分示意图。

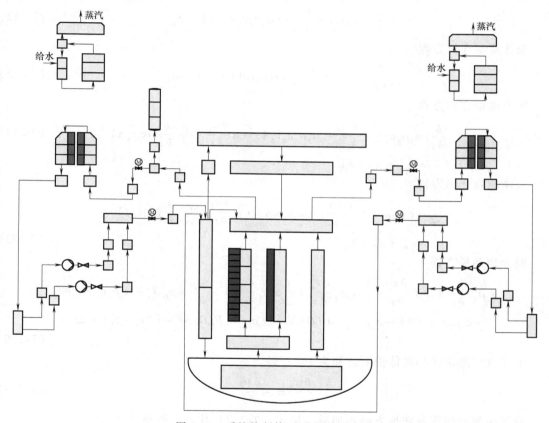

图 7-19　系统控制体-流线划分示意图

相邻两个控制体间的流线长度等于两个控制体中心间的距离，其流通截面积与流线所表示的实际管道一样。例如，一段管道与一个大流通截面积的容积连接，则管道与大容积间流线的流通截面积取管道的截面积。

（二）瞬态热工水力方程数值计算方法

1. 差分解法

前面给出的不同流动模型的瞬态热工水力方程，一般很难得到解析解，通常采用数值计算方法求解。

数值计算方法的选择对计算的快速性和准确性都有着非常重要的影响。在任何数值求解方法中都会遇到两个问题：一是在对方程进行处理后，能否保持原方程的精确度；二是对解的特性的判断（如不确定性），不像解析解那样容易。瞬态热工水力计算方法有：有限差分法，空间离散、积分和集总参数法，特征值法，有限元法，其中有限差分法用得较多。

在给出的瞬态热工水力方程为一维偏微分方程，可采用迎风差分方法求解。迎风差分有两种，一是显式迎风差分，二是隐式迎风差分。这两种迎风差分也称向后差分，在这里称为差分。差分的稳定性则取决于时间步长，只要时间步长足够小，则稳定性就可得到保证。

现在以漂移流模型为例来说明求解过程。为便于说明，以下列出了蒸汽质量、液体质量、蒸汽能量、混合物动量五个守恒方程。

蒸汽质量守恒方程

$$\frac{\partial}{\partial t}(\alpha_g \rho_g) + \frac{1}{A}\frac{\partial}{\partial z}(\alpha_g \rho_g v_g A) = \Gamma + S_g \tag{7-232}$$

液体质量守恒方程

$$\frac{\partial}{\partial t}(\alpha_f \rho_f) + \frac{1}{A}\frac{\partial}{\partial z}(\alpha_f \rho_f v_f A) = -\Gamma + S_f \tag{7-233}$$

蒸汽能量守恒方程

$$\frac{\partial}{\partial t}(\alpha_g \rho_g u_g) + \frac{1}{A}\frac{\partial}{\partial z}(\alpha_g \rho_g u_g v_g A) + p\frac{\partial \alpha_g}{\partial t} + \frac{p}{A}\frac{\partial}{\partial z}(\alpha_g v_g A)$$

$$= q_{wg} + q_{ig} + S_{gQ} \tag{7-234}$$

液体能量守恒方程

$$\frac{\partial}{\partial t}(\alpha_f \rho_f u_f) + \frac{1}{A}\frac{\partial}{\partial z}(\alpha_f \rho_f u_f v_f A) + p\frac{\partial \alpha_f}{\partial t} + \frac{p}{A}\frac{\partial}{\partial z}(\alpha_f v_f A)$$

$$= q_{wf} + q_{if} + S_{fQ} \tag{7-235}$$

混合物动量方程

$$\alpha_g \rho_g \frac{\partial v_g}{\partial t} + \alpha_f \rho_f \frac{\partial v_f}{\partial t} + \frac{1}{2}\alpha_g \rho_g \frac{\partial v_g^2}{\partial x} + \frac{1}{2}\alpha_f \rho_f \frac{\partial v_f^2}{\partial x} = -\frac{\partial p}{\partial x} + \rho_m B_x - \alpha_g \rho_g v_g \cdot FWG$$

$$- \alpha_f \rho_f v_f \cdot FWF - \alpha_g \rho_g v_g \cdot HLOSSG - \alpha_f \rho_f v_f \cdot HLOSSF - \Gamma(v_g - v_f) + \Delta p_p \tag{7-236}$$

由蒸汽空泡份额与液体份额之和为1，可得

$$\frac{\partial \alpha_g}{\partial t} = -\frac{\partial \alpha_f}{\partial t} \tag{7-237}$$

将汽相和液相质量守恒方程相加减，把式（7-237）代入，可得

质量守恒和方程

$$\alpha_g \frac{\partial \rho_g}{\partial t} + \alpha_f \frac{\partial \rho_f}{\partial t} + (\rho_g - \rho_f)\frac{\partial \alpha_g}{\partial t} + \frac{1}{A}\frac{\partial}{\partial x}(\alpha_g \rho_g u_g A + \alpha_f \rho_f v_f A) = S_g + S_f \tag{7-238}$$

质量守恒差方程

$$\alpha_g \frac{\partial \rho_g}{\partial t} - \alpha_f \frac{\partial \rho_f}{\partial t} + (\rho_g + \rho_f)\frac{\partial \alpha_g}{\partial t} + \frac{1}{A}\frac{\partial}{\partial x}(\alpha_g \rho_g u_g A - \alpha_f \rho_f u_f A) = 2\Gamma + S_g - S_f \tag{7-239}$$

图7-20所示为差分方程控制体-流线参量示意图。

将式（7-238）、式（7-239）、式（7-234）、式（7-235）、式（7-236）进行半隐式差分，可得

离散化质量守恒和方程

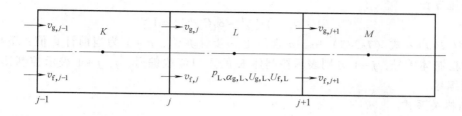

图 7-20 差分方程控制体-流线参量示意图

$$V_L[\alpha_{g.L}^n(\tilde{\rho}_{g.L}^{n+1}-\rho_{g.L}^n)+\alpha_{f.L}^n(\tilde{\rho}_{f.L}^{n+1}-\rho_{f.L}^n)+(\rho_{g.L}^n-\rho_{f.L}^n)(\tilde{\alpha}_{g.L}^{n+1}-\alpha_{g.L}^n)]+$$
$$(\dot{\alpha}_{g.j+1}^n\dot{\rho}_{g.j+1}^n v_{g.j+1}^{n+1}A_{j+1}-\dot{\alpha}_{g.j}^n\dot{\rho}_{g.j}^n v_{g.j}^{n+1}A_j)\Delta t+ \qquad (7\text{-}240)$$
$$(\dot{\alpha}_{f.j+1}^n\dot{\rho}_{f.j+1}^n v_{f.j+1}^{n+1}A_{j+1}-\dot{\alpha}_{f.j}^n\dot{\rho}_{f.j}^n v_{f.j}^{n+1}A_j)\Delta t=V_L\Delta t(S_g+S_f)$$

离散化质量守恒差方程

$$V_L[\alpha_{g.L}^n(\tilde{\rho}_{g.L}^{n+1}-\rho_{g.L}^n)-\alpha_{f.L}^n(\tilde{\rho}_{f.L}^{n+1}-\rho_{f.L}^n)+(\rho_{g.L}^n-\rho_{f.L}^n)(\tilde{\alpha}_{g.L}^{n+1}-\alpha_{g.L}^n)]+$$
$$(\dot{\alpha}_{g.j+1}^n\dot{\rho}_{g.j+1}^n v_{g.j+1}^{n+1}A_{j+1}-\dot{\alpha}_{g.j}^n\dot{\rho}_{g.j}^n v_{g.j}^{n+1}A_j)\Delta t- \qquad (7\text{-}241)$$
$$(\dot{\alpha}_{f.j+1}^n\dot{\rho}_{f.j+1}^n v_{f.j+1}^{n+1}A_{j+1}-\dot{\alpha}_{f.j}^n\dot{\rho}_{f.j}^n v_{f.j}^{n+1}A_j)\Delta t=V_L\Delta t(2\Gamma+S_g-S_f)$$

离散化汽相能量守恒方程

$$V_L[(\rho_{g.L}^n U_{g.L}^n+p_L^n)(\tilde{\alpha}_{g.L}^{n+1}-\alpha_{g.L}^n)+\alpha_{g.L}^n U_{g.L}^n(\tilde{\rho}_{g.L}^{n+1}-\rho_{g.L}^n)+\alpha_{g.L}^n\rho_{g.L}^n(\tilde{U}_{g.L}^{n+1}-U_{g.L}^n)]+$$
$$[\dot{\alpha}_{g.j+1}^n(\dot{\rho}_{g.j+1}^n\dot{U}_{g.j+1}^n+P_L^n)v_{g.j+1}^{n+1}A_{j+1}-\dot{\alpha}_{g.j}^n(\dot{\rho}_{g.j}^n\dot{U}_{g.j}^n+P_L^n)v_{g.j}^{n+1}A_j]\Delta t=$$
$$\left\{-\left(\frac{h_f^*}{h_g^*-h_f^*}\right)_L^n H_{ig.L}^n(\tilde{T}_L^{s,n+1}-\tilde{T}_{g.L}^{n+1})-\left(\frac{h_g^*}{h_g^*-h_f^*}\right)_L^n H_{if.L}^n(\tilde{T}_L^{s,n+1}-\tilde{T}_{f.L}^{n+1})+Q_{Wg.L}^n+S_{gQ}^n\right\}V_L\Delta t$$

$$(7\text{-}242)$$

离散化液相能量守恒方程

$$V_L[-(\rho_{f.L}^n U_{f.L}^n+p_L^n)(\tilde{\alpha}_{g.L}^{n+1}-\alpha_{g.L}^n)+\alpha_{f.L}^n U_{f.L}^n(\tilde{\rho}_{f.L}^{n+1}-\rho_{f.L}^n)+\alpha_{f.L}^n\rho_{f.L}^n(\tilde{U}_{f.L}^{n+1}-U_{f.L}^n)]+$$
$$[\dot{\alpha}_{f.j+1}^n(\dot{\rho}_{f.j+1}^n\dot{U}_{f.j+1}^n+P_L^n)v_{f.j+1}^{n+1}A_{j+1}-\dot{\alpha}_{f.j}^n(\dot{\rho}_{f.j}^n\dot{U}_{f.j}^n+P_L^n)v_{f.j}^{n+1}A_j]\Delta t=$$
$$=\left\{-\left(\frac{h_f^*}{h_g^*-h_f^*}\right)_L^n H_{ig.L}^n(\tilde{T}_L^{s,n+1}-\tilde{T}_{g.L}^{n+1})+\left(\frac{h_g^*}{h_g^*-h_f^*}\right)_L^n H_{if.L}^n(\tilde{T}_L^{s,n+1}-\tilde{T}_{f.L}^{n+1})+Q_{Wf.L}^n+S_{fQ}^n\right\}V_L\Delta t$$

$$(7\text{-}243)$$

离散化动量和方程

$$(\alpha_g\rho_g)_j^n\frac{\Delta x_j}{\Delta t}(v_{g.j}^{n+1}-v_{g.j}^n)+(\alpha_f\rho_f)_j^n\frac{\Delta x_j}{\Delta t}(v_{f.j}^{n+1}-v_{f.j}^n)+\frac{(\dot{\alpha}_g\dot{\rho}_g)_j^n}{2}[(v_g^2)_L^n-(v_g^2)_K^n]+\frac{(\dot{\alpha}_f\dot{\rho}_f)_j^n}{2}[(v_f^2)_L^n-(v_f^2)_K^n]$$
$$=-(p_L-p_K)^{n+1}+(\rho_m)_j^n B_x\Delta x_j-(\alpha_g\rho_g)_j^n FWG_j^n v_{g.j}^{n+1}-$$
$$(\alpha_f\rho_f)_j^n FWF_j^n v_{f.j}^{n+1}-(\alpha_g\rho_g)_j^n HLOSSG_j^n v_{g.j}^{n+1}-(\alpha_f\rho_f)_j^n HLOSSF_j^n-(\Gamma_g)_j^n(v_{g.j}^{n+1}-v_{f.j}^{n+1})+\Delta p_{p.j}^n$$

$$(7\text{-}244)$$

漂移流方程

$$(1 - \alpha_g C_o) v_{g,j}^{n+1} - \alpha_f C_o v_{f,j}^{n+1} = V_{gj}^n \tag{7-245}$$

式（7-240）~式（7-245）中，n 表示上一步计算值，$n+1$ 为当前计算值；下标 K、L 分别表示控制体编号，$j-1$ 分别表示控制体 K 的入口流线编号，j，$j+1$ 表示控制体 L 的进出口流线编号。

2. 结构关系式

对一组流场守恒方程，需要求解的主要未知参量原则上是可以从方程中出现的参量中任意选择，所选择参量的数量应与守恒方程的数量相同，这些参量称为"一次参量"。现在，有六个方程，即式（7-230）~式（7-245），所选择的一次参量是 α_g、v_f、v_g、U_f、U_g、p，除了这六个参量之外，其余参量，如 α_g、ρ_g、ρ_f、T_s、T_f、T_g 等必须用一次参量表示出，这种所建立的表达式（或通过格式内插求值）称为结构关系式，被表达的量称为二次变量。当审查式（7-230）~式（7-243）时可以发现，在式中 ρ_g^{n+1}、ρ_f^{n+1}、T_g^{n+1}、T_f^{n+1}、T_s^{n+1} 用中间参量 $\tilde{\rho}_g^{n+1}$、$\tilde{\rho}_f^{n+1}$、$\tilde{T}_g^{n+1}$、$\tilde{T}_f^{n+1}$、$\tilde{T}_s^{n+1}$ 表示了。这些参量可用状态方程或其他经验关系式来确定。所补充的五状态方程式分别是汽相、液相的密度 ρ_g、ρ_f，汽相、液相的温度 T_g、T_f 和饱和温度 $\tilde{T}_s$，它们分别表示为压力和内能的函数，其离散形式如下

$$\tilde{\rho}_{g,L}^{n+1} - \rho_{g,L}^n = \left(\frac{\partial \rho_g}{\partial p}\right)_L^n (p_L^{n+1} - p_L^n) + \left(\frac{\partial \rho_g}{\partial U_g}\right)_L^n (\tilde{U}_{g,L}^{n+1} - U_{g,L}^n) \tag{7-246}$$

$$\tilde{\rho}_{f,L}^{n+1} - \rho_{f,L}^n = + \left(\frac{\partial \rho_f}{\partial p}\right)_L^n (p_L^{n+1} - p_L^n) + \left(\frac{\partial \rho_f}{\partial U_f}\right)_L^n (\tilde{U}_{f,L}^{n+1} - U_{f,L}^n) \tag{7-247}$$

$$\tilde{T}_{g,L}^{n+1} - T_{g,L}^n = + \left(\frac{\partial T_g}{\partial p}\right)_L^n (p_L^{n+1} - p_L^n) + \left(\frac{\partial T_g}{\partial U_g}\right)_L^n (\tilde{U}_{g,L}^{n+1} - U_{g,L}^n) \tag{7-248}$$

$$\tilde{T}_{f,L}^{n+1} - T_{f,L}^n = + \left(\frac{\partial T_f}{\partial p}\right)_L^n (p_L^{n+1} - p_L^n) + \left(\frac{\partial T_f}{\partial U_f}\right)_L^n (\tilde{U}_{f,L}^{n+1} - U_{f,L}^n) \tag{7-249}$$

$$\tilde{T}_L^{s,n+1} - T_L^{s,n} = + \left(\frac{\partial T^s}{\partial p}\right)_L^n (p_L^{n+1} - p_L^n) + \left(\frac{\partial T^s}{\partial U_g}\right)_L^n (\tilde{U}_{g,L}^{n+1} - U_{g,L}^n) \tag{7-250}$$

3. 求解步骤

把状态方程（7-246）~方程（7-250）代入守恒方程（7-230）~方程（7-244），整理后守恒方程具有以下形式

$$\underline{\underline{A}} \, \underline{x} = \underline{b} + \underline{g}^1 v_{g,j+1}^{n+1} + \underline{g}^2 v_{g,j}^{n+1} + \underline{f}^1 v_{f,j+1}^{n+1} + \underline{f}^2 v_{f,j}^{n+1} \tag{7-251}$$

式中，矩阵 $\underline{\underline{A}}$ 和矢量 $\underline{b}$、$\underline{g}^1$、$\underline{g}^2$、$\underline{f}^1$、$\underline{f}^2$ 只包括上一时间步的变量。

式（7-251）中各变量表达式分别为

$$\underline{\underline{A}} = \begin{bmatrix} A_{11} & A_{12} & A_{13} & A_{14} \\ A_{21} & A_{22} & A_{23} & A_{24} \\ A_{31} & A_{32} & A_{33} & A_{34} \\ A_{41} & A_{42} & A_{43} & A_{44} \end{bmatrix}, \quad \underline{x} = \begin{bmatrix} \tilde{U}_{g,L}^{n+1} - \tilde{U}_{g,L}^n \\ \tilde{U}_{f,L}^{n+1} - \tilde{U}_{f,L}^n \\ \tilde{\alpha}_{g,L}^{n+1} - \tilde{\alpha}_{g,L}^n \\ \tilde{p}_L^{n+1} - \tilde{p}_L^n \end{bmatrix} \tag{7-252}$$

$$\underline{b} = \begin{bmatrix} b_1 \\ b_2 \\ b_3 \\ b_4 \end{bmatrix}, \quad \underline{g}^1 = \begin{bmatrix} g_1^1 \\ g_2^1 \\ g_3^1 \\ g_4^1 \end{bmatrix}, \quad \underline{g}^2 = \begin{bmatrix} g_1^2 \\ g_2^2 \\ g_3^2 \\ g_4^2 \end{bmatrix}, \quad \underline{f}^1 = \begin{bmatrix} f_1^1 \\ f_2^1 \\ f_3^1 \\ f_4^1 \end{bmatrix}, \quad \underline{f}^2 = \begin{bmatrix} f_1^2 \\ f_2^2 \\ f_3^2 \\ f_4^2 \end{bmatrix} \tag{7-253}$$

经过 LU 正交，式（7-251）可表示为压差的表达式

$$p_L^{n+1} p_L^n = \underline{b} + \underline{g}^1 \tilde{v}_{g,j}^n + \underline{g}^2 \tilde{v}_{g,j+1}^n + \underline{f}^1 \tilde{v}_{f,j}^n + \underline{f}^2 \tilde{v}_{f,j+1}^n \tag{7-254}$$

由动量和方程（7-244）和漂移流方程（7-245）联立求解，可得到表示为压力的 $\tilde{v}_g^n$、$\tilde{v}_f^n$，然后带入式（7-254）中，就可求得表示为控制体 L 的压力表达式

$$A_K (p_K^{n+1} - p_K^n) + A_L (p_L^{n+1} - p_L^n) + A_M (p_M^{n+1} - p_M^n) = B_L \tag{7-255}$$

式中　A_K、A_L、A_M、B_L 为只包含上一步参量的值。

对具有 n 个控制容积的系统而言就可有关于压力的 n 个线性方程，形成一个 n 阶的矩阵，通过高斯消元可得到每个控制体的压力 p_L^{n+1}，进而可以求出其他变量。

六、正常运行瞬态分析

正常运行瞬态通常采用系统热工水力分析软件进行分析，目的是了解和掌握核动力装置瞬态特性和系统间的相互影响，为控制系统的设计提供依据，同时也为相关设备（如稳压器的喷雾流量、稳压器的水位控制等）提供相关的参数。系统热工水力软件的分析范围包括反应堆主冷却剂系统、压力安全系统、化容系统、主蒸汽系统、凝给水系统及相关控制系统。

正常运行瞬态分析包括无外控和有外控，即分析在某个或几个控制系统不投入，及控制系统投入条件下的热工水力瞬态特征。

无外控下瞬态热工水力分析实际上是为了了解反应堆的自稳自调性。众所周知，压水堆堆芯具有温度负反馈效应，具有一定的自稳自调特性。通常分析反应性扰动、负荷扰动、流量扰动。反应性扰动通过提升或下插控制棒来实现，即连续提升（或下插）到某一棒位，流量扰动包括给水流量扰动和主冷却剂流量扰动，负荷干扰是通过调整汽轮机喷嘴阀的开度实现。

有外控的瞬态分析与系统的设计阶段有关，主要目的是确定控制系统的控制策略、方案及控制参数。

下面将介绍功率变化、汽轮机速关、自然循环与强迫循环相互转化等正常运行瞬态下几个主要参数的规律。分析软件的热工水力方程采用漂移流模型及一维棒状燃料元件导热方程，中子动力学采用两群时空中子动力学方程，主冷却剂泵的扬程与水力转矩采用四象限曲线。

反应堆功率调节通常是跟踪负荷及主冷却剂平均温度的。主冷却剂平均温度为堆入口主冷却剂温度和堆出口主冷却剂温度的平均值。下面给出的曲线采用的系统运行方式是平均温度线性变化。

（一）功率变化过程

在这里将介绍负荷增加和负荷减少过程中，堆功率、主冷却剂平均温度、蒸汽压力、蒸汽发生器蒸汽压力的变化情况。

1. 负荷增加

反应堆在某一功率下稳定运行，由于某种原因，需增加负荷，在设定所需负荷后，汽轮机自动调节会按一定速度把汽轮机喷嘴阀提升到相应开度，汽轮机的耗气量随之增加至所需的负荷。此时堆功率、稳压器压力、主冷却剂平均温度和蒸汽压力随时间的变化如图 7-21 ~ 图 7-24 所示。开始随着汽轮机负荷的增加，蒸汽发生器的压力下降（图 7-24），同时反应堆功率调节系统根据需求功率，提升控制棒，功率上升（图 7-21）。虽然蒸汽发生器输出功率增多，但主冷却剂温度变化不降反升，其主要原因是主冷却剂的温度测点的位置会造成温度的响应滞后；另一方面，功率的快速提升导致堆芯冷却剂温度升高较快。由于采用平均温度线性变化运行，功率的提升速率远高于其他参数的变化速率，所以主冷却剂温度呈上升之势（图 7-23）。如果采用平均温度不变的运行方式，控制棒的提升速率会低一些，且控制棒所需要提升的高度会少一些，主冷却剂平均温度会先降后升；另一个原因是负荷增加量并不多。

正如在第一节所叙述那样，采用平均温度线性变化的运行方式，对稳压器是不利的，图 7-22 也表明了稳压器压力上升的幅度不少。

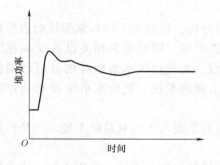

图 7-21　负荷增加的堆功率

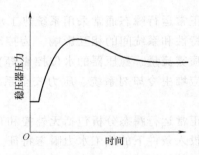

图 7-22　负荷增加的稳压器压力

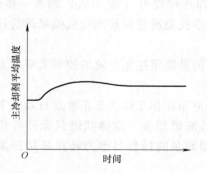

图 7-23　负荷增加的主冷却剂平均温度

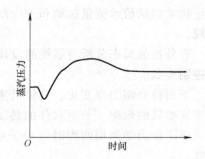

图 7-24　负荷增加的蒸汽压力

2. 负荷减少

相关参数的变化情况如图 7-25 ~ 图 7-28 所示。所有参数的变化趋势同负荷增加时变化情况恰恰相反。堆功率下降至波谷（图 7-25），在短暂的时间后上升，然后较为平滑地过渡到所需求的功率水平上，稳压器压力下降幅度较大（图 7-26）。

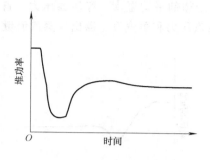

图 7-25　负荷减少的堆功率

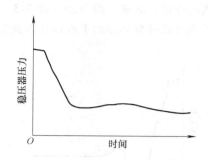

图 7-26　负荷减少的稳压器压力

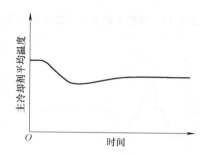

图 7-27　负荷减少的主冷却剂平均温度

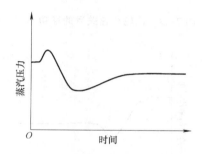

图 7-28　负荷减少的蒸汽压力

（二）汽轮机速关

当反应堆在 100% 额定功率运行时，因某种原因，汽轮机的速关阀动作，在极短的时间内，汽轮机速关，从而使需求的蒸汽量大幅度下降。图 7-29 ~ 图 7-33 所示为在此条件下堆功率、主冷却剂平均温度、蒸汽发生器蒸汽压力、二回路的总流量，以及稳压器压力随时间的变化。

主机速关后二回路蒸汽流量突然降低，当堆功率与二回路功率差值达到一定数值（功率差排放定值），蒸汽排放阀开启，蒸汽流量上升。但由于蒸汽排放量有限，蒸汽发生器蒸汽压力继续上升，随着控制棒下插，堆功率以较快速度下降，主冷却剂平均温度下降，蒸汽发生器蒸汽压力下降。当蒸汽排放阀逐级关闭，蒸汽流量降至其他蒸汽用户的基本耗气量（负荷）时，二回路蒸汽流量经小幅度波动终于稳定在基本耗汽量的水平上。在功率下降至波谷后又重新上升，原因是主冷却剂平均温度低于基本负荷所对应的主冷却剂平均温度，导致需求功率高于堆功率，控制棒继续上升，堆功率上升，随后少许下降，并稳定在一定的功率水平上。与此同时，主冷却剂平均温度上升，并稳定在一定温度上。开始时稳压器压力先上升，尽管汽轮机速关，但蒸汽排放阀的开启使得主冷却剂平均温度上升不多，所以稳压器压力上升幅值不大，但在随后的过程中，功率下降幅度甚大，主冷却剂平均温度也随之下降，且下降的幅度已不小，于是稳压器随之下降。最后，随着主冷却剂平均温度上升且稳定在一温度时，稳压器压力也随之上升，而后缓慢地趋于稳定。

（三）强迫循环与自然循环相互转换

1. 强迫循环转自然循环

反应堆在某功率下稳定运行，按一定的时间间隔，逐个停闭主冷却剂泵，经一段时间后，自然循环建立起来。图 7-34 ~ 图 7-39 所示为堆功率、主冷却剂平均温度、稳压器压力、首先停闭主冷却剂泵环路的主冷却剂质量流量、蒸汽发生器蒸汽压力和蒸汽发生器出口蒸汽流量。

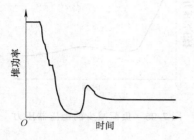

图 7-29　汽轮机速关后的堆功率

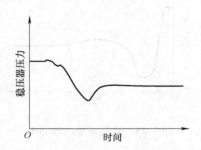

图 7-30　汽轮机速关后的稳压器压力

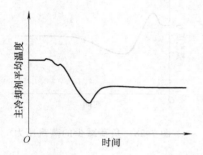

图 7-31　汽轮机速关后的主冷却剂平均温度

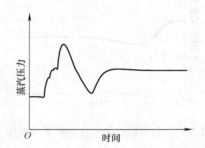

图 7-32　汽轮机速关后的蒸汽压力

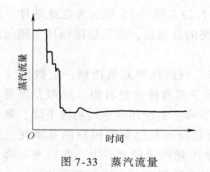

图 7-33　蒸汽流量

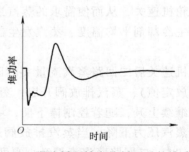

图 7-34　强迫循环转自然循环后的堆功率

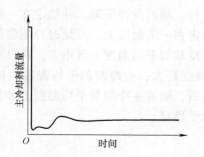

图 7-35　强迫循环转自然循环后的主冷却剂质量流量

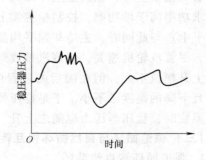

图 7-36　强迫循环转自然循环后的稳压器压力

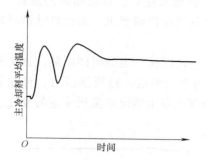

图 7-37　强迫循环转自然循环后的主冷却剂平均温度

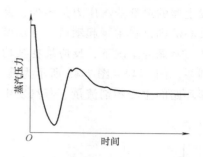

图 7-38　强迫循环转自然循环后的蒸汽压力

由图可以看到：

在开始阶段，堆功率下降较快，首先停泵环路的蒸汽发生器蒸汽压力也很快下降，蒸汽流量下降。堆功率下降是由于停泵环路的主冷却剂流量很快下降到非常低的数值，进入堆芯的冷却剂流量减少，堆芯冷却剂温度上升而引起了较大的负反应性，虽然控制棒自动提升，但所引入的正反应性抵消不了负反应性。停闭环路的蒸汽流量降低主要起因是蒸汽压力下降及尚未停泵环路的蒸汽压力高于停泵环路，于

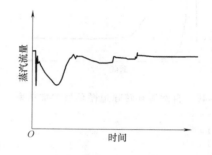

图 7-39　强迫循环转自然循环后的蒸汽流量

是便出现了停泵环路蒸汽发生器出口蒸汽流量下降，而尚未停泵环路的蒸汽发生器蒸汽质量流量升高。在这一段内，主冷却剂平均温度上升，稳压器压力也上升。

当所有的主冷却剂泵停闭后，堆功率经历上升，略微下降、快速上升、较快下降、最终稳定在初始功率水平上的过程；主冷却剂平均温度也经历上升、下降、上升、略微下降，最后稳定在初始功率所对应的自然循环工况运行温度上；蒸汽发生器压力在下降到最低点后，随着自然循环能力的上升，也同时上升，自然循环能力最大时，蒸汽发生器蒸汽压力也达到最大值，随后随着自然循环流量下降而下降，最终稳定在比初始值低的压力上。稳压器压力的变化趋势同主冷却剂平均温度差不多，但在整个过程中，稳压器还受自身压力和水位控制的影响，因此峰值处有振荡，在其余参数已趋于稳定，但稳压器压力尚未稳定，压力的变化是压力和水位控制系统动作的结果，但经过一段时间的调整后会趋于稳定。

环路的主冷却剂流量在停泵后很快下降得很低，随后逐步上升至峰值，此刻，正是堆功率的峰值，随堆功率下降，自然循环流量下降一些，最后趋于稳定，主冷却剂系统转入自然循环工况。

值得说明的是，实验和分析计算结果表明，在一定的自然循环流量下，倒 U 形管蒸汽发生器中的部分传热管内的主冷却剂会倒流。倒流的出现，会导致蒸汽发生器入口腔的主冷却剂温度低于环路热段主冷却剂温度，同时也减少了正向流动的流通截面积，它们对自然循环能力都不利。计算表明，考虑倒流的自然循环流量比不考虑要低。考虑到倒流的问题，通常把蒸汽发生器传热管按传热管的长度划分成几个区。

2. 自然循环转强迫循环

如果说强迫循环转自然循环关心的是自然循环是否能够建立、自然循环的流量有多大、蒸汽发生器的最低蒸汽压力是多少、是否满足二回路蒸汽用户的要求，那么自然循环转强迫循环关心的则是在主泵起动后，堆功率上升有多高。

在自然循环工况下，反应堆在某功率下稳定运行，此时按一定的时间间隔，逐个起动主冷却剂泵。图 7-40 ~ 图 7-45 所示为堆功率、主冷却剂平均温度、稳压器压力、首先起动泵主冷却环路的主冷却剂流量、蒸汽发生器蒸汽压力和蒸汽发生器出口蒸汽流量的变化。

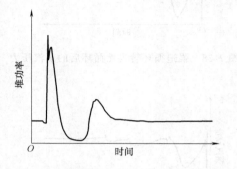

图 7-40　自然循环转强迫循环后的堆功率

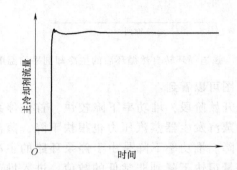

图 7-41　自然循环转强迫循环后的主冷却剂流量

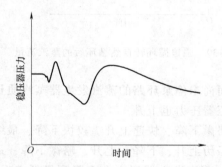

图 7-42　自然循环转强迫循环后的稳压器压力

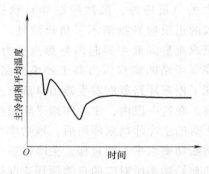

图 7-43　自然循环转强迫循环后的主冷却剂平均温度

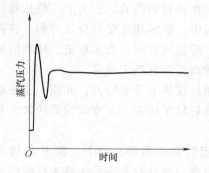

图 7-44　自然循环转强迫循环后的蒸汽压力

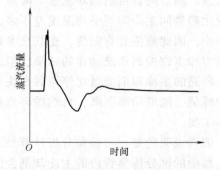

图 7-45　自然循环转强迫循环后的蒸汽流量

在第一台主冷却剂循环泵起动后，起动泵回路的主冷却剂流量很快上升并超过其额定流量，堆芯冷却剂温度骤降，堆功率剧增，燃料芯块温度上升，堆功率在顶峰处下降，紧接着第二台泵起动，堆功率上升至第二个峰值后下降，但第二个峰值低于第一个峰值。第二个峰值高低与泵起动的时间间隔有关，时间间隔越长，峰值会越低。在控制系统的作用下，控制棒连续下插，堆功率快速下降至波谷，在波谷处变换比较缓慢，其主要原因是：由于自然循环转为强迫循环的控制参量的目标值不同，正如在上面所叙述那样，在同一功率下，自然循环工况的稳态平均温度高于强迫循环工况，在全部泵投入后，控制系统会自动转入强迫循环工况。控制系统在获取相关信号后，经运算，需求功率低于堆功率，就不再提升控制棒；堆进口和堆出口温度通常分别安装在环路的冷段和热段，在瞬态过程中，主冷却剂需流过反应堆环腔、下腔室、上腔室、蒸汽发生器进出口腔室等这些容积较大的空间，因此，主冷却剂平均温度并不能真实地反映堆芯的平均温度；在控制棒连续下插到达较低的位置时，控制棒的微分价值较小。

随着主冷却剂平均温度的下降，控制棒提升，堆功率又开始上升至第三峰值后下降，最后稳定在初始功率水平上。首先起动环路蒸汽发生器，蒸汽压力上升，蒸汽流量随之快速上升，之后经下降、上升，最终稳定在初始流量水平上。稳压器压力经过两个峰值后便趋于稳定。

七、几种可能发生的事故

反应堆瞬态工况可以分为正常瞬态工况和事故瞬态工况，前者是指正常操作引起瞬态，如功率的提升或下降；后者是由于意外原因或运行人员的操作不慎造成的。

堆芯的设计与相关系统结合在一起将为所有预期的正常运行工况提供整个设计寿期内都能运行的能力，并为不确定性和可预见到的瞬态（通常称之可预期瞬态）工况留合适的裕量。可预期瞬态包括了主冷却剂流量丧失、控制棒连续提棒、给水丧失、冷凝器冷却水丧失等，属于二类工况。

上述表明，对任何合理的预料情况，必须避免偏离泡核沸腾和燃料元件堆芯熔化。要达到这一目的，就必须对可预期瞬态进行详细的反应堆热工水力瞬态特性分析，在分析基础上确定合理的安全保护。

合理的安全保护包括保护方式与安全定值。保护系统的安全定值必须考虑到正常运行工况下参数的波动范围，如果保护参数的保护定值处在正常运行工况下同一参数波动范围，保护系统将作出相应的动作（如紧急停堆），那就不具备所有预期的正常运行工况都能运行的能力了。如控制棒连续提棒事故，它是超功率保护的定值变量为堆功率，而若功率定值太低，正好处在正常运行工况下功率波动范围内，那么在正常的提升功率过程中，会触发超功率保护信号而紧急停堆。一旦停堆，不仅中断了正常运行，造成经济损失，而且对这种不该停堆的停堆（即意外停堆）事故的处理也相当麻烦。特别是船用核动力装置，一旦停堆，船的主动力、正常供电丧失，将转入应急供电工况。若这种情况出现在地形复杂海区或负有军事使命时，后果可想而知。当然，也不能把保护定值定得太高，如果定值超过反应堆的允许运行极限时，则燃料元件表面传热将恶化，会出现偏离泡核沸腾，或芯部熔化。因此，热工设计者必须掌握正常瞬态工况下反应堆热工水力特性，还要对事故瞬态工况进行热工水力分析。

反应堆瞬态热工水力分析所需的基本方程已在前面的章节介绍了，本节将不再重新列出，只补充一些在前面没有涉及，且是分析中必须配套的方程。

主冷却剂丧失通常分为大破口失水事故、中破口失水事故、小破口失水事故，后者属于Ⅲ类工况，前两者属于Ⅳ类工况。人们普通较为关注大破口失水事故和小破口失水事故，其原因是：大破口失水事故决定了到底能造成多大的后果，会不会造成堆芯的损毁；在安全措施正常启动、运转的条件下，小破口失水事故会不会造成堆芯裸露、燃料元件表面会不会出现偏离泡核沸腾。因此，本节也只介绍大破口失水事故和小破口失水事故。

本节主要介绍反应性引入事故，主冷却剂流量丧失事故及主冷却剂丧失事故，恰好分别体现了流体的能量、动量、质量供需关系失衡时的特性。反应性引入，如控制棒连续提棒将导致能量的供大于求，主冷却剂泵同时断电将使驱动流体流动的驱动力的丧失，主冷却剂丧失意味着"饥热交迫"。

（一）反应性引入事故

反应性引入事故的主要原因有：由控制棒的提升或下插引入的正反应性或负反应性，硼浓度意外稀释引入的正反应，冷水进入引入的正反应等。

1. 控制棒反应性事故

控制棒反应堆性事故是因控制棒从堆芯内提出而引入大量的正反应性所造成的功率上升事故，事故的可能原因有：一是反应堆功率调节系统故障，调节棒连续提出；二是操作人员的误操作，造成控制棒提出；三是控制棒驱动机构密封罩壳破裂，由于反应堆压力容器高压的作用，使控制棒弹出堆芯。前两者一般称为提棒事故，后者称为弹棒事故。

弹棒事故伴随着主冷却剂丧失事故，因而使事故的情况变得复杂，除采取紧急停堆外，还应采取冷却剂丧失事故中所特有的安全措施。

对于控制棒反应性事故，描述堆芯所需的数学方程和主冷却剂环路的动量守恒方程和主冷却流量丧失事故基本一样，只是在事故计算中的具体条件不同，除此之外，通常还包括稳压器、蒸汽发生器所需的数学模型。但对于弹棒事故分析通常采用主冷却剂丧失事故分析的数学方程。分析的主要目的有两个：一是了解在不同提棒速率下，堆芯的热工水力瞬态特性，及对主要设备（如稳压器）特性的影响；二是依据分析结果合理确定超功率保护定值、超热功率（或用反应堆出口高）保护定值及高反应堆起动速率（周期）保护定值。超功率保护参量是中子通量，其实质是高中子通量保护，但在反应堆正常带功率运行时，经通量测量系统折算为反应堆相对功率，故称之为超功率保护。反应堆热功率依赖反应堆出口与反应堆进口的温度和主冷却剂流量，由于核电厂在正常运行时，冷却剂流量是不变的，因此取反应堆出口与进口温差 ΔT 作为保护参量，当来自两个探测通道的高 ΔT 测量信号一致时将引起反应堆保护停堆。超热功率保护停堆是超功率保护停堆的补充。

周期保护是对反应堆起动速率的限制，主要是用于反应堆起动。反应堆起动通常是在源区开始的，如果提棒速率过高，中子通量增加速率加大，周期会变短。当周期降低到短周期保护定值时，将触发短周期保护，反应堆紧急停堆。

为给出超功率和超热功率（或反应堆出口高）保护，反应堆热工水力分析是以反应堆100%额定功率稳定运行为初始条件的。在本章第一节中已描述了在不同提棒速率下，当燃料元件上包壳表面发生偏离泡核沸腾时所对应的反应堆功率和出口温度的变化规律及示意图，但在图中只考虑了正常运行瞬态下反应堆功率和出口温度的波动范围。实际上在确定保护定值时，还要考虑保护参量的测量误差。

2. 硼浓度意外稀释

由于化容系统故障，致使无硼的纯水注入主冷却剂系统，会造成堆芯冷却剂的硼浓度下降，导致功率上升。在本章第二节中已给出各种反应性的计算表达式，其中包含了由于硼浓度变化所引入反应性的计算表达式。因此问题就转化为硼浓度计算。

通常计算硼浓度有两个方法，一个是采用详细的分析模型，即采用在本章第四节中所介绍的控制体-流线模型，在每个控制体（不含蒸汽发生器二次侧的控制体）热工水力方程增加硼浓度方程；另一个是采用均匀混合法，认为流入的纯水与原有的含硼主冷却剂均匀混合，便求出这个时刻的硼浓度。

3. 冷水引入的反应性

下述两种情况，可能引入大的正反应性，造成事故，又称冷水事故。这两种情况是：

1）在具有多环路的主冷却剂系统中，由于某种原因，其中的一条环路停止运行而降温。在重新起动过程中，会导致进入堆芯功率增加。当停运环路的温度低于运行环路的堆入口温度而达到一定的数值时，在没有采取任何措施情况下，起动停运环路的主冷却循环泵时，反应堆的功率上升会又快又高，可能触发超功率停堆保护，使反应堆紧急停堆。

设主冷却剂系统为双环路，一条环路运行时的功率为50%功率，当停运环路重新起动时进入堆芯的流量增加，堆芯的温度就会降低，引入了一个较大的反应性，从而使功率增加。紧接着较低温度（冷水与运行回路冷却剂在下空腔混合）进入堆芯，反应堆冷却剂温度会下降，又引进了一个正反性，功率又上升。在这种重新起动的情况下，有两个功率峰值，一个是由流量增加引起，另一个是由于冷水引起，即使重新起动环路的温度与运行环路入口温度相同，也会有第一峰值。第一峰值的高低与主冷却剂泵的转动惯量有关，转动惯量小的峰值高；反之亦然，因转动惯小，起动时，流量会很快达到额定流量。第二峰值与温差有关，温差越大，峰值越高。此外，初始功率水平也影响峰值的大小，初始功率越高，峰值也越大，所以在重起停运环路主冷却剂泵前，可以先降低反应堆功率，待稳定后，再起动停运环路的主冷却剂泵。为预防这种事故带来不必要的麻烦，确保反应堆的正常运行，通常设置温度差连锁保护，即当温差超过一定值时，停运环路的主冷却剂泵被锁住了，起动不了。

当今的核电站主冷却剂系统几乎不设置主闸阀和止回阀，也不会有部分环路运行，因为如果部分环路运行，运行环路的部分主冷却剂会在反应堆的环腔区直接从停运环路的堆入口处流入停运环路，经蒸汽发生器倒流至反应堆上空腔。

2）当一条主蒸汽管道断裂时，蒸汽大量外泄，会使堆相应环路的入口温度骤减，将引入很大的正反应性，导致功率剧增。反应堆会紧急停堆，全部的控制棒落下，但对加硼运行的电站反应堆，如果全部控制棒落下仍不足以抵消所引入的正反应堆，堆芯将重返临界，其后果是严重的。

（二）主冷却剂流量丧失事故

1. 概述

当反应堆带功率运行时，如果因动力电流丧失而造成所有运行的冷却剂泵全部断电，将致使冷却剂流量迅速下降，就会发生主冷却剂流量丧失事故。

主冷却剂流量丧失后，堆芯燃料元件包壳的温度变化由冷却剂流量下降过程、堆芯功率下降过程和燃料芯部在断电前所贮存的热量决定。在主冷却泵突然同时失去电源时，主冷却剂流量立刻开始下降，如果主冷却剂泵转动部分的转动惯量太小，主冷却流量会很快接近于零，尽管在断电的同时触发紧急停堆信号，但由于保护系统响应延时（通常不超过0.2s）

和控制棒快速下插至堆芯底部也需要时间（2s左右），反应堆功率迅速下降到衰变功率。对于采用 UO_2 做燃料的棒状元件，事故前芯块温度较高，燃料元件本身贮存着许多热能，所以在反应堆紧急停堆时，燃料元件包壳表面的热流密度（包括最大热流密度）下降缓慢，如图7-46所示。在流量快速下降与燃料包壳热流密度下降缓慢的双重作用下，堆芯冷却剂温度上升较快，临界热流密度降低，燃料元件包壳表面有可能出现偏离泡核沸腾，元件表面如果出现沸腾危机，燃料元件包壳表面温度将很快上升，将危及燃料元件包壳的完整性。

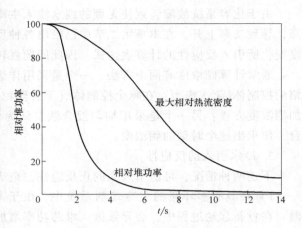

图7-46　主泵断电后堆芯功率、燃料元件最大热流密度随时间的变化

上面所描述的现象一般出现于事故后初期（一般不超过10s）。因此，除减小保护系统信号延迟时间和控制棒下落时间外，主要设法减缓事故后主冷却流量的下降速度。加大主冷却剂泵转动部分的转动惯量可以减缓主冷却剂流量的下降速度。因此，通常主冷却剂主循环泵转子上设有一个质量足够大的飞轮，它可以在主冷却剂泵断电以后依靠转动惯量惰转一段时间，从而延缓主冷却剂流量衰减。惰转停止后，堆芯的热量靠自然循环导出。

飞轮转动惯量的大小，必须通过对主冷却剂流量丧失事故的分析来确定。一是确定多大的惯量可避免出现燃料元件表面出现沸腾危机，当飞轮惯量越大，对确保燃料元件包壳的完整性越有利；二是多大的飞轮惯量会对主冷却泵的机械、电气设计是不可接受，当然，飞轮惯量越少，对主冷却剂泵的机械、电气设计越有利。因此飞轮转动惯量只能是足够大，以满足两者的技术要求。

受船舱尺寸的限制，船用核动力装置一般不设惰转飞轮，在主冷却剂泵电源丧失时，常用备用供电的应急主冷却水泵或备用主冷却剂泵自动低速起动，为提高船用核动力装置固有的安全性，船用反应堆也采用一体化反应堆，具有高自然循环能力。

大多数的高温气冷堆的冷却剂循环风机是靠汽轮机带动的，动力电源中断不会使风机停掉，紧急停堆后，衰变热产生的蒸汽仍可以保证汽轮机运转，为满足单一准则的要求，风机转子上设有惰转飞轮。此外，由于气冷堆的石墨装量很多，有足够的容量吸收衰变热。据估计，直到石墨被堆芯衰变热加热约2h，燃料元件也不会被"烧毁"。

2. 主冷却剂泵分析模型

主冷却剂泵是主冷却剂系统最重要的设备之一，泵的起动、运行、切换及停止等特性对一回路正常运行及反应堆的安全都会产生重要的影响。

（1）泵的特性参数　叶片式水泵主要有离心泵、混流泵和轴流泵。压水堆主冷却剂泵主要采用离心泵和混流泵。

水泵的特性参数主要是扬程 H、体积流量 Q，转速 n（或角速度 ω），力矩 T 等。通常采用量纲为1的量来表示，所定义的量纲为1的量是

$$\begin{cases} h = \dfrac{H}{H_{ref}} & \beta = \dfrac{T_h/\rho}{T_{ref}/\rho_{ref}} \\ v = \dfrac{Q}{Q_{ref}} & \alpha = \dfrac{\omega}{\omega_{ref}} \end{cases} \tag{7-256}$$

式中，H_{ref}表示泵的额定扬程，单位为 m；T_{ref}表示泵的额定水力学转矩，单位为 N·m；Q_{ref}表示泵额定体积流量，单位为 m³/s；ω_{ref}表示泵的额定角速度，单位为 rad/s。h 为扬程比；β 为转矩比；v 为体积流量比；α 为角速度比。

（2）泵的工作状态　泵在正常的工作状态为水泵区，在异常（如在失水事故时）时可能进入水力制动区，水轮机区或倒转区。

1）水泵。其水力机械为工作机械，电动机为原动机，功率由电动机传给泵的叶轮，叶轮旋转将能量传给水流，使得通过叶轮的水流能量增加，扬程为正。

2）水力制动区。水力制动区也称能量耗散区。其水力机械为工作机械，电动机为原动机，功率由电动机传给泵的叶轮，轴功率为正，或为零；流经叶轮的水流能量减少，相当于叶轮对水起制动作用，泵扬程为负。

3）水轮机。其水力机械为原动机，轴功率由叶片输出给电动机，轴功率为负，流经叶轮水流能量减少，泵扬程为负。

4）倒转区。其水力机械为原动机，轴功率接近于零，流经叶轮水流能量减少，泵扬程为负。

（3）水泵的动力学方程　由供电系统输给主冷却剂泵电动机的电能产生的电磁功率主要消耗于：① 传给主冷却剂泵主轴的机械功；② 用于克服电动机轴承摩擦等损失的机械功；③ 对于采用屏蔽套密的电动机，还有屏蔽套中的涡流损失。

传给主冷却剂泵主轴的机械功除用来克服主冷却剂泵自身的摩擦力直接消耗去一部分功率外，大部分被用来驱动主冷却剂泵，使回路内的冷却剂维持一定的流动速率。电站核动力装置通常采用轴封泵，故下面的讨论不考虑涡流损失。

由牛顿第二定律，可写出泵的动力学方程

$$J\frac{\mathrm{d}\omega}{\mathrm{d}t} = T_E - T_{hy} - T_f \tag{7-257}$$

式中，J 表示泵组转动部分的转动惯量，单位为 kg·m²；ω 表示泵的角速度，单位为 rad/s；T_E 表示泵的电磁转矩，单位为 N·m；T_y 表示泵叶轴的水力转矩，单位为 N·m，T_f表示泵的摩擦与风阻的转矩，单位为 N·m。

1）主冷却剂泵的转矩。由电磁转矩与转差率的关系可知异步电动机的转矩表达式为

$$T_E = \frac{(PN)mU^2 r_2'/S}{2\pi f[(r_1 + c_1 r_2'/S)^2 + (X_1 + c_1 X_2')^2]} \tag{7-258}$$

式（7-258）表明了电磁转矩与电压 U、供电频率 f、转差率 S、电动机参数等有关。当认为电动机参数（电阻和漏抗）不变时，令

$$T_{E,ref} = \frac{(PN)mU^2 r_2'/S_{ref}}{2\pi f[(r_1 + c_1 r_2'/S_{ref})^2 + (X_1 + c_1 X_2')^2]} \tag{7-259}$$

则式（7-258）可改写为

$$T_E = T_{E,ref} \frac{S}{S_{ref}} \frac{S_{ref}^2 \left[(r_1 + c_1 r_2'/S_{ref})^2 + (X_1 + c_1 X_2')^2 \right]}{S^2 \left[(r_1 + c_1 r_2'/S)^2 + (X_1 + c_1 X_2')^2 \right]} \frac{U/U_{ref}}{f/f_{ref}} \tag{7-260}$$

电网供电的电压 U 和频率 f 波动范围很小，则可认为 $U/U_{ref} = 1$，$f/f_{ref} = 1$；电动机的定子绕组有效电阻 r_1 也很小，可被忽略，于是式（7-260）可简化为

$$T_E = T_{E,ref} \frac{S}{S_{ref}} \frac{\left[(c_1 r_2')^2 + S_{ref}^2 (X_1 + c_1 X_2')^2 \right]}{\left[(c_1 r_2')^2 + S^2 (X_1 + c_2 X_2')^2 \right]} \tag{7-261}$$

式中，$T_{E,ref}$ 为额定转速下的电磁转矩；S 为泵转子的转差率；c_1、c_2、r_2'、X_2' 为电动机参数。转差率为

$$S = 1 - \frac{\omega}{2\pi f/(PN)} \tag{7-262}$$

式中，f 为供电频率，(PN) 为极对数（电动机参数）。

式（7-261）表明，T_E 仅是 S 的函数，求导数 $\dfrac{dT_E}{dt}$，并令其为 0，可得在临界转矩下所对应的临界转速

$$S_{CR}^2 = \left(\frac{c_1 r_2'}{X_1 + c_1 X_2'} \right)^2 \tag{7-263}$$

将式（7-263）代入式（7-261），整理可得

$$T_E = T_{E,ref} \frac{DS_{CR}S}{S_{CR}^2 + (1 + S^2)} \tag{7-264}$$

$$D = 1 + \left(\frac{S_{ref}}{S_{CR}} \right)^2 \tag{7-265}$$

式中，S_{ref} 表示额定转速的转差率。

2）摩擦转矩。电动机的摩擦损失由三部分组成：圆盘摩擦损失、填料函内摩擦损失和轴承内摩擦损失。圆盘摩擦损失与转速的立方和线性尺寸的五次方的乘积成正比，填料函内摩擦损失和转速的一次方成正比，轴承内摩擦损失和转速的平方成正比。在这些损失中，圆盘摩擦损失占大部分。

对于水泵来说，起动瞬间的静摩擦转矩，只在泵组起动瞬间才起作用，一旦起动后，很快就消失而成为水力阻力的一部分。水力阻力包括水泵轴承、填料的摩擦转矩，叶轮对水的作用力矩。起动瞬间的静摩擦转矩在转速为零时最大。

综合以上几种损失的特点，泵的摩擦转矩近似取

$$T_f = a_0 + a_1 (\omega/\omega_{ref}) + a_2 (\omega/\omega_{ref})^2 + a_3 (\omega/\omega_{ref})^3 \tag{7-266}$$

式中，a_0 表示静摩擦转矩，单位为 N·m；a_1、a_2、a_3 根据冷却泵试验数据整理得到。

（4）水力转矩与泵的扬程　目前，水力转矩与泵扬程的求取有两类：一是考虑在泵的工作状态所指出可能出现的八种状态，采用水泵水力转矩四象图和水泵扬程四象图来求取；二是认为可能出现除水泵区外的其他工作状态，只有在诸如失水事故工况时才会出现。因此，通常只根据主冷却剂泵的试验数据，拟合出正常工况下的泵扬程关系式，并根据水力转矩的物理定义给出其表达式来求取。下面介绍后者。

1）水力转矩和泵扬程的简化方程。通常，离心泵所产生的扬程是流体密度 ρ、黏度 μ、泵叶轮直径 D、角速度 ω、体积流量 Q、时间 t 的函数，即

$$H = f(\rho, \mu, D, Q, \omega, t)$$

根据相似理论，上述自变量可组成四个量纲为 1 的量，则

$$H = f(Re, t\omega, Q/\omega D^3, gH/\omega^2 D^2)$$

通过对泵的特性曲线（来自于试验数据拟合而成）研究表明，在稳态下，扬程不是时间的函数，它不直接依赖于时间；泵扬程与雷诺数的关系极小；对于一给定的泵，叶轮的直径是固定的，因此泵的扬程可简化为 $Q/\omega D^3$ 和 $gH/\omega^2 D^2$ 的函数。于是，扬程只与 Q、ω 有关，于是有

$$H = f_1\left(\frac{Q_v}{\omega}, \omega\right) \tag{7-267}$$

令

$$y = \frac{v}{\alpha} = \frac{Q/Q_{\mathrm{ref}}}{\omega/\omega_{\mathrm{ref}}} \tag{7-268}$$

则泵扬程（单位为 m）可表示为

$$H = \Phi(y, \omega) \tag{7-269}$$

对于离心泵，在一定的 y 下，泵扬程与轴角速度成正比，于是把 H 离散成

$$H = \omega^2 \Phi_1(y) = (\omega/\omega_{\mathrm{ref}})^2 [\omega_{\mathrm{ref}}^2 \Phi_1(y)] \tag{7-270}$$

式（7-270）的表达式表明，$\omega_{\mathrm{ref}}^2 \Phi_1(y)$ 实质上是在额定转速轴角速度（ω_{ref}）下的泵扬程曲线，于是令 $H_{\mathrm{ref}}(y) = \omega_{\mathrm{ref}}^2 \Phi_1(y)$，则式（7-270）可改写为

$$H = (\omega/\omega_{\mathrm{ref}})^2 H_{\mathrm{ref}}(y) \tag{7-271}$$

则 Δp_{pump} 的表达式为

$$\Delta p_{\mathrm{pump}} = (\omega/\omega_{\mathrm{ref}})^2 \rho_{\mathrm{in}} H_{\mathrm{ref}}(y) \tag{7-272}$$

式中，ρ_{in} 表示泵入口流体的密度；Δp_{pump} 表示泵扬程，单位为 m。

试验数据表明，在一定的转速下，泵扬程曲线近似呈抛物线，因此，可假设

$$H_{\mathrm{ref}}(y) = b_1 + b_2 y + b_3 y^2 \tag{7-273}$$

式（7-273）中的 b_1、b_2、b_3 可根据主冷却剂泵的试验数据，采用最小二乘法求得。

由电动机传给主冷却剂主轴的机械功为

$$N_水 = Q\Delta p_{\mathrm{pump}}/\eta \tag{7-274}$$

式中，η 表示水泵的效率。

于是可得泵的水力转矩

$$T_{\mathrm{h}} = \frac{N_水}{\omega} = \frac{Q\Delta p_{\mathrm{pump}}}{\eta\omega} \tag{7-275}$$

2）四象限与水力转矩及扬程。为便于说明，先给出了图 7-47 和图 7-48。图 7-47 所示为典型泵的扬程相似曲线，图 7-48 所示为典型泵水力转矩的相似曲线。

根据水力转矩比 β 的定义式（7-256），可得到

$$T_{\mathrm{h}} = \beta\rho\frac{T_{\mathrm{h,ref}}}{\rho_{\mathrm{ref}}} \tag{7-276}$$

这样就把问题转化为求 β。

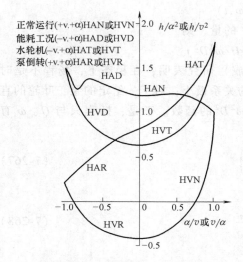

正常运行(+v.+α)HAN或HVN
能耗工况(−v.+α)HAD或HVD
水轮机(−v.+α)HAT或HVT
泵倒转(+v.+α)HAR或HVR

图 7-47　典型泵的扬程相似曲线

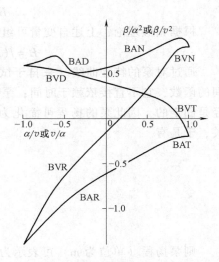

图 7-48　典型泵的水力转矩相似曲线

通过图 7-48 可查找到 β 值，查找方法是：运用式（7-256），可得到上时刻的体积流量比（v）和泵轴角速度比（α），纵坐标是用 $\left(\dfrac{\beta}{v^2}\right)$ 或 $\left(\dfrac{\beta}{\alpha^2}\right)$ 来表示，按下式判别

$$纵坐标 = \begin{cases} \dfrac{\beta}{v^2}, & -1 \leqslant \dfrac{\alpha}{v} \leqslant 1 \\[2mm] \dfrac{\beta}{\alpha^2}, & 其余 \end{cases}$$

（7-277）

横坐标用 $\dfrac{\alpha}{v}$ 或 $\dfrac{v}{\alpha}$，可用下式判别

$$横坐标 = \begin{cases} \dfrac{\alpha}{v}, & -1 \leqslant \dfrac{\alpha}{v} \leqslant 1 \\[2mm] \dfrac{v}{\alpha}, & 其余 \end{cases}$$

（7-278）

根据上时刻的 $\dfrac{\alpha}{v}$ 值查到 $\dfrac{\beta}{v^2}$ 或 $\dfrac{\beta}{\alpha^2}$，进而求得 β。

泵扬程查找方法同 β 的查找方法类似，但使用的是图 7-47，横坐标的判别同式（7-278），纵坐标是用 $\dfrac{h}{v^2}$ 或用 $\dfrac{h}{\alpha^2}$ 按下式判别

$$纵坐标 = \begin{cases} \dfrac{h}{v^2}, & -1 \leqslant \dfrac{\alpha}{v} \leqslant 1 \\[2mm] \dfrac{h}{\alpha^2}, & 其余 \end{cases}$$

（7-279）

当知道 $\dfrac{\alpha}{v}$ 的值，便可查 $\dfrac{h}{v^2}$，则可得扬程比 h，则

$$\Delta p_{\text{pump}} = \rho g H_{\text{ref}} h$$

（7-280）

通常，把泵水力转矩相似曲线和泵扬程相似曲线上的数据以数据表形式给出，或拟合成

多项式。

3. 主冷却剂流量随时间的变化

利用 $W = GA$，则可写出如下通用方程

$$\frac{1}{A}\frac{\partial W}{\partial t} + \frac{\partial}{\partial z}\left(\frac{W^2}{A^2\rho}\right) = -\frac{\partial p}{\partial z} - \frac{W^2 f_1}{2\rho D_{hy} A} - \rho g \frac{dx}{dz} \qquad (7\text{-}281)$$

式中，$\dfrac{dx}{dz}$实际是表示管道倾斜角 φ 的影响，$\dfrac{dx}{dz} = \sin\varphi$，为便于说明，在下面的讨论将暂时忽略提升压降项 $\rho g \dfrac{dx}{dz}$的影响。则有

$$\frac{1}{A}\frac{\partial W}{\partial t} + \frac{\partial}{\partial z}\left(\frac{W^2}{A^2\rho}\right) = -\frac{\partial p}{\partial z} - \frac{W^2 f_1}{2\rho D_{hy} A} \qquad (7\text{-}282)$$

设环路管段的长度为 L_D，并假设流体密度不变，流体截面积不变，则有

$$\frac{L_D}{A}\frac{\partial W}{\partial t} + \frac{W^2}{A^2\rho}\bigg|_{L_0} - \frac{W^2}{A^2\rho}\bigg|_0 = (p_0 - p_L) - \frac{W^2 f_1 L_D}{2\rho D_{hy} A} \qquad (7\text{-}283)$$

根据上述的假设条件，有

$$\frac{W^2}{A^2\rho}\bigg|_{L_0} - \frac{W^2}{A^2\rho}\bigg|_0 = 0 \qquad (7\text{-}284)$$

式（7-284）表明，空间加速压降等于 0，因此对于无泵、无局部阻力的管段可用

$$\frac{L_D}{A}\frac{dW}{dt} = p_0 - p_L - \frac{W^2 f_1 L_D}{2\rho D_{hy} A} \qquad (7\text{-}285)$$

若环路装有孔板、阀门或存在管道与流通面较大的容器连接，且因流通面积突变而存在局部阻力损失，则设各部分局部阻力系数为 K_i，并令 $K = \sum K_i$，则有

$$\frac{L_D}{A}\frac{dW}{dt} = P_0 - P_L - \frac{(2\sum K_i) + f_1 L_0}{2\rho D_{hy} A} \qquad (7\text{-}286)$$

若环路有局部阻力，又有泵，且有多泵串联，则有

$$\frac{L_D}{A}\frac{dW}{dt} = p_0 - p_L - \frac{(2\sum K_i + f_1 L_0)W^2}{2\rho D_{hy} A} + \sum_j \Delta p_{\text{pump}} \qquad (7\text{-}287)$$

若没有局部阻力则 $\sum K_i = 0$，若没有泵则 $\sum_j \Delta p_{\text{pump}} = 0$，则式（7-287）可取代式（7-283）和式（7-285）。

反应堆主冷却通常有几条环路，若预计在整个瞬态过程中各环路质量流量几乎相等，如主冷却剂泵同时断电等，可以把几条环路合并；但对部分主冷却剂流量丧失、不是同时切换主冷却剂泵等情况，则不能合并。例如，具有两条环路的反应堆主冷却剂系统，当一台主冷却剂泵故障而造成部分流量丧失时，若环路不设止回阀，则在故障后的某一时刻起，故障主冷却泵所在的环路会出现倒流，即主冷却剂会从堆入口处，经故障环路流入堆出口。

若 M 个环路合并为一条，则只需一个等效环路方程，等效环路的质量流量为主冷却剂的质量流量（即总流量），泵压头、摩擦系数、局部阻力系数均取单环路时的值，但 $\dfrac{L_D}{A}\dfrac{dW}{dt} = \dfrac{L_D}{MA}\dfrac{dW_t}{dt}$，$\dfrac{(\sum K_i + f_1 L_0)W^2}{2\rho D_{hy} A} = \dfrac{(\sum K_i + f_1 L_0)W_t^2}{2g\rho D_{hy} AM^2}$，电站每一条反应堆主冷却环路通常只设一台主冷却剂泵，于是式（7-287）可改写为

$$\frac{L_D}{MA}\frac{\mathrm{d}W_t}{\mathrm{d}t} = p_0 - p_L - \frac{\left(\sum K_i + f_1 L_0\right)W_t^2}{2M^2\rho D_{hy}A} + \Delta p_{pump} \tag{7-288}$$

式（7-288）为主冷却剂流量（即总流量）的表达式，其余参量均为单环路的参量（包括泵压头），因此在计算泵压头时，凡含 W 的，也应改为 W/N。

若沿整个主冷却流程进行积分，整个流程大致被分成 6 段：堆入口至堆芯入口、堆芯入口至堆芯出口、堆芯出口至堆出口、堆出口至蒸汽发生器（SG）传热管入口、SG 传热管入口至 SG 传热管出口、SG 传热管出口至堆入口。分多少段主要考虑因素是流通截面积是否相同、有无加热、质量流量（W）是否相同等。其表达式为

$$\begin{cases} D\dfrac{\mathrm{d}W_t}{\mathrm{d}t} + EW_t^2 = \Delta p_{pump} \qquad E = F/2g \\[2mm] D = \dfrac{L_1}{A_1} + \dfrac{L_2}{A_2} + \dfrac{L_3}{A_3} + \dfrac{1}{M}\left(\dfrac{L_4}{A_4} + \dfrac{L_5}{A_5} + \dfrac{L_6}{A_6}\right) \\[3mm] F = \dfrac{\left(\sum\limits_i K_i\right)_1 + f_1 L_1}{A_1 D_{hy1}} + \dfrac{\left(\sum\limits_i K_i\right)_2 + f_2 L_2}{A_2 D_{hy2}} + \dfrac{\left(\sum\limits_i K_i\right)_3 + f_3 L_3}{A_3 D_{hy3}} + \\[3mm] \dfrac{1}{M^2}\left[\dfrac{\left(\sum\limits_i K_i\right)_4 + f_4 L_4}{A_4 D_{hy4}} + \dfrac{\left(\sum\limits_i K_i\right)_5 + f_5 L_5}{A_5 D_{hy5}} + \dfrac{\left(\sum\limits_i K_i\right)_6 + f_6 L_6}{A_6 D_{hy6}}\right] \end{cases} \tag{7-289}$$

方程的初始条件是

$$\frac{\mathrm{d}W_t}{\mathrm{d}t} = 0, \ W_t = W_0 \tag{7-290}$$

可得 $E = \Delta p_{pump0}/W_{t0}^2$。

由于 Δp_{pump} 隐含 W_t，因而很难得到解析解，只有再进一步假设，才可能找到简化的解析解。下面假设两种"特殊"的情况：一种是主冷却剂同时断电，冷却剂泵轴转速同时为零，于是泵的推动压头同时消失，且不考虑由于停运而引起环路局部阻力的增加；二是假设泵在同时断电后流量和泵轴转速以一相同速度下降，且泵效率不变。

（1）泵轴转速在泵断电同时跌降至零　在这种情况可以认为泵压头在瞬态开始时也为零，于是方程（7-287）变成

$$D\frac{\mathrm{d}W_t}{\mathrm{d}t} + EW^2 = 0 \tag{7-291}$$

式（7-291）的解是

$$W_t = \frac{W_0}{1 + E/DW_{0t}} \tag{7-292}$$

$$T_{1/2} = \frac{D}{E\omega_0} = \frac{W_{t0}^2 D}{W_0 \Delta p_{pump0}} = \frac{2E_1}{gW_0 h_0} \tag{7-293}$$

式中，E_1 表示贮存在回路冷却剂的初始稳态动能；h_0 表示泵在稳态时的扬程。

$$E_1 = \frac{W_0^2 D}{2\rho} \tag{7-294}$$

（2）相对反应堆总流量与相对泵轴转速以相同速率下降　根据相对量定义，及两个相

对量下降速率相同，有

$$\frac{1}{W_{t0}}\frac{\mathrm{d}W_{t0}}{\mathrm{d}t} = \frac{1}{\omega_0}\frac{\mathrm{d}\omega}{\mathrm{d}t} \tag{7-295}$$

当主冷却泵同时断电时 $T_E = 0$，若忽略泵的摩擦转矩损失，则由方程（7-257）可得

$$J\frac{\mathrm{d}\omega}{\mathrm{d}t} = -T_h \tag{7-296}$$

将式（7-275）及 $Q\rho = W = W_t/M$ 代入式（7-296），可得

$$\Delta p_{\text{pump}} = \frac{-J\omega\dfrac{\mathrm{d}\omega}{\mathrm{d}t}\eta\rho}{W_t/M} \tag{7-297}$$

式（7-297）表明，当泵轴角速度下降（$\dfrac{\mathrm{d}\omega}{\mathrm{d}t}<0$）时，会把稳态贮存在转子中的能量逐步释放出来。式（7-297）改写为

$$\Delta p_{\text{pump}} = -\frac{-J\dfrac{\omega}{\omega_0}\dfrac{\mathrm{d}\dfrac{\omega}{\omega_0}}{\mathrm{d}t}\eta M\rho\omega_0^2}{\dfrac{W_t}{W_{t0}}W_{t0}} = -Jh_0\rho M\left(\frac{\omega_0}{W_{t0}}\right)^2\frac{\mathrm{d}W_t}{\mathrm{d}t} \tag{7-298}$$

将式（7-298）代入式（7-289），可得

$$\left[D + Jh_0\rho M\left(\frac{\omega_0}{W_{t0}}\right)^2\right]\frac{\mathrm{d}W_t}{\mathrm{d}t} + \frac{\Delta p_{\text{pump0}}}{W_{t0}^2}W_t^2 = 0 \tag{7-299}$$

将 $\Delta p_{\text{pump0}} = \rho g h_0$ 代入式（7-299），整理可得

$$\left(\frac{DW_{t0}^2}{\rho} + Jh_0M\omega_0^2\right)\frac{\mathrm{d}W_t}{\mathrm{d}t} + gh_0W_t^2 = 0 \tag{7-300}$$

式（7-300）的解是

$$\frac{W_t}{W_{t0}} = \frac{1}{1 + \dfrac{gW_{t0}h_0t}{\dfrac{DW_{t0}^2}{\rho} + Jh_0M\omega_0^2}} \tag{7-301}$$

令

$$E_2 = \frac{1}{2}MJ\omega_0^2 \tag{7-302}$$

将式（7-302）及式（7-294）代入式（7-301），于是

$$\begin{cases}\dfrac{W_t}{W_{t0}} = \dfrac{1}{1 + \dfrac{gW_{t0}h_0t}{2E_1 + 2E_2h_0}} \\[4mm] E_2 = \dfrac{1}{2}M\tau\omega_0^2\end{cases} \tag{7-303}$$

$E_2 = \dfrac{1}{2}MJ\omega_0^2$ 表明了 M 台泵的初始动能。由式（7-303）可得冷却剂流量下降到一半时

所对应的时间

$$T_{1/2} = \frac{2(E_1 + E_2 h_0)}{g W_{t0} h_0} \tag{7-304}$$

与式（7-293）比较，式（7-304）的分母是初始流体的贮能和泵轴转子初始贮能的叠加，泵转子的转动惯量越大，则"半时间" $T_{1/2}$ 就越大，意味着主冷却剂流量的下降速率越低。令

$$\alpha = \frac{E_2 h_0}{E_p} \tag{7-305}$$

当给定了初始冷却剂流量、主冷却剂初始扬程，对于一确定了的装置，可求得 D、E、E_1、E_2。假设不同的 α，由式（7-303）可计算出 $\dfrac{W_t}{W_{t0}}$ 随时间变化，结果如图 7-49 所示。图中所示的流量变化趋势表明 α 越大，流量下降速率越慢。

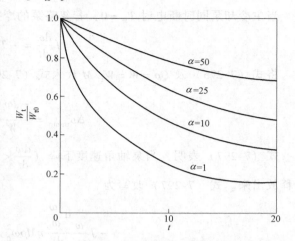

图 7-49　相对流量随时间变化示意图

式（7-292）和式（7-303）可用如下函数形式来表达

$$\frac{W_t}{W_0} = \frac{1}{1 + Kt} \tag{7-306}$$

这种形式表明，只当 $t \to \infty$ 时，$\dfrac{W_t}{W_0} \to 0$。实际上这是不可能的，因为存在与实际过程不一样的假设，例如效率、摩擦系数、形阻系数不变，且密度既不随时间变化，也不随空间变化。如果不考虑重力项的贡献，在某一时间（不同的 J 有不同的某一时间）流量就会很快衰减至零，尤其是设置有止回阀的冷却剂环路，更为明显。

重力的贡献体现于"提升压降"，即体现方程（7-281）中的 $g\rho \dfrac{\mathrm{d}x}{\mathrm{d}z}$，$\dfrac{\Delta x}{\Delta z}$ 与环路管道的走向有关，如果某管道的倾角为 φ，则 $\dfrac{\Delta z}{\Delta x} = \sin\varphi$。若考虑压力的贡献，则方程（7-281）就变成了

$$\frac{1}{A}\frac{\partial W}{\partial t} + \frac{\partial W^2}{\partial A^2 \rho} = -\frac{\partial p}{\partial z} - \frac{W^2 f}{2\rho D_e A} - \rho g \sin\varphi \tag{7-307}$$

同样的，也把 M 条环路合并，直接求出反应堆流量（W_t），注意，沿闭合环路积分连续函数 $\varphi(z, t)$，有 $\oint \dfrac{\partial \varphi(z,t)}{\partial z}\mathrm{d}z = 0$。

于是可得到

$$\sum_i^N \left(\frac{L}{A}\right)_i \frac{1}{M}\frac{\partial W_t}{\partial t} + \left(\sum \frac{(\sum K_i)_i + f_i L_i}{2M \overline{\rho_i} D_{ei} A_i}\right) W_t^2 = -\sum_i^N \overline{\rho_i} g \sin\varphi_i L_i \tag{7-308}$$

式中，$\overline{\rho_i}$ 为各段的平均温度，$\displaystyle\sum_i^N \overline{\rho_i} g \sin\varphi_i$ 也可表示为 $\displaystyle\sum_i^N \int_{L_i} \overline{\rho_i} g \sin\varphi_i \mathrm{d}L$，$\displaystyle\sum_i^N \int_{L_i} \overline{\rho_i} g \sin\varphi_i \mathrm{d}L$ 的求

解方法在本章第四节已有介绍。

因为考虑到密度的时空变化，就更难于找到解析解了，通常采用数值方法求解。在第五章第四节中已详细分析了稳态自然循环流量的计算，基本方法对于瞬态也是适用的。瞬态的变化过程与许多因素有关，包括与所研究对象的系统状态有关。例如，在冷却剂泵同时断电后，开始是依靠惰转流量来确保第一道屏障不受损坏，随着惰转流量下降，自然循环的能力逐步体现，通过自然循环带走衰变热。如果采用蒸汽发生器的耗汽方式来带走衰变热，太小的耗汽量会造成蒸汽发生器压力的升高，自然循环能力也会下降；太大的耗汽量会造成主冷却剂系统的温度下降过快，自然循环能力在一定的时间后也会下降，这就是"冷源效应"。

4. 热工水力分析

对于冷却剂流量丧失事故，可用子通道方法进行分析，但从保守的角度出发，可采用单通道模型。单通道分析方法有两种，一种是根据堆芯的径向分布划分几个区域，每个区域的热工水力特性用该区的一个典型通道来表示；另一种是堆芯只设两个典型通道，一个是表示堆芯平均参数的名义通道，另一个是热通道。

两个典型通道分析方法是先计算出名义通道的热工水力参数，再通过"压差迭代"方式来求得热管入口流体的质量流量，也就是说计算出的反应堆总流量后，同堆芯稳态分析一样，在扣除所有"漏量"后，给出堆芯入口的实际质量流量，这样就可计算出名义通道的热工水力参数，包括各种压降分量：时间加速压降 Δp_{ta}、空间加速压降 Δp_a、摩擦压降 Δp_f、局部形阻压降 Δp_L 和提升压降 Δp_g，然后依据腔室压力分布不均匀因子，及摩擦因子所选用关系，分别对 Δp_a、Δp_L、Δp_f 进行修正，把 Δp_{ta}、Δp_g 及修正后的 Δp_a、Δp_f、Δp_L 等各个压降分量相加，可得热通道的驱动压力。

燃料元件温度计算通常采用一维瞬态燃料元件导热方程，热工水力计算采用两相均匀流模型，中子动力学计算通常采用单群点堆中子动力学方程。

如果发生部分主冷却剂泵故障（如泵轴卡死、断电），主冷却流量部分丧失，式（7-287）就不适用了。在这种情况下，可按每条环路积分，积分的起始点为堆出口，终点为堆入口，堆入口、出口空腔为每条环路流出、汇入。若主冷却剂环路设有备用泵，且分析的是泵的切换（包括泵与泵，本泵不同级）过程的流量变化，那么式（7-287）也不适用。

（三）主冷却剂丧失事故

一回路压力边界的任何地方发生破裂，或安全阀及卸压阀（或蒸汽释放阀）卡在开启的位置等都会造成主冷却剂流失，这种事故统称为主冷却剂丧失事故（LOCA），对水冷反应堆，也称失水事故。

1. 概述

冷却剂丧失事故后，系统卸压，冷却剂的流失和系统卸压的速率，及随后所采取的应急措施所起的作用都受破口尺寸和位置影响，破口尺寸影响最为强烈。因此，通常按破口尺寸把冷却剂丧失事故分为大破口失水事故、中破口失水事故、小破口失水事故。在 20 世纪 70 年代以前，人们注重于大破口失水事故，尤其是针对主冷却剂管道的"双端断裂"开展了许多基础试验研究，如喷放失水试验、再淹没试验、堆芯危急冷却水旁通试验、临界流动试验等。三哩岛事故后，人们开始更关注小破口失水事故。

（1）破口尺寸　不同压水堆电厂的一回路压力边界所包含的主冷却剂主管道及其他管道、设备的结构尺寸和空间布置都存在着差异，所以很难规定出一个区分大、中、小破口的严格界限。一种方法是把相当于主冷却剂系统主管道横截面积 1/10 的破口面积作为中破口与大破口的分界，把相当于主管道横截面积 1/50 的破口面积作为小破口与中破口的分界；另一种划分是把破口的面积小于或等于 0.047m^2 的破口定义为小破口。单纯按尺寸划分冷却剂丧失事故是带有经验性的，这其中也包括许多学者和反应堆热工设计者对失水事故的瞬态过程分析。表 7-6 给出了失水事故瞬态过程的小破口与大破口失水事故特征比较，特征之一是小破口需要利用蒸汽发生器来带走一回路多余的热量，以便使一回路降压，从而可达到减少泄漏量、加大安全注射流量的目的。

表 7-6　小破口与大破口失水事故特征比较

比较项目	小破口失水事故	大破口失水事故
选择的破口尺寸	19cm^2	$2 \times 3700\text{cm}^2$
有效热源	衰变热、贮热仅在早期阶段起作用	贮热和衰变热
有效热阱	破口流量，蒸汽发生器向二次侧传热，以及堆芯应急冷却水	破口流量和堆芯应急冷却水
蒸汽发生器耗汽	$P_{一次侧} > P_{二次侧}$，辅助给水作用明显	$P_{一次侧} > P_{二次侧}$，辅助给水作用几乎为 0
一次侧压力	因泄漏缓慢而保持在较高压力	快速卸压
一次侧流动特性	1. 分层流动； 2. 在高处，不凝结气体分离； 3. 急剧汽化和泄放可能使堆裸露； 4. 稳压器影响明显	1. 泡状或滴状流； 2. 喷放时为均匀流； 3. 堆芯排空和再淹没； 4. 稳压器影响小
堆芯应急冷却系统	1. 上充泵和高压安全注射投入； 2. 有效性取决于安全注水开始的压力； 3. 冷段破口可能使堆芯部分裸露	1. 高压安全注射，安全注射箱，低压安注投入； 2. 有效性取决于注水位置和初始压力； 3. 冷段破口可能伴有蒸汽阻流和堆芯应急冷却水旁流

（2）破口位置　破口位置会影响泄漏出去的冷却剂总量，也会影响注入的应急堆芯冷却剂能够到达堆芯的数量。例如，位于反应堆冷段主管道中最低处的破口比位于管系最高处的破口会丧失更多的冷却剂，且前者还会使一部分应急堆芯冷却剂流失。

三哩岛事故引起人们更关注在稳压器顶部引出的各种接管出现的破口，例如卸压阀的阀芯在打开的位置卡死，这也是一个小破口事故。这种事故会造成虚浮水位（俗称假水位），研究人员对此有两种看法：一种是认为主冷却剂系统内的冷却剂由于降压闪蒸所产生的蒸汽，在经波动管流入稳压器过程中，在波动管中汽水混合物会阻碍冷却剂从稳压器返回主管道，结果在稳压器中形成了虚浮水位；另一种认为卸压阀位于稳压器顶部，当卸压阀开启，大量的蒸汽向外排放，稳压器压力会低于主冷却系统的压力，当主冷却剂系统压力降到其温度所对应压力时，主冷却剂沸腾，形成汽水混合物，经波动管涌入稳压器，并在稳压器"二次"汽化，稳压器液相含有大量气泡，泡沫水位上升而形成了虚浮水位（也称假水位）。

2. 安全措施

安全注射系统（危急堆芯冷却系统）的主要功能是当一回路压力边界发生破裂时，能够迅速地将冷却剂注入堆芯，及时带走衰变热，确保事故的后果满足安全规定的要求。对于失水事故，与热工水力瞬态安全分析有关的安全规定是：燃料元件包壳表面不超过 1206℃；

包壳的氧化层厚度不超过包壳总厚度的 17%，且与水和蒸汽发生反应的锆的质量不超过堆芯全部包壳质量的 1%；在事故过程和随后的恢复期里，堆芯必须保持可冷却的几何形状。

图 7-50 所示为安全注射系统流程，它由高压安全注射子系统、安注箱子系统、低压安全注射子系统等组成。所有子系统均为两路或三路独立通道，每路具有 100% 的设计能力。当一回路发生中小破口时，高压安全注射系统首先触发，向主冷却剂系统注水，若破口较大，则压头较低但流量比高压安全注射系统大得多的低压安全注射系统随即或立即投入。注射泵从换料水箱取含硼的冷水注入主冷却剂系统的主管道冷段。

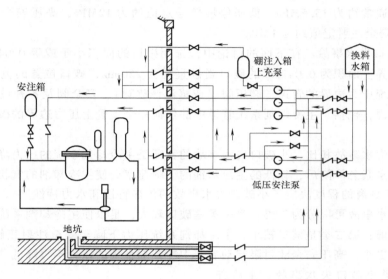

图 7-50 安全注射系统流程

高压安全注射系统的三台泵与化容系统的上充泵部分兼容。一台柱塞泵正常时为上充泵，可以产生压头很高的注射水，另外两台离心泵平时开动一台与柱塞泵并联运行，另一台备用，在保护系统信号触发下自动投入。

通常每条主冷却系统环路都设有一套安注箱注射系统。当主冷却剂系统压力降到 4MPa 以下时，安注箱子系统会立即自动向主管道冷段注水。安注箱内装含硼水，并充以氮气，依靠安注箱与主系统间的压差驱动止回阀自动开启，将水注入堆芯。在发生大破口失水事故时，低压安全注射子系统首先从换料水箱取水，水箱排空后，自动切换到安全壳地坑取水。地坑的水温较高，须经过低压安全注射子系统换热器冷却后，再注入主管道的冷段。当换料水箱排空又需要高压安注时，高压安全注射系统经低压安全注射系统从安全壳地坑取水。在这种情况下，低压安注泵相当于高压安注泵的增压泵。

当一回路压力边界发生破裂时，主冷却系统压力下降，稳压器的压力和水位也下降，因此，通常取稳压器的压力和水位作为发生失水事故时的紧急停堆保护信号，即稳压器压力低停堆和稳压器水位低停堆，满足了保护参数应具有多样性安全设计准则。压力和水位信号都具有三个通道，各通道由独立线路供给可靠仪表电源，以满足各保护通道都应具有独立线路的冗余原则设置。

安全壳喷淋系统是发生了失水事故时对安全壳的保护措施之一。事故发生时，安全喷淋系统喷出的冷却水，在安全壳内的一部分蒸汽凝结，从而降低安全壳内部压力。安全喷淋系统有两种运行方式：一种是直接喷淋，喷淋泵把来自换料水箱中的含硼水，经布置在安全壳内部的喷淋管嘴喷入安全壳；另一种是再循环喷淋，它积聚在安全壳地坑的水，经过喷淋管嘴喷入安全壳，用于提供安全壳连续冷却。

3. 失水事故瞬态过程的基本特征

当发生失水事故时，稳压器压力降低，压力下降至低压停堆信号定值时，便触发停堆信号，反应堆紧急停堆。紧急停堆后，如果主冷却剂系统压力继续降低到安全注射信号定值时，会发出安全注射信号，高压安注泵起动，主冷却剂泵全部停止运行。核电厂的主冷却剂系统运行压力通常约为 15.5MPa，低压停堆信号定值约为 12MPa，高压安全注射定值约为 11MPa，低压安全注射定值约为 1MPa。

（1）小破口失水事故　在下面的讨论中，选用破口的面积小于或等 0.047m^2 为小破口与中破口的分界。面积为 0.047m^2 的破口当量直径为 250mm，破口位置的范围包括所有连接主冷却剂系统压力边界的管道、卸压阀（或蒸汽释放阀）、安全阀及各种设备、仪器的连接等。概括地说，包括了主冷却剂系统管道中的任何一个支管上压力边界的破口，都属于小破口的范围。

与大破口失水事故相比，小破口失水事故的特征是主冷却剂系统的压力降低速率相对较慢，主冷却剂泵紧急停闭后，较低的主冷却剂的下降速率会使主冷却剂的气相和液相产生分离。气-液两相分离的程度决定了小破口失水事故的传热特性和水力特性。

小破口失水事故可以分为三类：第一类是破口较大，足以使主冷却剂系统压力降至安全注射箱触发定值；第二类是破口较小，主冷却剂系统压力下降至安全注射箱触发定值以上；第三类是破口更小，高压安全注射泵起动后，主冷却剂系统的压力不再降低。

1）第三类小破口失水事故。主冷却剂泄漏量较小，当高压安全注射泵起动后，高压安全注射流量足以补偿主冷却剂从破口排出的流量，主冷却剂系统的压力略微下降，当压力降到某一时刻，由于破口流量降低及衰变热减少，压力就不再降低。如果破口更小些，高压安全注射流量可能超过从破口排出的流量，于是压力会以较快的速度升高，如图 7-51 所示。这时，可通过减少高压安全注射的流量，使主系统压力维持在一定压力上。

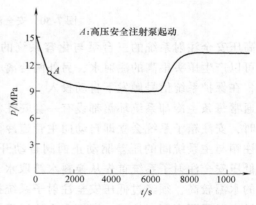

图 7-51　第三类小破口失水事故主冷却剂系统压力变化示意图

对该类小破口失水事故，主冷却总量减少不足以出现堆芯裸露的情况，衰变热可以通过蒸汽发生器以传热方式带走。

2）第二类小破口失水事故。主冷却剂系统的压力持续下降，当降至主冷却剂温度所对应的饱和压力时，主冷却剂开始闪蒸。闪蒸通常首先发生在反应堆压力容器的上封头（上空腔）。由于主冷却剂内产生汽化，压力降低的速率变得缓慢（图 7-52）。

当主冷却剂泵停止运行之后，自然循环开始为单相流，随着系统的降压和主冷却剂出现闪蒸，自然循环便变为两相流，闪蒸产生的气泡也随流动进入蒸汽发生器，传热后就会被凝结。气泡的存在可增大回路上行段和下降段冷却剂的密度差，因而可使循环流量增大。但当一回路压力降到接近于蒸发器二次侧的压力时，蒸汽发生器传热能力下降，蒸汽发生器倒 U 形管的气泡得不到凝结而滞留在顶部形成气腔，自然循环就会中断。这种分层效应是小破口事故最受关注的现象。

随着压力缓慢下降，破口处的流量减少，安全注射的流量最终能够补偿破口的流量损失，在这之前的过程中，堆芯可能裸露，裸露的时间也较长，可能造成不利的后果。

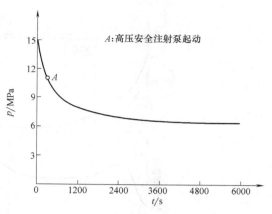

图 7-52　第二类小破口失水事故主冷却剂系统压力变化示意图

3）第一类破口失水事故。尽管高压安全注射泵向主冷却剂系统注水，但压力还会持续下降，很快就降到主冷却剂温度所对应的饱和压力，随后主冷却剂系统内出现闪蒸，压力下降速率有所减少（图 7-53）。

由于破口较大，排放流量也较大，加上衰变热减少等因素的影响。主冷却剂系统压力很快下降，安全注射箱子系统投入（图 7-53 中 B 点），大量的冷却剂注入主冷却剂系统，压力下降也缓慢多了。

第一类小破口失水事故有可能出现堆芯裸露，但主冷却剂系统降压快，安全注射箱也投入较早，因而在燃料元件包壳温度明显上升之前，堆芯会被冷却剂重新淹没，此外，由于降压速率快，堆芯内冷却剂因闪蒸而膨胀，有助于推迟堆芯的裸露或减少裸露程度。

（2）大破口失水事故　大破口失水事故是一种极限事故，最严重的情况是主冷却剂

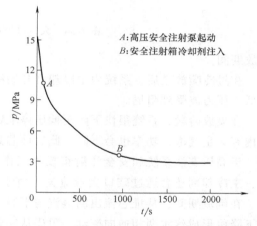

图 7-53　第一类小破口失水事故主冷却剂系统压力变化示意图

系统的主管道发生脆性断裂，管道瞬间完全断开并错位，主冷却剂从断开的两个断口向外喷放，这种断裂叫"双端断裂"。

当管道断裂的瞬间，会产生压力波，压力波是以声速通过系统传播。这个压力产生的冲击可能会对堆内构件造成损坏。如果像这样一种极不可能发生的事故发生了，那么预期事故发展的过程序列将是：过冷喷放、饱和喷放、干涸期、再淹期。分析表明，冷段破口的破坏性比热段破口高，因而下面仅考虑冷段破口。图 7-54 所示为大破口失水事故时冷却剂的特性。

1）喷放阶段。喷放阶段包括过冷喷放和饱和喷放。由于主冷却剂系统压力降低极快，大约 0.1s 内即可降至冷却剂的饱和压力，过冷喷放结束。压力波就是出现在这极短的过冷

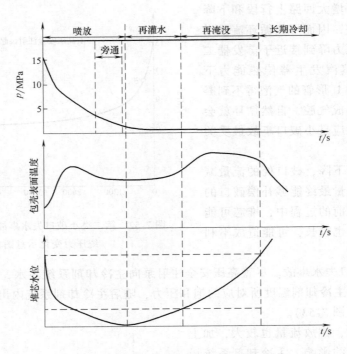

图 7-54　大破口失水事故时冷却剂的特性

喷放期间。

　　在过冷喷放之后，系统内主冷却剂开始沸腾，主冷却剂就出现气泡，此时，声速急剧地降低，压力波受到阻尼。

　　在喷放阶段，系统很快下降至低压停堆定值，反应堆紧急停堆，在紧急停堆前，由于堆芯内有大量气泡，功率也会下降，此后堆芯处于衰变功率水平。

　　当高压安注系统和安全注射箱投入工作时，主冷却剂系统的压力仍高于安全壳内的压力，主冷却剂还会通过破口大量流失。由于是在喷放阶段初期，堆芯还会出现主冷却剂倒流。在倒流期间，从堆芯流出的蒸汽与下腔室冷却剂中的蒸汽一起，通过环形腔向上流动，在下降段形成汽水两相逆向流动，阻碍从完整环路注入的应急堆芯冷却剂穿过下降段。在这种情况下，流入下降段的应急堆芯冷却剂大部分被蒸汽夹带至破口，而没有进入下空腔。这通常被称为危急堆芯冷却剂旁通，在主冷却剂系统降低之后，通过破口的流量减小，注入的应急冷却剂水才能到达下空腔。而在热段管道破裂时，则不存在这一现象。

　　当主冷却剂系统压力降低到安全壳压力（约 0.4MPa）时，喷放阶段结束。在喷放阶段，燃料元件由堆芯的冷却剂冷却，主要是强迫对流和泡核沸腾传热，燃料包壳表面温度变化不大。随着冷却剂焓上升，加上较高的衰变热和贮存在芯块的显热，包壳表面热流密度下降缓慢，出现了沸腾危机（即偏离泡核沸腾），从而导致堆芯冷却的明显变化，包壳表面温度上升。之后，由于芯块的储热减少及衰变热下降，加上通过破口流出的流量较大，安全注射箱系统投入，包壳表面温度略有降低。

　　在喷放阶段初期，堆芯水位很快下降，随后由于主冷却剂沸腾闪蒸，水位下降速率变得很小，水位无太大变化，但水位缓慢变化并没有持续较长的时间，由于倒流，堆芯的冷却剂焓不断上升，主冷却剂的含汽量增加，水位又开始明显下降，整个堆芯的燃料元件全部裸露。

2）再灌水阶段。短时间后，主冷却剂压力下降到安全壳的压力，破口流量变得很小，进入再灌水阶段，又称干涸期。在喷放阶段，由于主冷却剂大量喷放、反应堆压力容器内的水位已降到堆芯底部以下，这时堆芯的冷却剂流量极低，燃料元件除了靠热辐射和不大的自然对流外，再也没有什么冷却方式。由于传热不良，包壳表面温度将继续上升，在上升过程中，可能出现锆合金与水的明显反应。锆-水反应是一种放热反应，因此，再灌水阶段的长短，对大破口事故的后果影响极大，而这段时间取决于喷放阶段结束时下空腔的水位与堆芯底部的高度。

3）再淹没阶段。再灌水阶段结束时，下空腔水位达到其底部，随着安全注射系统连续注入主冷却剂管道冷段，水位逐渐达到堆芯顶部，这一过程为再淹没阶段。

再淹没是从堆芯底部开始，冷却剂刚进入堆芯时，会遇到温度很高的包壳表面，冷却剂闪蒸，随着冷却剂继续流入堆芯，燃料元件下部的骤冷部分增加，产生的蒸汽也增加，蒸汽开始夹带液滴，向上流动。所携带的液滴通过对蒸汽的减温和对包壳表面的"撞击"，对流经的燃料元件起到冷却作用。

随着再淹没过程注入堆芯冷却剂量的增加，冷却剂的传热流型是快速再淹没流型（图7-55所示的A型）或慢速再淹没流型（图7-55所示的B型）。图7-55中所示的 U 表示再湿速度、W 表示连续液体水位速度。

这些流型图可以把一些单独的传热机理联系起来。从堆芯开始，有一段是过冷单相对流，对于A型，在再湿前沿以下一段距离内是泡核沸腾，在再湿前沿以上是气泡混合的连续液相，蒸汽层将其与包壳表面隔开，即存在反环状流，在反环状流某个位置，蒸汽高速冲散了连续液相，而在反环状流上方形成了弥散流，随冷却剂在流动过程不断被加热，弥散流中的液滴逐渐汽化而消失，就出现了单相蒸汽对流。在图7-55所示出的各种流型，并不是一定在同一时间出现，相关的判别方式见本章第四节。

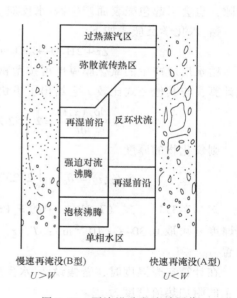

图 7-55　再淹没阶段流动图像

再湿前沿的移动速率取决于包壳表面温度和局部的流体状态。关于包壳表面再湿的机理有三种。应用最广泛的是导热控制的再湿机理，基本假设是当包壳表面温度低于莱登弗罗斯特（Leidenfrost）温度（T_L）时为泡核沸腾，否则为过渡沸腾或膜态沸腾。在再湿前沿顶点有一很小距离的骤冷前沿，当骤冷前沿的内储存的热量轴向传给骤冷前沿以下的强传热区时，再湿前沿就以一定的速率上升。

已提出的求解再湿过程的数学模型中，几乎都假设在不同传热区都有恒定的传热系数；对一些极简单的条件，即假设骤冷前沿以上传热区的传热系数为零，则可以得到再湿前沿速率的解析解

$$\frac{1}{V} = \rho c_p \left(\frac{\delta}{h\kappa}\right)^{1/2} \frac{(T_{cs} - T_s)^{1/2} (T_{cs} - T_L)^{1/2}}{T_L - T_s} \tag{7-309}$$

式中，V 表示再湿前沿速度；δ 表示包壳厚度；c_p 表示包壳比热容；ρ 表示包壳密度；T_{cs} 表示包壳表面温度；h 表示湿区的传热系数。

随着再湿前沿不断向上移动，直至堆芯顶部，再淹没阶段结束。从上面所叙述的再淹没过程的机理可以看到，在再淹没过程中，燃料元件温度还会上升，燃料包壳表面温度的峰值取决于再湿前沿速度（它关系到整个再淹没阶段的时间）、危急堆芯冷却剂流量、燃料元件最热部分的位置和锆-水反应的程度。因为燃料元件历史干涸期，再加上再淹没过程中燃料元件温度还会上升，因此，包壳表面温度的第二个峰值通常出现在再淹没阶段，而这个峰值也通常高于第一峰值，最高包壳表面可达 1100℃ 左右。当堆芯水位到达堆芯顶点后，再淹没阶段结束，低压安全注射系统继续运行。

4. 金属-水反应

对用锆作包壳材料的燃料元件棒来说，在反应堆正常运行温度下，锆包壳与水的反应十分微弱，且在包壳表面形成一层稳定的保护性氧化膜。当包壳表面达到 900℃ 时，锆-水反应就变得显著起来了。若包壳破裂，则认为水或蒸汽可以通过破裂处进入芯块与包壳之间的间隙，也会引起包壳表面产生锆-水反应。

锆-水化学反应式如下

$$Zr + 2H_2O \rightarrow ZrO_2 + 2H_2 \uparrow + 5.94 \times 10^8 \, \text{J/kg} \cdot \text{mol} \tag{7-310}$$

锆水反应产生的氧化膜厚度可按抛物线定律计算，在失水事故时，可采用 Baker-Just 公式计算，与其他公式比较，它给出了更快的氧化膜生成速率

$$\frac{d\delta_n(z,t)}{dt} = 2.252 \times 10^6 \exp\left(-\frac{18062}{T_s(z,t) + 273}\right)^{1/2} \tag{7-311}$$

则氧化物的厚度

$$\delta_n(z,t) = \delta_0 + \int_0^t 2.252 \times 10^6 \exp\left(-\frac{18062}{T_s(z,t) + 273}\right)^{1/2} dt \tag{7-312}$$

式（7-311）、式（7-312）中的 $\delta_n(z, t)$ 表示氧化膜厚度，单位为 m；δ_0 表示初始氧化膜厚度（可取 0.3048×10^{-5} m）；$T_s(z, t)$ 表示燃料表面元件温度，单位为℃；z 表示 z 轴位置。

在计算包壳温度时，若假设锆-水反应产生的热量直接从表面传出去，则由锆-水反应热产生的附加热流密度为

$$q''(z,t) = \frac{d\delta_n(z,t)}{dt} \frac{\Delta H_Q r_{Zr}}{M_{Zr}} \tag{7-313}$$

式中，ΔH_Q 表示单位摩尔质量锆与水反应的放热，$\Delta H_Q = 5.94 \times 10^8$ J/kg·mol；M_{Zr} 表示锆的摩尔质量；r_{Zr} 表示锆元件表面材料锆合金的密度，单位为 kg/m³。

若认为由锆-水反应产生的热量是在包壳内产生，然后通过锆包壳表面传出，则在计算包壳导热方程时，则可由式（7-313）转为容积释热。

根据式（7-310），可得氢气生成量

$$M_g(z,t) = (\delta_n(z,t) - \delta_0) r_{Zr} \frac{N_{H_2O}}{N_{Zr}} \frac{M_{H_2O}}{M_{Zr}} A_{Zn} \tag{7-314}$$

式中，$M_g(z, t)$表示在网格点i处氢气生成量；$\dfrac{N_{H_2O}}{N_{Zr}}$表示需要的水的物质的量与反应的金属物质的量之比；M_{H_2O}表示水的摩尔质量；A_{Zn}表示轴向节点i的传热表面积，单位为m^2。沿燃料元件高度，把所有的节段$M_g(z, t)$相加，可得氢气总生成量$M_{gt}(t)$。

5. 安全壳压力计算

当高温高压的水由破口流入安全壳时，安全壳内的压力温度也随之上升。已有许多专门计算安全壳内压力的方法。

假设通过破口流出的冷却剂立即完全汽化，一部分变成饱和蒸汽，一部分变成水而落到地面流至地坑。安全壳的初始能量包括空气、饱和水和饱和蒸汽的能量。假设在安全壳壁面上空气和水蒸气的混合物的凝结，传出一部分能量，但忽略设备热容量，则能量守恒方程为

$$M_{gs}c_{gs}T(t) + M_g(t)H_g(t) + [V_0 - M_g(t)/\rho_g(t)]\rho_f(t)H_f(t) + H_i(t)W_d(t)\Delta t$$
$$= M_{gs}c_{gs}T(t + \Delta t) + M_g(t + \Delta t)H_g(t + \Delta t) +$$
$$[V_0 - M_g(t + \Delta t)/\rho_g(t + \Delta t)]\rho_f(t + \Delta t)H_f(t + \Delta t) + h_s A_0[T(t + \Delta t) - T_0]\Delta t$$

$$(7\text{-}315)$$

蒸汽质量守恒方程

$$M_g(t + \Delta t) = M(t) + \Delta M_1 - \Delta M_2 \tag{7-316}$$

ΔM_1是在Δt时间内，由破口流出的主冷却剂的汽化量，则由

$$H_i W_d(t)\Delta t = \Delta M(t) \cdot H_g(t) + [W_d(t)\Delta t - \Delta M(t)]H_f(t) \tag{7-317}$$

求得

$$\Delta M(t) = \frac{[H_i - H_f(t)]W_d(t)\Delta t}{H_{fg}(t)} \tag{7-318}$$

ΔM_2是在Δt时间由于壁面冷凝传热而凝结的蒸汽量

$$\Delta M_2 = \frac{h_s A_0(T(t) - T_0)\Delta t}{H_{fg}(t)} \tag{7-319}$$

合并式（7-316）、式（7-318）、式（7-319）可得

$$M_g(t + \Delta t) = \frac{[H_i - H_f(t)]W_d(t) - h_s A_0[T(t) - T_0]\Delta t}{H_{fg}(t)} \tag{7-320}$$

式（7-315）、式（7-320）的M_{gs}、c_{gs}分别表示安全壳内的空气质量（kg）和比定容热容$[J/(kg \cdot ℃)]$；V_0、A_0、T_0分别表示安全壳净容积（m^3）、内表面积（m^2）、初始温度（℃）；M_g、H_g、ρ_g、ρ_f、H_{fg}分别表安全壳内的蒸汽总量（kg），在安全壳内蒸汽分压下的饱和蒸汽焓（J/kg），饱和蒸汽密度（kg/m^3），饱和水密度（kg/m^3），汽化热（J/kg）；$W_d(t)$、$H_i(t)$表示分别时间节点t时的破口质量流率（kg/s）和流出破口的主冷却剂焓（J/kg）；h_s表示凝结传热系数。

联立式（7-315）和式（7-320）可求得$(t + \Delta t)$时的安全壳温度，假设蒸汽和空气混合气体为理想气体，饱和水的密度远大饱和蒸汽密度，并大多流入地坑，因而假设汽水完全分离，水不占据安全壳空间，则

$$p(t + \Delta t) = \left(\frac{M_{gs}}{V_0}R_{gs} + \frac{M_g}{V_0}R_g\right)(T + 273) \tag{7-321}$$

也可用查表求得 $T(t+\Delta t)$ 所对应的蒸汽分压 p_s，则式（7-321）改写为

$$p(t+\Delta t) = \frac{M_{gs}}{V_0}R_s(T+273) + p_s(t+\Delta t) \qquad (7-322)$$

式中，p 表示安全壳内压力（Pa）；R_{gs}、R_g 分别表示空气的气体常数和蒸汽气体常数 [J/（mol·K）]。

式（7-315）为压力壳内空气和蒸汽混合物能量守恒方程的差分方程。下面的方法可求失水事故后安全壳最高压力和所需的安全壳最小净容积。其基本假设是：一回路内储存的全部主冷却剂瞬间排放到安全壳内，瞬间汽化后与安全壳的空气混合，并处热平衡，混合过程是绝热的，且没有做功。所以混合物前后热力学能相等，即

$$MU_1 + mU_{g1} = MU_2 + mU_{g2} \qquad (7-323)$$

式中，M、U_1、U_2 分别表示一回路冷却剂的总质量、冷却剂排前的内能和空气混合后内能；m、U_{g1}、U_{g2} 分别表示安全壳内的空气质量、空气的初始内能和混合后内能。

设混合气体的温度为 T_1，则

$$U_{g2} - U_{g1} = c_V(T_1 - T_0) \qquad (7-324)$$

由式（7-323）和式（7-324）可得

$$U_1 - U_2 = \frac{m}{M}c_V(T_1 - T_0) \qquad (7-325)$$

设主冷却剂在压力壳内的终态参数为 M_g、U_{ig}、U_{if}、ρ_{ig}，则有

$$M_g U_{ig} + (M - M_g)U_{if} = MU_2 \qquad (7-326)$$

$$M_g = V_0 \rho_{ig} \qquad (7-327)$$

把式（7-326）代入式（7-327）可得

$$U_2 = U_{if} + \frac{V_0 \rho_{ig}}{M} \qquad (7-328)$$

设一回路总容积为 V_p（m^3），平均密度为 ρ_p（kg/m^3），压力壳的初始压力为 p_0（Pa），则

$$\begin{cases} M = V_p \rho_p \\ m = \dfrac{\rho_0 V_0}{R(t_0 + 273)} \end{cases} \qquad (7-329)$$

把式（7-328）、式（7-329）代入式（7-325），整理得

$$\frac{V_0}{V_p} = \frac{(U_i - U_{if})\rho_p}{\dfrac{p_0 c_V(T_1 - T_0)}{R(T_1 + 273)} + \rho_{ig}H_{fg}} \qquad (7-330)$$

式中，U_{if} 表示混合物在压力壳内蒸汽分压下的饱和液体内能，单位为 J/kg；ρ_{ig} 表示饱和蒸汽密度，单位为 kg/m^3；c_V 表示空气的比定容热容，单位为 J/（kg·℃）。

则压力壳的压力为

$$p = p_s + p_0 \frac{T_1 + 273}{T_0 + 273} \qquad (7-331)$$

式（7-330）、式（7-331）计算步骤如图 7-56 所示。

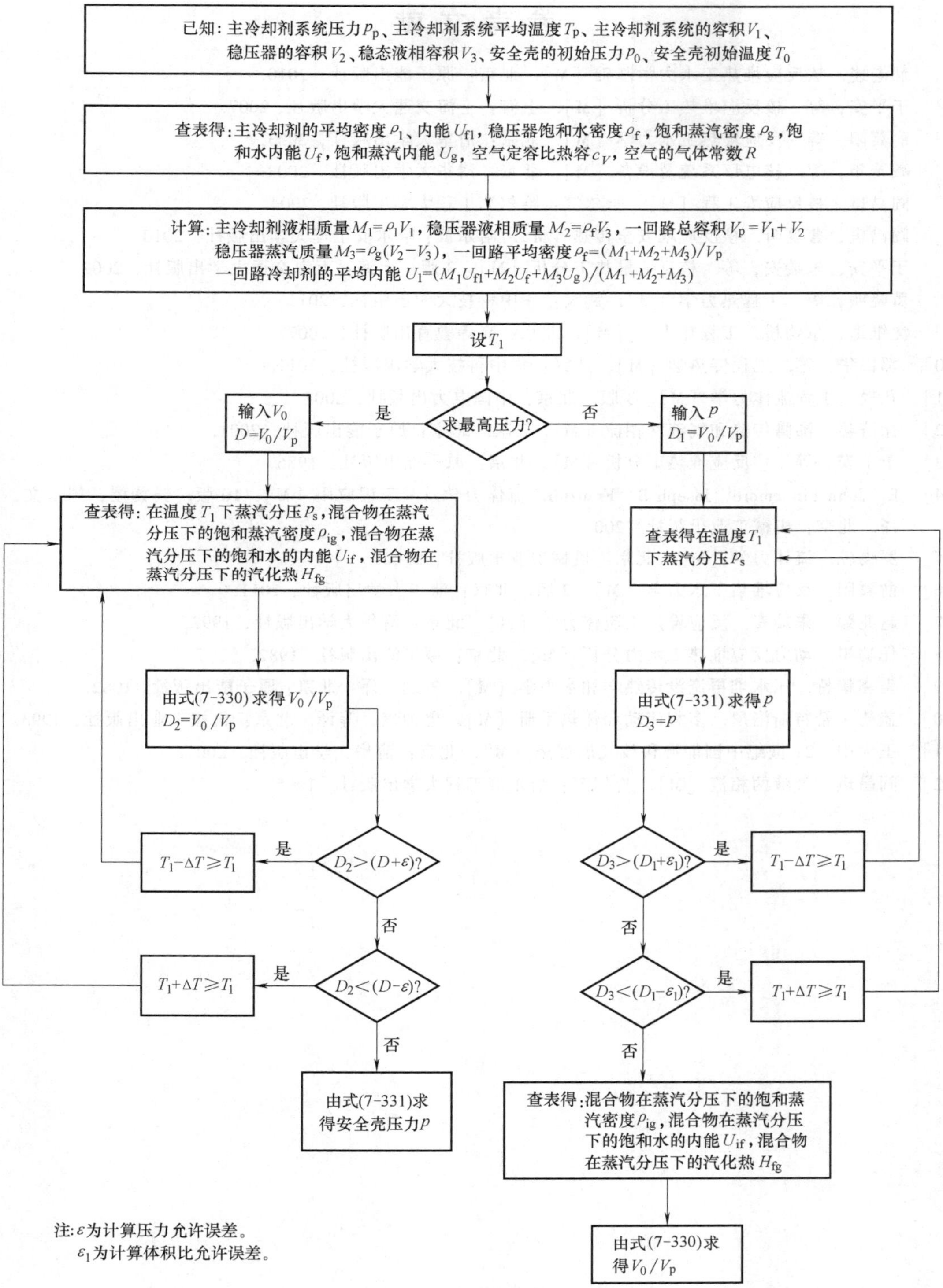

已知:主冷却剂系统压力 P_p、主冷却剂系统平均温度 T_p、主冷却剂系统的容积 V_1、稳压器的容积 V_2、稳态液相容积 V_3、安全壳的初始压力 P_0、安全壳初始温度 T_0

查表得:主冷却剂的平均密度 ρ_1、内能 U_{f1},稳压器饱和水密度 ρ_f,饱和蒸汽密度 ρ_g,饱和水内能 U_f,饱和蒸汽内能 U_g,空气定容比热容 c_V,空气的气体常数 R

计算:主冷却剂液相质量 $M_1=\rho_1 V_1$,稳压器液相质量 $M_2=\rho_f V_3$,一回路总容积 $V_p=V_1+V_2$
稳压器蒸汽质量 $M_3=\rho_g(V_2-V_3)$,一回路平均密度 $\rho_f=(M_1+M_2+M_3)/V_p$
一回路冷却剂的平均内能 $U_1=(M_1 U_{f1}+M_2 U_f+M_3 U_g)/(M_1+M_2+M_3)$

设 T_1

求最高压力?

是　输入 V_0　$D=V_0/V_p$

否　输入 P　$D_1=V_0/V_p$

查表得:在温度 T_1 下蒸汽分压 P_s,混合物在蒸汽分压下的饱和蒸汽密度 ρ_{ig},混合物在蒸汽分压下的饱和水的内能 U_{if},混合物在蒸汽分压下的汽化热 H_{fg}

查表得在温度 T_1 下蒸汽分压 P_s

由式(7-330)求得 V_0/V_p　$D_2=V_0/V_p$

由式(7-331)求得 P　$D_3=P$

$T_1-\Delta T \geqslant T_1$　是　$D_2>(D+\varepsilon)$?

$D_3>(D_1+\varepsilon_1)$?　是　$T_1-\Delta T \geqslant T_1$

否

$T_1+\Delta T \geqslant T_1$　是　$D_2<(D-\varepsilon)$?

$D_3<(D_1-\varepsilon_1)$?　是　$T_1+\Delta T \geqslant T_1$

否

由式(7-331)求得安全壳压力 P

查表得:混合物在蒸汽分压下的饱和蒸汽密度 ρ_{ig},混合物在蒸汽分压下的饱和水的内能 U_{if},混合物在蒸汽分压下的汽化热 H_{fg}

由式(7-330)求得 V_0/V_p

注:ε 为计算压力允许误差。
　　ε_1 为计算体积比允许误差。

图 7-56　计算框图

参 考 文 献

［1］ 郝老迷. 核反应堆热工水力学基础 ［M］. 北京：原子能出版社，2010.

［2］ 于平安，等. 核反应堆热工分析 ［M］. 上海：上海交通大学出版社，2007.

［3］ 俞冀阳，等. 反应堆热工水力学 ［M］. 北京：清华大学出版社，2003.

［4］ 臧希年，等. 核电厂系统及设备 ［M］. 北京：清华大学出版社，2003.

［5］ 阎昌琪. 核反应堆工程 ［M］. 哈尔滨：哈尔滨工程大学出版社，2004.

［6］ 阎昌琪，曹夏昕. 核反应堆安全传热 ［M］. 哈尔滨：哈尔滨工程大学出版社，2010.

［7］ 于平安，朱瑞安，等. 核反应堆热工分析 ［M］. 3 版. 上海：上海交通大学出版社，2002.

［8］ 黄晓明，等. 工程热力学 ［M］. 武汉：华中科技大学出版社，2011.

［9］ 沈维道，童钧耕. 工程热力学 ［M］. 北京：高等教育出版社，2007.

［10］ 邬田华，等. 工程传热学 ［M］. 武汉：华中科技大学出版社，2011.

［11］ 孔珑. 工程流体力学 ［M］. 3 版. 北京：中国电力出版社，2007.

［12］ 徐济鋆. 沸腾传热和气液两相流 ［M］. 2 版. 北京：原子能出版社，2001.

［13］ 于平安，等. 核反应堆热工分析 ［M］. 北京：原子能出版社，1986.

［14］ E. John Finnemore，Joseph B. Franzini. 流体力学及其工程应用 ［M］. 10 版. 钱翼稷，周玉文，等译. 北京：机械工业出版社，2009.

［15］ 罗惕乾. 流体力学 ［M］. 北京：机械工业出版社，2002.

［16］ 俞冀阳. 反应堆热工水力学 ［M］. 2 版. 北京：清华大学出版社，2011.

［17］ 赵兆颐，朱瑞安. 反应堆热工流体力学 ［M］. 北京：清华大学出版社，1992.

［18］ 任功祖. 动力反应堆热工水力分析 ［M］. 北京：原子能出版社，1982.

［19］ 霍克赖特. 压水堆再淹没传热学和水力学 ［M］. 尔远，译. 北京：原子能出版社，1982.

［20］ 盖德·希特斯洛尼. 多相流动和传热手册 ［M］. 鲁钟琪，等译. 北京：机械工业出版社，1993.

［21］ 王大中. 21 世纪中国能源科技发展展望 ［M］. 北京：清华大学出版社，2007.

［22］ 阎昌琪. 气液两相流 ［M］. 哈尔滨：哈尔滨工程大学出版社，1995.